Coleopterorum Catalogus

auspiciis et auxilio

W. Junk

editus a

S. Schenkling.

Pars 23:

S. Schenkling

Cleridae.

W. Junk
Berlin W. 15, Kurfuerstendamm 201.
1910.

ISBN 978-90-3190-493-8 ISBN 978-94-011-9697-0 (eBook)
DOI 10.1007/ 978-94-011-9697-0

Fam. Cleridae.

Auct. **S. Schenkling.**

Klug, Clerii in Abh. Berl. Akad. 1842, p. 259—397. — Spinola, Essai monogr. Clérites I—II, 1844. — J. Leconte, Ann. Lyc. Nat. Hist. N. York V, 1852, p. 9—35 (N. Amerika). — Lacordaire, Gen. Col. IV, 1857, p. 415—496. — Chenu, Encycl. d'Hist. Nat. Col. II, 1860, p. 226. — Kiesenwetter, Naturgesch. Ins. Deutschl. IV, 1863, p. 674—699 (Deutschland). — Mulsant et Rey, Hist. Nat. Col. Fr. Angusticolles 1863 (Frankreich). — Gorham, Cist. Ent. II, 1875—82 (1876), p. 57—106; Trans. Ent. Soc. Lond. 1877, p. 245—263 und p. 401—426; l. c. 1878, p. 153—167; Biol. Centr.-Amer. Cleridae, 1882—86 (Central-Amerika). — J. Leconte and Horn, Classif. Col. N. America, ed. II, 1883, Cleridae p. 216—220. — Lewis, Ann. Mag. Nat. Hist. (6) X, 1892, p. 183—192 (Japan). — Reitter, Verh. Nat. Ver. Brünn XXXII, 1893 (1894), p. 37—89 (= Bestimmungs-Tabelle XXVIII, 1894, p. 1—55) (Europa). — Wickham, Canad. Entomol. XXVII, 1895, p. 247—253 (Canada). — Everts, Col. Neerlandica I—II, 1899—1903 (1904), p. 199—208 (Niederlande). — Csiki, Rovart. Lapok VII, 1900, p. 117—124 (Ungarn). — Blackburn, Trans. Roy. Soc. South Austral. XXIV, 1900, p. 116—140 (Australien). — Sharp, Cambridge Nat. Hist. Ins. II, 1901, p. 253. — Schenkling, Genera Insectorum (Wytsman), Cleridae 1903; Deutsche Ent. Zeitschr. 1906, p. 241—320. — Fauvel, Rev. d'Ent. XXIII, 1904, p. 142—147 (Neu-Caledonien).— Houlbert et Bétis, Trav. scient. Univ. Rennes IV, 1905, Suppl. p. 120—135 (Bretagne). — Gahan, Ann. Mag. Nat. Hist. (8) V, 1910, p. 55. — Wolcott, Publ. Field Mus. Chicago VII, 1910, p. 339—401; Bull. Ind. Dep. Geol. Nat. I, 1910, p. 846—862 (Indiana).

Biologie: Erichson, Archiv Naturgesch. VII, 1841, p. 96—98. — Perris, Ann. Soc. Ent. Fr. (3) II, 1854, p. 613—622. — Chenu, Encycl. d'Hist. Nat. Col. II, 1860, p. 227. — Kiesenwetter, Naturgesch. Ins. Deutschl. IV, 1863, p. 676. — Perris, Ann. Soc. Linn. Lyon (n. s.) XXIII, 1876 (1877), p. 43 und 54—55. — Xambeu, Naturaliste XXX, 1908, p. 130—133.

Anatomie: Dufour, Ann. Sc. Nat. (2) XIX, 1843, p. 150. — Bordas, Ann. Soc. Ent. Fr. LXXVII, 1898, p. 622, t. 30, f. 1—12 (Fortpflanzungsorgane ♂).

Kataloge: White, Cat. Clerid. Brit. Mus. 1849. — Gemminger et Harold, Cat. Col. VI, 1869, p. 1722—1759. — Chevrolat, Rev. Mag. Zool. 1874, p. 252—329. — Fairmaire, Ann. Soc. Ent. Belg. XXXVII, 1893, p. 375—377 (Madagascar). — Alluaud, Col. rég. malgache 1900, p. 156—169 (Madagascar). — Lohde, Stett. Ent. Zeit. LXI, 1900, p. 1—148. — Houlbert et Bétis, Trav. scient. Univ. Rennes IV, 1905, Suppl. p. 137—138 (Frankreich). — Philippi, Rev. Chil. Hist. Nat. XI, 1907, p. 22—28 (Chile). — Fall and Cockerell, Trans. Amer. Ent. Soc. XXXIII, 1907, p. 183—184 (New Mexico).

I. Clerinae.

Clérides vrais Lacord. Gen. Col. IV, 1857, p. 422.
Clerini Reitt. Verh. Nat. Ver. Brünn 1893 (1894), p. 37 und 38; Best.-Tab. 1894, p. 4 und 5.
Clerinae Gahan, Ann. Mag. Nat. Hist. (8) V, 1910, p. 60.

1. Tillini.

Clairones Tilloides (pars) Spin. Rev. Zool. 1841, p. 71.
Clérites Cléroides (pars) Spin. Clérites I, 1844, p. 48.
Tillides Lacord. Gen. Col. IV, 1857, p. 422 und 423. — Gorh. Cist. Ent. II, 1875—82 (1876), p. 59.
Cleridae (pars) Chenu, Encycl. d'Hist. Nat. Col. II, 1860, p. 231.
Tillini Lohde, Stett. Ent. Zeit. LXI, 1900, p. 6. — Schklg. Gen. Ins. Cler. 1903, p. 3. — Gahan, Ann. Mag. Nat. Hist. (8) V, 1910, p. 60.
Tillinae Schklg. Deutsche Ent. Zeitschr. 1906, p. 242.

Cylidrus Latr.

Latr. Crust. Arachn. et Ins. I, 1829, p. 476. — Spin. Rev. Zool. 1841, p. 72. Kl. Clerii 1842, p. 261. — Spin. Clérites I, 1844, p. 82. — Lacord. Gen. Col. IV, 1857, p. 424. — Chenu, Encycl. d'Hist. Nat. Col. II, 1860, p. 231. — Schklg. Gen. Ins. (Wytsman) Cler. 1903, p. 5; Deutsche Ent. Zeitschr. 1906, p. 243.

Epiteles Newm. Entomol. 1842, p. 403.

abdominalis Kl. Clerii 1842, p. 262. — Gorh. Cist. Ent. II, 1875—82 (1876), p. 61. — Brasilien
fasciatus var. Spin. Clérites II, 1844, p. 122.

balteatus Kl. l. c. p. 263, t. 2, f. 1. — Gorh. l. c. p. 61; Proc. Zool. Soc. Lond. 1905, II, p. 272. — Fairm. Ann. Soc. Ent. Fr. (6) VII, 1887, p. 160. — Süd-Afrika, Angola

basalis M'Leay, Trans. Ent. Soc. N. S. Wales II, 1869—73 (1872), p. 268. — Queensland

Buqueti Guér. Ic. Règne anim. VII, 1829—38, p. 51, t. 15, f. 7. — Cast. in Silberm. Rev. IV, 1836, p. 36. — Kl. Clerii 1842, p. 383. — Spin. Clérites I, 1844, p. 86, t. 1, f. 1. — Senegal

centralis Pasc. Journ. of Ent. I, 1860, p. 44. — Queensland, Neu-Caledonien
discoideus Perr. Ann. Soc. Linn. Lyon 1864, p. 103. — Schklg. Deutsche Ent. Zeitschr. 1903, p. 12. — Fauv. Rev. d'Ent. XXIII, 1904, p. 143.

contumax Newm. Entomol. 1842, p. 403. — Gorh. Cist. Ent. II, 1875—82 (1876), p. 61. — Schklg. Deutsche Ent. Zeitschr. 1906, p. 242. — Victoria, Neu-Guinea
fulvipennis Schklg. l. c. 1902, p. 157; l. c. 1906, p. 242.

cyaneus F. Mant. Ins. 1787, p. 126. — Kl. Clerii 1842, p. 262. — Spin. Clérites I, 1844, p. 85, t. 1, f. 3. — Chenu, Encycl. d'Hist. Nat. Col. II, 1860, p. 232. — Schklg. Ann. Mus. Hung. I, 1903, p. 397; Deutsche Ent. Zeitschr. 1906, p. 242. — Fauv. Rev. d'Ent. XXIII, 1904, p. 143. — Madagascar, Mauritius, Zentral-afrika, Ostindien, Neu-

alcyoneus Pasc. Journ. Ent. I, 1860, p. 44. — Gorh. Cist. Ent. II, 1875—82 (1876), p. 64. — Schklg. Ann. Mus. Genova (2) XX, 1899, p. 135 und p. 331.	Guinea, Malay. Arch., Ozeanien
pallipes Chevr. Rev. Mag. Zool. 1874, p. 280. — Gorh. l. c. p. 64.	
Vescoi Fairm. Rev. Mag. Zool. 1849, p. 361; Ann. Soc. Ent. Belg. XXVII, 1883, p. 22. — Gorh. l. c. p. 64.	
fasciatus Cast. in Silb. Rev. IV, 1836, p. 35. — Kl. Clerii 1842, p. 263. — Spin. Clérites I, 1844, p. 88, t. 1, f. 2. — Chenu, Encycl. d'Hist. Nat. Col. II, 1860, f. 158. — Kraatz, Deutsche Ent. Zeitschr. 1899, p. 81. — Duviv. Ann. Soc. Ent. Belg. XXXVI, 1892, p. 297. — Schklg. Deutsche Ent. Zeitschr. 1906, p. 243.	Madagascar, Zentralafrika, Südafrika, Congo, Senegal
var. *bimaculatus* Spin. l. c. p. 88. — Gahan, Proc. Zool. Soc. Lond. 1892, p. 90.	Madagascar, Natal
gagates Montrz. Ann. Soc. Ent. Fr. (3) VIII, 1860, p. 260. — Fauv. Rev. d'Ent. XXIII, 1904, p. 143.	Ins. Lifu
megacephalus Spin. Clérites I, 1844, p. 89. — Kraatz, Deutsche Ent. Zeitschr. 1899, p. 82. — Schklg. Deutsche Ent. Zeitschr. 1908, p. 361.	Senegal, Congo, Togo, Kamerun
niger Kraatz, l. c. p. 82. — Hintz, Deutsche Ent. Zeitschr. 1905, p. 305. — Schklg. Deutsche Ent. Zeitschr. 1906, p. 242.	Kamerun
rufiventris Schklg. Bull. Mus. Paris VIII, 1902, p. 317; Deutsche Ent. Zeitschr. 1906, p. 242.	
nigrinus White, Cat. Clerid. 1849, p. 48. — Gorh. Cist. Ent. II, 1875—82 (1876), p. 61.	Tasmania
pectoralis Kraatz, Deutsche Ent. Zeitschr. 1899, p. 81.	Togo, Niger
sansibaricus Har. Mon.-Ber. Akad. Berlin 1878, p. 220. — Schklg. in Sjöstedt, Ergebn. Exped. Kilimandjaro VII, 7, 1908, p. 73, t. 2, f. 1.	Sansibar, Kilimandjaro
sumatranus Kraatz, Ann. Soc. Ent. Belg. XLIII, 1899, p. 212.	Sumatra
villosus Montrz. Ann. Soc. Agr. Lyon (2) VII, 1855, p. 17.	Woodlark
Wallacei J. Thoms. Mus. scient. II, 1860, p. 47. — Gorh. Cist. Ent. II, 1875—82 (1876), p. 60. — Schklg. Notes Leyd. Mus. XXIII, 1902, p. 123.	Borneo, Sumatra, Singapore, Siam
intermedius Schklg. Deutsche Ent. Zeitschr. 1898, p. 361. — Kraatz, Ann. Soc. Ent. Belg. XLIII, 1899, p. 212. — Schklg. Ann. Mus. Genova (2) XX, 1899, p. 331.	

17

Denops Fisch.

Fischer, Bull. Moscou I, 1829, p. 65. — Spin. Clérites I, 1844, p. 89. — Lacord. Gen. Col. IV, 1857, p. 425. — Chenu, Encycl. d'Hist. Nat. Col. II, 1860, p. 232. — Jacq. du Val, Gen. Col. d'Eur. III, 1861, p. 194. — Kiesw. Naturgesch. Ins. Deutschl. IV, 1863, p. 677. — Muls. et Rey, Col. Fr. Angusticolles 1863, p. 32. — Gorh. Cist. Ent. II, 1875—82 (1876), p. 61. — Reitt. Verh. Nat. Ver. Brünn XXXII, 1893 (1894), p. 39; Best.-Tab. 1894, p. 6. — Schklg. Gen. Ins. (Wytsman) Cler. 1903, p. 6.

Dinops Gemm. et Har. Cat. Col. VI, 1869, p. 1722.

albofasciatus Charp. Hor. Ent. I, 1825, p. 198, t. 6, f. 3. — Sturm, Deutschl. Fauna, Käf. XI, 1837, p. 9. — Suffr. Stett. Ent. Zeit. IV, 1843, p. 123. — Kl. Clerii 1842, p. 264. — Bach, Käferfauna Nord- und Mitteldeutschl. II, 1854, p. 88. —Jacq. du Val, Gen. Col. d'Eur. III, 1861, p. 194, t. 48, f. 236. — Kiesw. Naturgesch. Ins. Deutschl. IV, 1863, p. 677. — Baudi, Ann. Mus. Genova IV, 1873, p. 252. — Seidlitz, Fauna Transsylv. 1891, p. 524. — Reitt. Verh. Nat. Ver. Brünn XXXII, 1893 (1894), p. 39; Best.-Tab. 1894, p. 6. — Schklg. Deutsche Ent. Zeitschr. 1906, p. 244. — Fiori, Riv. Col. Ital. V, 1908, p. 290. — **Südeuropa, Deutschland, Frankreich, Kaukasus, Algerien**

Biologie: Perris in Muls. et Rey, Col. Fr. Angust. 1863, p. 34, t. 1, f. 2—4. — Kiesw. l. c. p. 678. — Gredler, Käfer Tirols 1863, p. 258. — Ancey, Pet. Nouv. I, 1869, nr. 5, p. 17; Abeille VII, 1870, p. 202. — Fuss, Verh. Siebenbürg. Ver. XXIV, 1873 (1874), p. 34. — Redt. Faun. Austr. ed. III, 1874, p. 38. — Schmidt-Goebel, Stett. Ent. Zeit. XXXVII, 1876, p. 324. — Xambeu, Natural. XXX, 1908, p. 142.

agilis H. Luc. Bull. Soc. Ent. Fr. 1843, p. 25.

longicollis Fisch. Bull. Mosc. I, 1829, p. 69, t. 2, f. 1.

personatus Aragona, De quibusdam Col. 1830, p. 14. — Spin. Clérites I, 1844, p. 90, t. 1, f. 4. — Chenu, Encycl. d'Hist. Nat. Col. II, 1860, p. 232, f. 159.

rubrofasciatus Pic, Natural. XVI, 1894, p. 27.

Spinolai Ragusa, Nat. Sicil. XV (n. s. I), 1896, p. 82. — Pic, Bull. Soc. Ent. Fr. 1903, p. 253.

1

Tillodenops Hintz.

Hintz, Deutsche Ent. Zeitschr. 1905, p. 305.

bimaculatus Schklg. Ann. Mus. Genova (2) XIX, 1899, p. 545; Deutsche Ent. Zeitschr. 1906, p. 244. — Somaliland

brunneus Hintz, Deutsche Ent. Zeitschr. 1905, p. 306. — Togo

ferrugineus Boh. Ins. Caffr. I, 1851, p. 483. — Schklg. Deutsche Ent. Zeitschr. 1903, p. 12; 1909, p. 796. — Oranjefluss, Sudan

plagiatus Fairm. Rev. d'Ent. XI, 1892, p. 102. — Schklg. Deutsche Ent. Zeitschr. 1906, p. 244. — Somaliland

4

Spermodenops Abeille.

Abeille, Ann. Soc. Ent. Fr. (6) I, 1881, p. 97. — Reitt. Verh. Nat. Ver. Brünn XXXII, 1893 (1894), p. 39; Best.-Tab. 1894, p. 6. — Schklg. Gen. Ins. (Wytsman) 1903, p. 7.

mollipennis Abeille, l. c. p. 98. — Reitt. l. c. p. 39; p. 6. — Palästina

1

Nodepus Gorh.

Gorh. Ann. Mus. Genova (2) XII, 1892, p. 719. — Schklg. Gen. Ins. (Wytsman) Cler. 1903, p. 7.

conicicollis Gorh. l. c. p. 720. — Birma

1

Philocalus Kl.

Kl. Clerii 1842, p. 281. — Lacord. Gen. Col. IV, 1857, p. 425. — Schklg. Gen. Ins. (Wytsman) Cler. 1903, p. 7.

elongatus Hintz, Deutsche Ent. Zeitschr. 1905, p. 306. (Ob *Strotocera*?). — Kamerun
succinctus Kl. Clerii 1842, p. 281, t. 2, f. 5. — Cap
zonatus Kl. l. c. p. 282. — „

3

Strotocera Schklg.

Schklg. Notes Leyd. Mus. XXIII, 1901—03 (1902), p. 123; Gen. Ins. (Wytsman) Cler. 1903, p. 8; Deutsche Ent. Zeitschr. 1907, p. 156.

Strotocerus Gahan, Ann. Mag. Nat. Hist. (8) V, 1910, p. 61.

carinata Hintz, Deutsche Ent. Zeitschr. 1907, p. 25. — Lukuledi
convexa Hintz, l. c. 1905, p. 306. — Schklg. Deutsche Ent. Zeitschr. 1908, p. 361. — Kamerun
emerita Péring. Ann. South Afr. Mus. 1899, p. 242. — Schklg. Deutsche Ent. Zeitschr. 1907, p. 156. — Transvaal, Deutsch-Ostafrika
flavofasciata Thoms. Mus. scient. 1860, p. 48. — Schklg. Notes Leyd. Mus. XXIII, 1901—03 (1902), p. 123. — Nadelcap
fulvoplagiata Fairm. Ann. Soc. Ent. Fr. (6) VII, 1887, p. 162. — Lesne, Bull. Soc. Ent. Fr. 1909, p. 206. — Somali
grandis Schklg. Notes Leyd. Mus. XXIII, 1901—03 (1902), p. 124. — Java, Borneo
Kuwerti Hintz, Deutsche Ent. Zeitschr. 1897, p. 286. — Schklg. Deutsche Ent. Zeitschr. 1906, p. 245. — Usambara
Louveli Spin. Clérites I, 1844, p. 111, t. 3, f. 5. — Chenu, Encycl. d'Hist. Nat. Col. II, 1860, f. 163. — Schklg. Notes Leyd. Mus. XXIII, 1901—03 (1902), p. 123. — Senegal, Togo, Goldküste
  aschantina Kuw. Ann. Soc. Ent. Belg. XXXVII, 1893, p. 468. — Kraatz, Deutsche Ent. Zeitschr. 1899, p. 86. — Schklg. l. c. p. 124.
nitida Schklg. Deutsche Ent. Zeitschr. 1908, p. 361. — Kamerun
orangica Kuw. Ann. Soc. Ent. Belg. XXXVII, 1893, p. 468. — Schklg. l. c. p. 123. — Oranjefluss
pectoralis Hintz, Deutsche Ent. Zeitschr. 1902, p. 178. — Schklg. Deutsche Ent. Zeitschr. 1903, p. 12. — Deutsch-Ostafrika
rhodesiana Péring. Ann. South Afr. Mus. 1899, p. 241. — Schklg. Deutsche Ent. Zeitschr. 1906, p. 244. — Sambesi
Sjöstedti Schklg. in Sjöstedt, Ergebn. Exped. Kilimandjaro VII, 7, 1908, p. 69, t. 2, f. 2. — Meru
versicolor Chevr. Rev. Mag. Zool. 1842, p. 276. — Schklg. Deutsche Ent. Zeitschr. 1906, p. 245. — Cap, Oranjefluß,

formosa Boh. Ins. Caffr. I, 1851, p. 484. — Schklg. Deutsche Ent. Zeitschr. 1907, p. 156; 1908, p. 361; 1909, p. 796. — Mashonaland

14

Monophylla Spin.

Spin. Rev. Zool. 1841, p. 75; Clérites I, 1844, p. 384. — Chenu, Encycl. d'Hist. Nat. Col. II, 1860, p. 263. — Wolcott, Publ. Field Mus. Chicago VII, 1910, p. 339; Bull. Ind. Dep. Geol. Nat. I, 1910, p. 849.

Elasmocerus J. Lec. Ann. Lyc. Nat. Hist. N. York V, 1852, p. 13. — Lacord. Gen. Col. IV, 1857, p. 426. — J. Lec. and Horn, Classif. Col. N. Amer. ed. II, 1883, p. 217.
Macrotelus Kl. Clerii 1842, p. 274. — Schklg. Gen. Ins. (Wytsman) Cler. 1903, p. 8. — Blackb. Trans. Roy. Soc. South Austral. XXVII, 1903, p. 307.

californica Fall, Occas. Papers Calif. Acad. VIII, 1901, p. 251. — Wolcott, Publ. Field Mus. Chicago VII, 1910, p. 341. — Californien, Arizona, Texas
terminata var. *pallipes* Schaeff. Journ. N. York Ent. Soc. XVI, 1908, p. 128. — Wolcott, l. c. p. 341.
cinctipennis Chevr. Rev. Mag. Zool. 1874, p. 281. — Wolcott, l. c. p. 341. — Cuba
? **picticollis** Blackb. Trans. Roy. Soc. South Austral. XXV, 1901, p. 25; l. c. XXVII, 1903, p. 307. — Victoria
substriata Wolcott, Publ. Field Mus. Chicago VII, 1910, p. 340. — Utah
terminata Say, Bost. Journ. I, 1835, p. 160. — Kl. Clerii 1842, p. 274, t. 2, f. 4. — Spin. Clérites II, 1844, p. 126, t. 6, f. 3. — J. Lec. Ann. Lyc. Nat. Hist. N. York V, 1852, p. 14. — Chenu, Encycl. d'Hist. Nat. Col. II, 1860, f. 207. — Horn, Trans. Amer. Ent. Soc. V, 1876, t. 1, f. 27. — Schklg. Gen. Ins. (Wytsman) Cler. 1903, t. 5, f. 1. — Wolcott, Bull. Wisconsin Nat. Hist. Soc. VII, 1909, p. 93; Publ. Field Mus. Chicago VII, 1910, p. 342; Bull. Ind. Dep. Geol. Nat. I, 1910, p. 849, f. 330. — Nordamerika
Biologie: Chittenden, Ent. Amer. VI, 1890, p. 154.
megatoma Spin. Clérites I, 1844, p. 385, t. 28, f. 5. — J. Lec. Ann. Lyc. Nat. Hist. N. York V, 1852, p. 13.

5

Teloclerus Schklg.

Schklg, Deutsche Ent. Zeitschr. 1903, p. 12; Gen. Ins. (Wytsman) Cleridae 1903, p. 9.

Hendecatus Schklg. Deutsche Ent. Zeitschr. 1906, p. 246. — Lesne, Bull. Soc. Ent. Fr. 1907, p. 155.

Belamyi Fairm. Ann. Soc. Ent. Fr. LX, 1891, p. 247. — Niger
compressicornis Kl. Clerii 1842, p. 273, t. 2, f. 3. — Westw. Proc. Zool. Soc. Lond. 1852, p. 37. — Gorh. Cist. Ent. II, 1875—82 (1876), p. 61; Ann. — Cap

Mag. Nat. Hist. (7) V, 1900, p. 71. — Lesne, Bull. Soc. Ent. Fr. 1907, p. 155.
pallicolor Fairm. Pet. Nouv. Ent. II, 1876, p. 49. — Reitter, Verh. Nat. Ver. Brünn XXXII, 1893 (1894), p. 46; Best.-Tab. 1894, p. 13. — Lesne, l. c. p. 155. — Biskra
maculicollis Fairm. Ann. Soc. Ent. Belg. XLII, 1898, p. 232; Bull. Mus. Paris VIII, 1902, p. 306. — Schklg. Deutsche Ent. Zeitschr. 1903, p. 12; l. c. 1906, p. 246. — Madagascar
var. *subvittatus* Fairm. Bull. Mus. Paris VIII, 1902, p. 307. — Madagascar
subnotatus Westw. Proc. Zool. Soc. Lond. 1852, p. 37. — Gorh. Cist. Ent. II, 1876, p. 61. — Schklg. Deutsche Ent. Zeitschr. 1906, p. 246. — Südafrika, Guinea
uniformis Westw. l. c. p. 37, t. 24, f. 9. — Gorh. Cist. Ent. II, 1876, p. 61. — Südafrika

5

Antenius Fairm.

Fairm. Bull. Mus. Paris VIII, 1902, p. 307. — Schklg. Gen. Ins. (Wytsman) Cler. 1903, p. 9.

laticlavis Fairm. l. c. p. 307. — Madagascar
quadrivittatus Fairm. l. c. p. 308. — „

2

Cladiscus Chevr.

Chevr. Ann. Soc. Ent. Fr. (2) I, 1843, p. 33. — Lacord. Gen. Col. IV, 1857, p. 427. — Chenu, Encycl. d'Hist. Nat. Col. II, 1860, p. 246. — Schklg. Gen. Ins. (Wytsman) Cler. 1903, p. 10.

attenuatus Gorh. Proc. Zool. Soc. Lond. 1893, p. 569. — Schklg. Deutsche Ent. Zeitschr. 1908, p. 362. — Birma, Manipur, Yunnan
bipectinatus Westw. Proc. Zool. Soc. Lond. XX, 1852, p. 39, t. 24, f. 3. — Malabar, Penang
cyaneus Hintz, Deutsche Ent. Zeitschr. 1902, p. 177. — Usambara
dispar Gorh. Ann. Soc. Ent. Belg. XLVII, 1903, p. 332. — Vorder-Indien
distortus Gorh. Proc. Zool. Soc. Lond. 1893, p. 569. — Cambodja
fasciatus Schklg. Deutsche Ent. Zeitschr. 1908, p. 362. — Himalaya
gracilis White, Cat. Clerid. 1849, p. 51. — Ostindien
hindostanus Chevr. Rev. Mag. Zool. 1874, p. 281. — Schklg. Deutsche Ent. Zeitschr. 1906, p. 247. — „
laniger Schklg. Ann. Mus. Genova (2) XX, 1899, p. 331. — Sumatra
longipennis Westw. in White, Cat. Clerid. 1849, p. 52; Proc. Zool. Soc. Lond. XX, 1852, p. 39, t. 24, f. 1. — Schklg. Deutsche Ent. Zeitschr. 1908, p. 362. — Himalaya, Trichinopolis
magnificus Schklg. l. c. p. 363. — Himalaya
obeliscus Lewis, Ann. Mag. Nat. Hist. (6) X, 1892, p. 185; l. c. (6) XVI, 1895, p. 122. — Gorh. Ann. Soc. Ent. Belg. XLVII, 1903, p. 332. — Schklg. Deutsche Ent. Zeitschr. 1906, p. 247. — Japan

strangulatus Kiesw. Deutsche Ent. Zeitschr. XXIII, 1879, p. 314. — Lewis, Ann. Mag. Nat. Hist. (6) XVI, 1895, p. 122.
Parryanus Westw. Proc. Zool. Soc. Lond. XX, 1852, p. 39, t. 24, f. 2. — Ostindien
pectinicornis Kl. Clerii 1842, p. 270, t. 2, f. 2. — J. Lec. Ann. Lyc. Nat. Hist. N. York V, 1852, p. 12 (!). — Lacord. Gen. Col. IV, 1857, p. 428 nota. — „
Perrieri Fairm. Ann. Soc. Ent. Fr. LXXI, 1902, p. 533. — Madagascar
pretiosus Kuw. Ann. Soc. Ent. Belg. XXXVII, 1893, p. 490. — Congo
Prinsepi White, Cat. Clerid. 1847, p. 51. — Bengalen
Rosti Schklg. Deutsche Ent. Zeitschr. 1908, p. 362. — Himalaya
ruficornis Gorh. Proc. Zool. Soc. Lond. 1893, p. 570. — Manipur
rugosus Waterh. Cist. Ent. II, 1875—82 (1879), p. 529. — Fairm. Ann. Soc. Ent. Fr. (6) VI, 1886, p. 42. — Madagascar
sanguinicollis Spin. Clérites I, 1844, p. 125. — Gorh. Proc. Zool. Soc. Lond. 1893, p. 567. — Schklg. Deutsche Ent. Zeitschr. 1906, p. 246. — Ostindien, Andamanen
strangulatus Chevr. Ann. Soc. Ent. Fr. (2) I, 1843, p. 33. — Lacord. Gen. Col. Atlas t. 45, f. 4. — Gorh. Proc. Zool. Soc. Lond. 1893, p. 567. — Ostindien, Philippinen
Weyersi Kraatz, Ann. Soc. Ent. Belg. XLIII, 1899, p. 213. — Sumatra

23

Enoploclerus Hintz.

Hintz, Deutsche Ent. Zeitschr. 1902, p. 398. — Schklg. Gen. Ins. (Wytsman) Cler. 1903, p. 11.

carbonarius Hintz, l. c. p. 399. — Südafrika
Schenklingi Hintz, l. c. p. 399. — „

2

Paradoxocerus Kraatz.

Kraatz, Deutsche Ent. Zeitschr. 1899, p. 84. — Schklg. Gen. Ins. (Wytsman) Cler. 1903, p. 37; Deutsche Ent. Zeitschr. 1906, p. 248.

fulvus Kraatz, l. c. p. 84. — Kamerun

1

Diplophorus Fairm.

Fairm. Ann. Soc. Ent. Fr. (6) VII, 1887, p. 160. — Schklg. Gen. Ins. (Wytsman) Cler. 1903, p. 11.

Diplocladus Fairm. Compt. rend. Soc. Ent. Belg. XXIX, 1885, p. 8.

discoidalis Schklg. in Sjöstedt, Ergebn. Schwed. Zool. Exped. Kilimandjaro VII, 7, 1908, p. 70, t. 2, f. 3. — Kilimandjaro
oculicollis Fairm. Compt. rend. Soc. Ent. Belg. XXIX, 1885, p. 8; Ann. Soc. Ent. Fr. (6) VII, 1887, p. 160, t. 2, f. 3. — Somali, Makdischu
flabellatus Kolbe, Käfer Deutsch-Ostafr. 1897, p. 224.
pulcher Schklg. Deutsche Ent. Zeitschr. 1906, p. 247. — Afrika (or. ?)
tilloides Fairm. Ann. Soc. Ent. Fr. (6) VII, 1887, p. 161. — Somali

4

Cteniopachys Fairm.

Fairm. Compt. rend. Soc. Ent. Belg. XXXIII, 1889, p. 92; Ann. Soc. Ent. Belg. XXXVII, 1893, p. 377. — Schklg. Gen. Ins. (Wytsman) Cler. 1903, p. 11.

tenebrosus Fairm. l. c. p. 92 und p. 377. — Madagascar
1

Tillus Ol.

Ol. Ent. II, 1790, nr. 22. — Sturm, Deutschl. Fauna, Käf. XI, 1837, p. 1. — Spin. Rev. Zool. 1841, p. 72; Clérites I, 1844, p. 92. — Kl. Clerii 1842, p. 264. — Lacord. Gen. Col. IV, 1857, p. 428. — Chenu, Encycl. d'Hist. Nat. Col. II, 1860, p. 233. — Jacquel. du Val, Gen. Col. d'Eur. III, 1861, p. 195. — J. Lec. and Horn, Classif. Col. N. Amer. ed. II, 1883, p. 217. — Kiesw. Naturgesch. Ins. Deutschl. IV, 1863, p. 678. — Muls. et Rey, Col. Fr. Angusticolles 1863, p. 36. — Reitt. Verh. Nat. Ver. Brünn XXXII, 1893 (1894), p. 40; Best.-Tab. 1894, p. 7. — Blackb. Trans. Roy. Soc. South Austral. XXIV, 1900, p. 118. — Schklg. Gen. Ins. (Wytsman) Cler. 1903, p. 12. — Gahan, Ann. Mag. Nat. Hist. (8) V, 1910, p. 62.

Cylinder Voet, Cat. syst. Col. I, 1769—1806, p. 78.
Tilloidea Cast. Ann. Soc. Ent. Fr. (1) I, 1832, p. 398. — Reitt. Verh. Nat. Ver. Brünn XXXII, 1893 (1894), p. 41; Best.-Tab. 1894, p. 8.

Afzelii Westw. Proc. Zool. Soc. Lond. XX, 1852, p. 38, t. 24, f. 7. — Sierra Leone
apicalis Fairm. Ann. Soc. Ent. Fr. LXXI, 1902, p. 533. — Madagascar
balteatus Fairm. Rev. Mag. Zool. 1850, p. 184. — Tonga
bifasciellus White, Cat. Clerid. 1849, p. 49. — Philippinen
birmanicus Gorh. Ann. Mus. Genova (2) XII, 1892, p. 729. — Birma, Assam, Südchina
capensis Schklg. Mitteil. Nat. Mus. Hamburg XVII, 1900, p. 13. — Cap
carinulatus Schklg. Deutsche Ent. Zeitschr. 1908, p. 364. — Mindoro
collaris Spin. Clérites I, 1844, p. 98, t. 2, f. 6. — J. Lec. Ann. Lyc. Nat. Hist. N. York V, 1852, p. 12. — Gorh. Biol. Centr.-Amer. Col. III, 2, Suppl. 1886, p. 332, t. 13, f. 7. — Wolcott, Bull. Wisconsin Nat. Hist. Soc. VII, 1909, p. 93; Bull. Ind. Dep. Geol. Nat. I, 1910, p. 849. — Nord-Amer., Central-Amer.
? **discoidalis** Fairm. Compt. rend. Soc. Ent. Belg. XXXV, 1891, p. 210. — Schklg. Deutsche Ent. Zeitschr. 1903, p. 12. — China
distinctus White, Cat. Clerid. 1849, p. 49. — Java
elegans Er. Archiv Naturgesch. XIII, 1847, p. 85. — Peru
occidentalis Gorh. Biol. Centr.-Amer. Col. III, 2, 1882, p. 129, t. 9, f. 1—2. — Horn, Trans. Amer. Ent. Soc. XII, 1885, p. 151. — Schklg. Deutsche Ent. Zeitschr. 1903, p. 12; l. c. 1907, p. 302. — Central-Amerika
elegantulus Gemm. et Har. Cat. Col. VI, 1869, p. 1724; Col. Hefte VI, 1870, p. 121. — Abessinien, Uhehe, Rhodesia
elegans Roth, Archiv Naturgesch. XVII, 1851, p. 122.
elongatus L. Syst. Nat. ed. X, 1758, p. 377. — Hoffmann, Entomol. Hefte II, 1803, p. 112. — Sturm, — Europa

Deutschl. Fauna, Käf. XI, 1837, p. 4. — Kl. Clerii 1842, p. 268. — Spin. Clérites I, 1844, p. 94, t. 2, f. 2. — Bach, Käferfauna Nord- und Mitteldeutschl. II, 1854, p. 89. — Spry and Shuckard, Brit. Col. 1861, p. 43, t. 52, f. 1. — Kiesw. Naturgesch. Ins. Deutschl. IV, 1863, p. 679. — Muls. Col. Fr. Angusticolles 1863, p. 37. — Seidl. Fn. Balt. ed. II, 1891, p, 491; Fn. Transsylv. 1891, p. 524. — Reitt. Verh. Nat. Ver. Brünn XXXII, 1893 (1894), p. 40; Best.-Tab. 1894, p. 7. — Houlbert et Bétis, Trav. scient. Univ. Rennes IV, 1905, Suppl. p. 125.

Biologie: Hoffmann, l. c. p. 112. — Westw. Introd. Ent. I, 1839, p. 265. — Perris, Ann. Soc. Linn. Lyon (n. s.) XXIII, 1876, p. 41, f. 235—240. — Thoms. Skand. Col. VI, 1864, p. 223. — Sharp, Cambridge Nat. Hist. Ins. II, 1901, p. 254, f. 131. — Houlbert, l. c. p. 125, f. 24.

Anatomie: Kempers, Tijdschr. voor Ent. XLIV, 1901, p. 29.

ambulans F. Mant. Ins. I, 1787, p. 93. — Sturm, Deutschl. Fauna, Käf. XI, p. 5. — Spin. Clérites I, 1844, p. 95; II, 1844, p. 122, t. 3, f. 1.

ater Panz. Faun. Germ. VIII, 1793, 9.

aterrimus Eschschtz. Mém. Acad. Petr. VI, 1818, p. 459.

coeruleus Voet, Cat. syst. Col. I, 1769—1806, p. 78, t. 41, f. 1.

marchiae Gmel. Linn. Syst. Nat. ed. XIII, I, 1788, p. 1734.

ruficollis Hbst. in Füessly, Arch. V, 1785, p. 68, t. 23, f. 35.

rugulosus Dalla Torre, Jahresber. Ver. Nat. Oesterreich ob der Enns XI, 1880, p. 8. — Reitt. Verh. Nat. Ver. Brünn XXXII, 1893 (1894), p. 40 nota.

var. *bimaculatus* Donov. Hist. Brit. Ins. XII, 1807, p. 50, t. 411, f. 2. — Steph. Man. Brit. Col. 1839, p. 197. — Kl. Clerii 1842, p. 269. — Seidl. Fn. Balt. ed. II, 1891, p. 491; Fn. Transsylv. 1891, p. 524.

hyalinus Strm. Deutschl. Fauna, Käf. XI, 1837, p. 6, t. 228, f. A. — Rosenh. Stett. Ent. Zeit. III, 1842, p. 33. — Spin. Clérites I, 1844, p. 95, t. 2, f. 3. — Reitt. Verh. Nat. Ver. Brünn XXXII, 1893 (1894), p. 40; Best.-Tab. 1894, p. 7. — Schklg. Deutsche Ent. Zeitschr. 1906, p. 248.

flabellicornis Fairm. l. c. (4) VI, 1866, p. 22. — Reitt. Verh. Nat. Ver. Brünn XXXII, 1893 (1894), p. 41; Best.-Tab. 1894, p. 8. — Algier

Holtzi Hintz, Deutsche Ent. Zeitschr. 1902, p. 228. — Cilic. Taurus

humeralis Schklg. Ann. Mus. Genova (2) XIX, 1898—99 (1899), p. 546. — Somali

modestus Kraatz, Deutsche Ent. Zeitschr. 1899, p. 82. — Kamerun

Mouffleti Chevr. Mém. Clér. 1876, p. 8. — Patria ?

mozabita Chobaut, Bull. Soc. Ent. Fr. 1897, p. 240. — Algier

notatus Kl. Clerii 1842, p. 276. — Gorh. in Ritsema, Midden-Sumatra IV, 6, 1887, p. 77. — Lewis, — Ostindien, Ind. Inseln,

Ann. Mag. Nat. Hist. (6) X, 1892, p. 185. — Gorh. Ann. Soc. Ent. Belg. XXXIX, 1895, p. 294. — Schklg. Deutsche Ent. Zeitschr. 1898, p. 185; l. c. 1906, p. 249; l. c. 1908, p. 363. — **Japan, China**

bipartitus Blanch. Voy. Pole Sud IV, 1853, p. 59, t. 4, f. 13. — Blackb. Trans. Roy. Soc. South Austral. XIV, 1891, p. 304. — Lesne, Bull. Soc. Ent. Fr. 1909, p. 206. — **Ins. Guam (Marianen), Ternate**

Lewisi Gorh. Trans. Ent. Soc. Lond. 1878, p. 160. — Kiesw. Deutsche Ent. Zeitschr. XXIII, 1879, p. 313. — Fairm. Rev. d'Ent. VII, 1888, p. 123.

multicolor Fairm. Ann. Soc. Ent. Fr. (6) VI, 1886, p. 43. — Lesne, Bull. Soc. Ent. Fr. 1909, p. 206. — **Madagascar**

multipartitus Fairm. l. c. p. 353. — Lesne, l. c. p. 206.

var. *Semperanus* Gorh. Cist. Ent. II, 1875—82 (1876), p. 62. — Schklg. Deutsche Ent. Zeitschr. 1898, p. 362; l. c. 1908, p. 363. — **Philippinen**

var. *tristis* Schklg. Ann. Mus. Genova (2) XX, 1899—1901 (1899), p. 332. — Gorh. Ann. Mus. Genova (2) XII, 1892, p. 729; Proc. Zool. Soc. Lond. 1893, p. 567. — **Sumatra, Birma**

palaestinus Pic, Frelon VIII, 1900, p. 2. — **Jericho**

pallidipennis Bielz, Verh. Hermannst. Ver. I, 1850, p. 179. — Muls. Col. Fr. Angusticolles 1863, p. 43. — Friv. Magyar. Tudom. Akad. Evkön. XI, 4, 1866, p. 198, t. 10, f. 15. — Seidlitz, Fauna Transsylv. 1891, p. 524. — Reitt. Verh. Nat. Ver. Brünn XXXII, 1893 (1894), p. 41; Best.-Tab. 1894, p. 8. — **Siebenbürgen**

pectinicornis Abeille, Bull. Soc. Ent. Fr. 1892, p. 236; l. c. 1899, p. 240. — **Syrien**

rufopiceus Schklg. Ann. Mus. Genova (2) XX, 1899—1901 (1899), p. 332. — **Somali**

senegalensis Cast. Ann. Soc. Ent. Fr. I, 1832, p. 399. — Schklg. in Jägerskiöld, Swedish Zool. Exped. Egypt and White Nile, nr. 10 a, 1906, p. 11. — **Senegal, Somali, Arabien**

pubescens Cast. in Silberm. Rev. IV, 1836, p. 37. — Guér. Ic. Règne anim. VII, 1829—38, p. 51. — Spin. Clérites I, 1844, p. 99, t. 3, f. 3. — Reitt. Verh. Nat. Ver. Brünn XXXII, 1893 (1894), p. 41; Best.-Tab. 1894, p. 8.

rubricollis Guér. l. c. t. 15, f. 8. — Kl. Clerii 1842, p. 274.

speciosus Gorh. Ann. Mus. Genova XVIII, 1882—83 (1883), p. 603. — **Abessinien, Somali**

succinctus Spin. Clérites I, 1844, p. 100, t. 3, f. 4. — **Ostindien**

sumatranus Kraatz, Ann. Soc. Ent. Belg. XLIII, 1899, p. 214. — **Sumatra**

transversalis Charp. Hor. Ent. I, 1825, p. 199, t. 6, f. 2. — Kl. Clerii 1842, p. 275. — Spin. Clérites I, 1844, p. 102, t. 11, f. 1. — Muls. Col. Fr. Angusticolles 1863, p. 43. — Reitt. Verh. Nat. Ver. Brünn XXXII, 1893 (1894), p. 41; Best.-Tab. 1894, p. 8. — **Südeuropa, Nordafrika**

unifasciatus Rossi, Fauna Etr. I, 1790, p. 138.

unifasciatus var. Ol. Ent. IV, 1775, nr. 76, p. 17, t. 2, f. 21.

unifasciatus F. Mant. Ins. I, 1787, p. 125. — Sturm, Deutschl. Fauna, Käf. XI, 1837, p. 8, t. 228, f. B. — Kl. Clerii 1842, p. 275. — Spin. Clérites I, 1844, p. 96, t. 2, f. 4. — Chenu, Encycl. d'Hist. Nat. Col. II, 1860, p. 234. — Bach, Käferfauna Nord- und Mitteldeutschl. II, 1854, p. 90. — Kiesw. Naturgesch. Ins. Deutschl. IV, 1857, p. 680. — Spry and Shuckard, Brit. Col. 1861, p. 43, t. 52, f. 2. — Seidlitz, Fauna Baltica ed. II, 1891, p. 491; Fauna Transsylv. 1891, p. 574. — Reitt. Verh. Nat. Ver. Brünn XXXII, 1893, (1894), p. 41; Best.-Tab. 1894, p. 8. — Houlbert et Bétis, Trav. scient. Univ. Rennes IV, 1905, Suppl. p. 126, f. 52. — Europa

Biologie: Perris, Ann. Soc. Ent. Fr. (2) V, 1847, p. 32, t. 1, f. 6—11. — Chenu, Encycl. d'Hist. Nat. Col. II, 1860, p. 234. — Dieck, Berl. Ent. Zeitschr. XIV, 1870, p. 399. — Houlbert et Bétis, Trav. scient. Univ. Rennes IV, 1905, Suppl. p. 127, f. 26. — Xambeu, Natural. XXX, 1908, p. 151.

fasciatus Fourcr. Ent. Paris I, 1785, p. 136, var. B.

formicarius minor Sulz. Gesch. Ins. 1776, p. 42, t. 4, f. 13.

serraticornis Villers, Ent. I, 1789, p. 222.

var. *tricolor* Spin. Clérites I, 1844, t. 2, f. 5. — Reitt. Verh. Nat. Ver. Brünn XXXII, 1893 (1894), p. 41; Best.-Tab. 1894, p. 8. — Frankreich

variegatus Montrz. Ann. Soc. Agr. Lyon (2) VII, 1855, p. 18. — Woodlark

Vaulogeri Pic, Échange XXII, 1906, p. 25. — Tunis

32

Cylidroctenus Kraatz.

Kraatz, Ann. Soc. Ent. Belg. XXXIII, 1899, p. 214. — Schklg. Gen. Ins. (Wytsman) Cler. 1903, p. 37. — Gahan, Ann. Mag. Nat. Hist. (8) V, 1910, p. 61.

chalybaeum Westw. in White, Cat. Clerid. 1849, p. 51; Proc. Zool. Soc. Lond. 1852, p. 41, t. 24, f. 5. — Gorh. Ann. Mus. Genova (2) XII, 1892, p. 733. — Kraatz, Ann. Soc. Ent. Belg. XXXIII, 1899, p. 214. — Ost-Indien, Malay.-Arch., Neu-Guinea

1

Archalius Fairm.

Fairm. Ann. Soc. Ent. Fr. LXXI, 1902, p. 534.

densegranatus Fairm. l. c. p. 534. — Madagascar

1

Perilypus Spin.

Spin. Rev. Zool. 1841, p. 72; Clérites I, 1844, p. 103. — Lacord. Gen. Col. IV, 1857, p. 430. — Chenu, Encycl. d'Hist. Nat. Col. II, 1860, p. 235. —

J. Lec. and Horn, Classif. Col. N. Amer. ed. II, 1883, p. 217. — Schklg. Gen. Ins. (Wytsman) Cler. 1903, p. 13.

carbonarius Spin. Clérites I, 1844, p. 105, t. 5, f. 4. — Chenu, l. c. f. 162. — J. Lec. Ann. Lyc. Nat. Hist. N. York V, 1852, p. 12. — Californien, Neu-Mexico, Mexico ?

1

Pallenis Cast.

Cast. in Silb. Rev. Ent. IV, 1836, p. 39. — Spin. Rev. Zool. 1841, p. 72. — Kl. Clerii 1842, p. 276. — Lacord. Gen. Col. IV, 1857, p. 430. — Schklg. Gen. Ins. (Wytsman) Cler. 1903, p. 14.

Callitheres Spin. Rev. Zool. 1841, p. 72; Clérites I, 1844, p. 105. — Chenu, Encycl. d'Hist. Nat. Col. II, 1860, p. 235.
Jodamus Cast. in Silb. Rev. IV, 1836, p. 38.

acutipennis Cast. l. c. p. 39. — Kl. Clerii 1842, p. 278. — Spin. Clérites I, 1884, p. 108, t. 4, f. 1. — Chenu, Encycl. d'Hist. Nat. Col. II, 1860, f. 209. — Madagascar
angustiformis Fairm. Ann. Soc. Ent. Fr. (6) VI, 1886, p. 48. — „
angustula Fairm. Bull. Mus. Paris VIII, 1902, p. 308. — „
apicalis Fairm. Compt. rend. Soc. Ent. Belg. XXXIII, 1889, p. 91; Ann. Soc. Ent. Belg. XXXVII, 1893, p. 379. — „
armipennis Fairm. Bull. Mus. Paris VIII, 1902, p. 309. — „
aulica Kl. Clerii 1842, p. 277. — „
bicolor Spin. Clérites II, 1844, p. 127, t. 46, f. 7. — „
bifascis Fairm. Ann. Soc. Ent. Fr. (6) VI, 1886, p. 51. — „
digraphis Fairm. Compt. rend. Soc. Ent. Belg. XXXIII, 1889, p. 91; Ann. Soc. Ent. Belg. XXXVII, 1893, p. 376 und 382.
bipenicillata Waterh. Cist. Ent. II, 1875—82 (1879), p. 530. — Fairm. Ann. Soc. Ent. Fr. (6) VI, 1886, p. 52. — „
bipunctata Fairm. Naturaliste IX, 1887, p. 57, f. 9; Ann. Soc. Ent. Belg. XXXVII, 1893, p. 380. — „
cineritia Fairm. Ann. Soc. Ent. Belg. XXXVII, 1893, p. 536. — Comoren
cribellata Fairm. l. c. p. 381. — Madagascar
crinifera Fairm. Ann. Soc. Ent. Fr. LXXI, 1902, p. 542. — „
crinitifasciata Schklg. Bull. Mus. Paris VIII, 1902, p. 318. — „
cuspidata Schklg. l. c. p. 317. — „
cyanipennis Fairm. Ann. Soc. Ent. Fr. LXXI, 1902, p. 538. — „
diversiventris Fairm. Ann. Soc. Ent. Fr. (6) VI, 1886, p. 49. — „
ebenina Fairm. Ann. Soc. Ent. Belg. XXXVII, 1893, p. 382. — Schklg. Deutsche Ent. Zeitschr. 1906, p. 249. — „
elegantula Fairm. Bull. Mus. Paris VIII, 1902, p. 308. — „
geminata Fairm. Ann. Soc. Ent. Fr. LXXI, 1902, p. 541. — „
gibberosa Fairm. Ann. Soc. Ent. Belg. XXXVII, 1893, p. 381. — „
haematodera Fairm. Bull. Mus. Paris VIII, 1902, p. 309. — „
hexaspila Fairm. Ann. Soc. Ent. Fr. LXXI, 1902, p. 539. — „
leucospila Fairm. l. c. p. 540. — „

maculicollis Fairm. Ann. Soc. Ent. Belg. XXXVII, 1893, p. 378. — Madagascar

misella Boh. Ins. Caffr. I, 1851, p. 489. — Oranjefluss

morosa Fairm. Ann. Soc. Ent. Fr. LXXI, 1902, p. 541. — Madagascar

nigricollis Kuw. Soc. Ent. VIII, 1893—94 (1893), p. 66. — „

nitidipes Fairm. Ann. Soc. Ent. Belg. XXXVII, 1893, p. 536. — Comoren

octoguttata Fairm. Ann. Soc. Ent. Fr. LXXI, 1902, p. 539. — Madagascar

parceguttata Fairm. Bull. Mus. Paris VIII, 1902, p. 308. — „

Perrieri Fairm. Ann. Soc. Ent. Fr. LXXI, 1902, p. 541. — „

pictidorsis Fairm. Ann. Soc. Ent. Belg. XXXVII, 1893, p. 380. — „

pleuralis Fairm. Compt. rend. Soc. Ent. Belg. XXXIII, 1889, p. 8; Ann. Soc. Ent. Belg. XXXVII, 1893, p. 379. — „

polychroa Fairm. Ann. Soc. Ent. Fr. LXXI, 1902, p. 542. — „

quadrisignata Kuw. Soc. Ent. VIII, 1893—94 (1893), p. 66. — „

rectepilosa Fairm. Ann. Soc. Ent. Fr. LXXI, 1902, p. 542. — „

rugulicollis Fairm. l. c. (6) VI, 1886, p. 47. — „

scabricollis Fairm. Ann. Soc. Ent. Belg. XXXVII, 1893, p. 381. — „

semiazurea Fairm. Ann. Soc. Ent. Fr. (6) VI, 1886, p. 48. — „

semicristata Fairm. Bull. Mus. Paris VIII, 1902, p. 307. — „

semiflava Fairm. Natural. IX, 1887, p. 57, f. 8; Ann. Soc. Ent. Belg. XXXVII, 1893, p. 378. — „

semigranosa Fairm. l. c. p. 57, f. 10; l. c. p. 380. — „

semiguttata Fairm. Ann. Soc. Ent. Fr. LXXI, 1902, p. 540. — „

semirufa Fairm. Ann. Soc. Ent. Belg. XXXVII, 1893, p. 380. — „

semisuturata Fairm. l. c. p. 378. — „

sexguttata Fairm. Ann. Soc. Ent. Fr. LXXI, 1902, p. 538. — „

tenuepicta Fairm. Ann. Soc. Ent. Belg. XXXVII, 1893, p. 378. — „

tricolor Cast. in Silb. Rev. IV, 1836, p. 40. — Kl. Clerii 1842, p. 276. — Spin. Clérites I, 1844, p. 110, t. 3, f. 6. — Fairm. Ann. Soc. Ent. Belg. XXXVII, 1893, p. 379. — „

unicolor Kuw. Soc. Ent. VIII, 1893—94 (1893), p. 66. — „

vidua Kl. Clerii 1842, p. 278. — „

? **fulvescens** Chevr. Rev. Mag. Zool. 1874, p. 282. — Schklg. Deutsche Ent. Zeitschr. 1903, p. 12. — Ostindien

? **ruficollis** Kuw. Ann. Soc. Ent. Belg. XXXVII, 1893, p. 479. — Timor

53

Pseudopallenis Kuw.

Kuw. Soc. Ent. VIII, 1893—94 (1893), p. 66. — Schklg. Deutsche Ent. Zeitschr. 1903, p. 12; Gen. Ins. (Wytsman) Cler. 1903, p. 15.

Lagenotillus Fairm. Bull. Mus. Paris VIII, 1902, p. 309. — Schklg. l. c. p. 12 und p. 15.

Pseudopilus Kuw. Ann. Soc. Ent. Belg. XXXVIII, 1894, p. 4.

Alluaudi Fairm. Bull. Mus. Paris VIII, 1902, p. 310. — Madagascar

araneipes Fairm. Ann. Soc. Ent. Belg. XXXVII, 1893, p. 382. — „

arcitenens Fairm. Ann. Soc. Ent. Fr. (6) VI, 1886, p. 55. Madagascar
divisicollis Fairm. l. c. p. 53. "
humericallosa Kuw. Soc. Ent. VIII, 1893—94 (1893), p. 66. "
plicata Fairm. Ann. Soc. Ent. Fr. (6) VI, 1886, p. 54. "
quadriplicata Fairm. l. c. t. 2, f. 5.
splendida Schklg. Bull. Mus. Paris VIII, 1902, p. 318. "
tuberopilosa Fairm. Ann. Soc. Ent. Fr. (6) VI, 1886, p. 54. "
8

Arachnoclerus Fairm.

Fairm. Bull. Mus. Paris VIII, 1902, p. 310. — Schklg. Gen. Ins. (Wytsmann) Cler. 1903, p. 16.

fallaciosus Fairm. l. c. p. 311. Madagascar
1

Damiricus Fairm.

Fairm. Ann. Soc. Ent. Fr. LXXI, 1902, p. 543.

cribripennis Fairm. l. c. p. 543. Madagascar
1

Synellapus Fairm.

Fairm. Ann. Soc. Ent. Fr. LXXI, 1902, p. 544.

indigaceus Fairm. l. c. p. 544. Madagascar
1

Achlamys Waterh.

Waterh. Cist. Ent. II, 1875—82 (1879), p. 530. — Schklg. Gen. Ins. (Wytsman) Cler. 1903, p. 16.

uniformis Waterh. l. c. p. 531. — Fairm. Ann. Soc. Ent. Fr. (6) VI, 1886, p. 43. Madagascar
1

Pseudachlamys Duviv.

Duviv. Ann. Soc. Ent. Belg. XXXVI, 1892, p. 297. — Schklg. Gen. Ins. (Wytsman) Cler. 1903, p. 16.

penicillata Duviv. l. c. p. 298. Congo
1

Stenocylidrus Spin.

Spin. Clérites II, 1844, p. 129. — Lacord. Gen. Col. IV, 1857, p. 431. — Schklg. Gen. Ins. (Wytsman) Cler. 1903, p. 17.

Stenoclerus White, Cat. Clerid. 1849, p. 6 (ohne Diagnose!).
Xylobius Spin. Rev. Zool. 1841, p. 72. — Kl. Clerii 1842, p. 279. — Spin. Clérites I, 1844, p. 127. — Chenu, Encycl. d'Hist. Nat. Col. II, 1860, p. 238.

acuteserratus Fairm. Ann. Soc. Ent. Belg. XXXVII, 1893, p. 387. — Madagascar
apicatus Fairm. Ann. Soc. Ent. Fr. LXXI, 1902, p. 548. — „
asperulus Fairm. l. c. p. 546. — „
atrocyaneus Fairm. Ann. Soc. Ent. Belg. XXXVII, 1893, p. 387. — „
azureus Kl. Ins. Madag. 1832, p. 158, t. 3, f. 6; Clerii 1842, p. 280. — Spin. Clérites I, 1844, p. 128, t. 7, f. 2. — Fairm. Ann. Soc. Ent. Fr. (6) VI, 1886, p. 56. — „
  var. *pulchellus* Kl. Clerii 1842, p. 280. — Fairm. l. c. p. 55. — „
consobrinus Fairm. Ann. Soc. Ent. Belg. XXXVII, 1893, p. 537. — Comoren
cyaneoniger Fairm. Ann. Soc. Ent. Fr. (6) VI, 1886, p. 56. — Madagascar
dispar Fairm. Bull. Soc. Ent. Fr. 1890, p. 202; Ann. Soc. Ent. Belg. XXXVII, 1893, p. 388. — „
elegans Spin. Clérites I, 1844, p. 130, t. 6, f. 1. — Chenu, Encycl. d'Hist. Nat. Col. II, 1860, p. 238, f. 165. — „
externus Fairm. Ann. Soc. Ent. Fr. LXXI, 1902, p. 546. — „
fasciatus Hintz, Deutsche Ent. Zeitschr. 1902, p. 178. — Usambara
fascicollis Fairm. Ann. Soc. Ent. Belg. XXXVII, 1893, p. 386. — Madagascar
fastigiatus Kl. Clerii 1842, p. 280, t. 1, f. 1. — „
  var. *rufipes* Schklg. Bull. Mus. Paris VIII, 1902, p. 319. — „
flavilabris Kuw. Soc. Ent. VIII, 1893—94 (1893), p. 66. — „
geniculatus Fairm. Ann. Soc. Ent. Belg. XXXVII, 1893, p. 385. — „
gracilentus Fairm. l. c. p. 388. — „
griseocaudatus Fairm. Ann. Soc. Ent. Fr. (6) VI, 1886, p. 56. — „
impressipennis Fairm. Ann. Soc. Ent. Belg. XXXVII, 1893, p. 537. — Comoren
impressus Fairm. l. c. p. 538. — „
longepunctatus Fairm. Ann. Soc. Ent. Fr. (6) VI, 1886, p. 57. — Madagascar
melaleucus Fairm. l. c. p. 58. — „
melanocrossus Fairm. l. c. p. 58. — „
minor Fairm. l. c. p. 58. — „
nigratus Fairm. l. c. p. 56. — „
notaticollis Fairm. Ann. Soc. Ent. Belg. XXXVII, 1893, p. 386. — „
novemguttatus Fairm. Natural. IX, 1887, p. 71, f. 3; Ann. Soc. Ent. Belg. XXXVII, 1893, p. 385. — „
obliquatus Fairm. Ann. Soc. Ent. Fr. LXXI, 1902, p. 547. — „
obscuratus Fairm. l. c. p. 546. — „
obsoletus J. Thoms. Mus. scient. 1860, p. 48. — Fairm. Ann. Soc. Ent. Fr. (6) VI, 1886, p. 59; Ann. Soc. Ent. Belg. XXXVII, 1893, p. 388. — „
pedator Fairm. Ann. Soc. Ent. Belg. XXXVII, 1893, p. 538. — Comoren
ruficeps Fairm. Ann. Soc. Ent. Fr. LXXI, 1902, p. 545. — Madagascar
rufocaudatus Fairm. Ann. Soc. Ent. Belg. XXXVII, 1893, p. 538. — Comoren
rufus Hintz, Deutsche Ent. Zeitschr. 1902, p. 178. — Usambara
rugicollis Fairm. Ann. Soc. Ent. Belg. XXXVII, 1893, p. 385. — Madagascar
semiopacus Fairm. l. c. p. 383. — „
semirufus Fairm. Ann. Soc. Ent. Fr. LXXI, 1902, p. 544. — „

semisuturatus Fairm. Bull. Mus. Paris VIII, 1902, p. 311. Madagascar
septempunctatus Kuw. Soc. Ent. VIII, 1893—94 (1893), p. 66. „
serricornis Fairm. Ann. Soc. Ent. Belg. XXXVII, 1893, p. 384. „
simulator Fairm. l. c. p. 387. „
strangulatus Fairm. Compt. rend. Soc. Ent. Belg. XXXIII, 1889, p. 91; Ann. Soc. Ent. Belg. XXXVII, 1893, p. 384. „
stricticollis Fairm. Ann. Soc. Ent. Belg. XXXVII, 1893, p. 383. „
tenuestrigatus Fairm. l. c. p. 385. „
tetradius Fairm. Ann. Soc. Ent. Fr. LXXI, 1902, p. 547. „
truncatulus Fairm. Ann. Soc. Ent. Belg. XXXVII, 1893, p. 388. „
undatus Coquer. Ann. Soc. Ent. Fr. (4) VI, 1866, t. 7, f. 4. — Schklg. Deutsche Ent. Zeitschr. 1906, p. 250. Ins. Bourbon
variegatus Fairm. Ann. Soc. Ent. Fr. LXXI, 1902, p. 548. Madagascar
venustus Kl. Clerii 1842, p. 279. — Fairm. Ann. Soc. Ent. Fr. (6) VI, 1886, p. 55. „
var. *frontalis* Waterh. Cist. Ent. II, 1875—82 (1879), p. 531. — Fairm. l. c. p. 55; Ann. Soc. Ent. Belg. XXXVII, 1893, p. 376; Ann. Soc. Ent. Fr. LXXI, 1902, p. 545. „
var. *longulus* Kl. Clerii 1842, p. 279. — Fairm. Ann. Soc. Ent. Fr. (6) VI, 1886, p. 55; Ann. Soc. Ent. Belg. XXXVII, 1893, p. 376. „
virgulatus Fairm. Bull. Mus. Paris VIII, 1902, p. 312. „

49

Tilloclerus White.

White, Cat. Clerid. 1849, p. 6. — Fairm. Ann. Soc. Ent. Fr. (6) VI, 1886, p. 61. — Schklg. Gen. Ins. (Wytsman) Cler. 1903, p. 18.

auricomus Kl. Clerii 1842, p. 281. — Fairm. l. c. p. 61. Madagascar
aurosus Fairm. l. c. p. 62; Ann. Soc. Ent. Belg. XXXVII, 1893, p. 389. „
var. *rufipes* Schklg. Bull. Mus. Paris VIII, 1902, p. 319. „
fulvoarcuatus Fairm. Ann. Soc. Ent. Fr. (6) VI, 1886, p. 61. „
griseocaudatus Fairm. l. c. LXXI, 1902, p. 548. „
testaceipes Fairm. Compt. rend. Soc. Ent. Belg. XXXIII, 1889, p. 91; Ann. Soc. Ent. Belg. XXXVII, 1893, p. 389. „

5

Tylotosoma Hintz.

Hintz, Deutsche Ent. Zeitschr. 1902, p. 399. — Schklg. Gen. Ins. (Wytsman) Cler. 1903, p. 18.

bifasciatum Hintz, l. c. p. 400. Südafrika
speciosum Boh. Ins. Caffr. I, 1851, p. 488. — Schklg. Deutsche Ent. Zeitschr. 1909, p. 796. Port Natal

2

Ceratocopus Hintz.

Hintz, Deutsche Ent. Zeitschr. 1902, p. 401. — Schklg. Gen. Ins. (Wytsman) Cler. 1903, p. 18.

bicolor Hintz, l. c. p. 401. — Südafrika
cyaneus Hintz, l. c. p. 402. — Natal
ruficollis Hintz, l. c. p. 401. — Südafrika
3

Rhopaloclerus Fairm.

Fairm. Ann. Soc. Ent. Fr. (6) VI, 1886, p. 60; l. c. LXXI, 1902, p. 565. — Schklg. Gen. Ins. (Wytsman) Cler. 1903, p. 19.

Coquereli Fairm. Ann. Soc. Ent. Fr. (6) VI, 1886, p. 61; l. c. LXXI, 1902, p. 566. — Sainte Marie de Madagascar
lividipes Fairm. Ann. Soc. Ent. Belg. XXXVII, 1893, p. 538; Ann. Soc. Ent. Fr. LXXI, 1902, p. 566. — Madagascar
nigrofasciatus Fairm. Ann. Soc. Ent. Fr. LXXI, 1902, p. 566. — „
seriatus Fairm. l. c. p. 565. — „
4

Liostylus Fairm.

Fairm. Ann. Soc. Ent. Fr. (6) VI, 1886, p. 62. — Schklg. Gen. Ins. (Wytsman) Cler. 1903, p. 19.

analis Fairm. Bull. Mus. Paris VIII, 1902, p. 312. — Madagascar
anthicoides Fairm. Ann. Soc. Ent. Fr. (6) VI, 1886, p. 63. — „
basalis Fairm. l. c. LXXI, 1902, p. 550. — „
bipartitus Fairm. l. c. p. 549. — „
myrmecarius Fairm. l. c. p. 549. — „
pictus Fairm. Bull. Mus. Paris VIII, 1902, p. 312. — „
posticalis Fairm. Ann. Soc. Ent. Fr. LXXI, 1902, p. 551. — „
quadripartitus Fairm. l. c. p. 549. — „
rufotinctus Fairm. l. c. p. 550. — „
sellatus Fairm. l. c. p. 551. — „
stricticollis Fairm. l. c. (6) VI, 1886, p. 63. — Sainte-Marie de Madagascar
unicolor Fairm. l. c. LXXI, 1902, p. 550. — Madagascar
12

Eucymatodera Schklg.

Schklg. Ann. Mus. Genova (2) XX, 1899, p. 333; Gen. Ins. (Wytsman) Cler. 1903, p. 19.

blumfonteina Kuw. Ann. Soc. Ent. Belg. XXXVII, 1893, p. 469. — Oranjestaat
cingulata Kl. Clerii 1842, p. 273. — Kuw. l. c. p. 467. — Caffraria, Capland
hottentotta Kuw. Ann. Soc. Ent. Belg. XXXVII, 1893, p. 469. — Südafrika

nubica Kuw. l. c. p. 468. — Nubien, Senegal

parva Schklg. Deutsche Ent. Zeitschr. 1908, p. 364. — Deutsch-Südwestafrika

variabilis Schklg. Ann. Mus. Genova (2) XX, 1899—1901 (1899), p. 334. — Ostafrika

6

Isocymatodera Hintz.

Hintz, Deutsche Ent. Zeitschr. 1902, p. 179. — Schklg. Gen. Ins. (Wytsman) Cler. 1903, p. 20.

Kolbei Hintz, l. c. p. 179. — Ostafrika

1

Cymatodera Gray.

Gray in Griffith, Anim. Kingd. Ins. I, 1832, p. 375. — Cast. in Silberm. Rev. IV, 1836, p. 37. — Spin. Rev. Zool. 1841, p. 72. — Kl. Clerii 1842, p. 270. — Spin. Clérites I, 1844, p. 138. — J. Lec. Ann. Lyc. Nat. Hist. N. York V, 1852, p. 14. — Lacord. Gen. Col. IV, 1857, p. 432. — J. Lec. and Horn, Classif. Col. N. Amer. ed. II, 1883, p. 217. — Horn, Trans. Amer. Ent. Soc. V, 1876, p. 220. — Gorh. Biol. Centr.-Amer. Col. III, 2, 1882, p. 130. — Schklg. Gen. Ins. (Wytsman) Cler. 1903, p. 20. — Wolcott, Bull. Ind. Dep. Geol. Nat. I, 1910, p. 849.

Cymatoderus Chenu, Encycl. d'Hist. Nat. Col. II, 1860, p. 240.

aemula Wolcott, Publ. Field Mus. Chicago VII, 1910, p. 348, t. 6, f. 9. — Arizona

aethiops Wolcott, l. c. p. 350, t. 6, f. 10—13. — Texas, Arizona

angulifera Gorh. Biol. Centr.-Amer. Col. III, 2, 1882, p. 133. — Wolcott, l. c. p. 354. — Guatemala, Mexico

angustata Spin. Clérites I, 1844, p. 149, t. 7, f. 1. — J. Lec. Ann. Lyc. Nat. Hist. N. York V, 1852, p. 16. — Chenu, Encycl. d'Hist. Nat. Col. II, 1860, f. 167. — Horn, Trans. Amer. Ent. Soc. V, 1876, p. 229, t. 1, f. 16. — Gorh. l. c. p. 138. — Nordamerika, Mexico

?*angustata* J. Lec. New spec. Col. 1865, p. 96. — Gorh. l. c. p. 138.

antennata Schaeff. Journ. N. York Ent. Soc. XVI, 1908, p. 128. — Arizona

balteata J. Lec. Proc. Acad. Philad. VII, 1854, p. 81. — Horn, Trans. Amer. Ent. Soc. V, 1876, p. 228. — Wolcott, Bull. Wisconsin Nat. Hist. Soc. VII, 1909, p. 96. — Nordamerika

fallax Horn, l. c. XII, 1885, p. 153; Ent. Amer. III, 1887, p. 145. — Schaeff. Bull. Mus. Brooklyn I, 1901—10 (1905), p. 153.

Belfragei Horn, Trans. Amer. Ent. Soc. V, 1876, p. 226, t. 1, f. 11. — Nordamerika

bicolor Say, Journ. Acad. Philad. V, 1825, p. 174. — J. Lec. Ann. Lyc. Nat. Hist. N. York V, 1852, p. 16. — Horn, l. c. p. 224, t. 1, f. 6. — Wickham, Canad. Entomol. XXVII, 1895, p. 249. — Schklg. Deutsche Ent. Zeitschr. 1906, p. 251. — Wolcott, — „

Bull. Wisconsin Nat. Hist. Soc. VII, 1909, p. 95; Bull. Ind. Dep. Geol. Nat. I, 1910, p. 850, f. 331.	
bipunctata Gorh. Biol. Centr.-Amer. Col. III, 2, 1882, p. 135, t. 7, f. 16.	Mexico
brunnea Melsh. Proc. Acad. Philad. II, 1846, p. 306. — J. Lec. Ann. Lyc. Nat. Hist. N. York V, 1852, p. 15. — Horn, Trans. Amer. Ent. Soc. V, 1876, p. 223, t. 1, f. 5. — Wolcott, Bull. Ind. Dep. Geol. Nat. I, 1910, p. 850.	Nordamerika
cancellata J. Lec. Proc. Acad. Philad. VII, 1854, p. 81.	
californica Horn, Trans. Amer. Ent. Soc. II, 1867, p. 134. — Schklg. Deutsche Ent. Zeitschr. 1906, p. 251.	Californien
cephalica Schaeff. Journ. N. York Ent. Soc. XVI, 1908, p. 130.	„
Championi Gorh. Biol. Centr.-Amer. Col. III, 2, 1882, p. 131, t. 7, f. 12.	Panama
cognata Wolcott, Ent. News XXI, 1910, p. 320.	Nevada, Utah
comans Wolcott, Publ. Field Mus. Chicago VII, 1910, p. 351, t. 6, f. 14—16.	Utah, Texas, Arizona
conflagrata Kl. Clerii 1842, p. 272.	Orinoco
cylindricollis Chevr. Col. Mex. cent. I, fasc. 1, 1833, nr. 11. — Cast. in Silberm. Rev. IV, 1836, p. 38. — Kl. l. c. p. 271. — Spin. Clérites I, 1844, p. 148, t. 10, f. 3. — Gorh. Biol. Centr.-Amer. Col. III, 2, 1882, p. 135. — Wolcott, Publ. Field Mus. Chicago VII, 1910, p. 347.	Mexico, Nordamerika
decipiens Fall, Canad. Ent. XXXVIII, 1906, p. 114.	Californien
delicatula Fall, l. c. p. 113.	„
depauperata Gorh. Biol. Centr.-Amer. Col. III, 2, 1882, p. 138.	Guatemala
discoidalis Chevr. Rev. Mag. Zool. 1843, p. 10. — Gorh. l. c. p. 131, t. 7, f. 10 und t. 7, f. 15. — Wolcott, Publ. Field Mus. Chicago VII, 1910, p. 355, t. 6, f. 20.	Mexico
duplicata Wolcott, l. c. p. 353, t. 6, f. 17—19.	„
fascifera J. Lec. New spec. Col. 1865, p. 95. — Horn, Trans. Amer. Ent. Soc. V, 1876, p. 225, t. 1, f. 8.	Californien
flavosignata Schaeff. Journ. N. York Ent. Soc. XVI, 1908, p. 129.	Arizona
flexuosa Gorh. Biol. Centr.-Amer. Col. III, 2, 1882, p. 136.	Mexico
Fuchsi Schaeff. Journ. N. York Ent. Soc. XII, 1904, p. 216.	Texas
fuscula J. Lec. Ann. Lyc. Nat. Hist. N. York V, 1852, p. 212. — Horn, Trans. Amer. Ent. Soc. V, 1876, p. 228, t. 1, f. 14. — Schaeff. Bull. Mus. Brooklyn I, 1901—10 (1905), p. 153. — Wolcott, Bull. Wisconsin Nat. Hist. Soc. VII, 1909, p. 96.	Nordamerika, Mexico
geniculata Chevr. Rev. Mag. Zool. 1874, p. 282. — Gorh. Biol. Centr.-Amer. Col. III, 2, 1882, p. 133; l. c. Suppl. 1886, p. 334.	Guatemala, Nicaragua, Panama
gracilis Kirsch, Abh. Mus. Dresden, nr. 4, 1888—89 (1889), p. 12, t. 1, f. 23.	Columbien
grandis Gorh. Biol. Centr.-Amer. Col. III, 2, 1882, p. 130. — Wolcott, Publ. Field Mus. Chicago VII, 1910, p. 355.	Mexico
grossa Gorh. l. c. p. 138. — Wolcott, l. c. p. 355.	„
guatemalensis Schklg. Deutsche Ent. Zeitschr. 1900, p. 385.	Guatemala

Hoegei Gorh. Biol. Centr.-Amer. Col. III, 2, 1882, p. 135. — Mexico, Guatemala

Hopei Gray in Griffith, Anim. Kingd. Ins. I, 1832, p. 375, t. 48, f. 1. — Cast. in Silberm. Rev. IV, 1836, p. 37. — Kl. Clerii 1842, p. 270. — Spin. Clérites I, 1844, p. 141, t. 9, f. 5. — Gorh. l. c. p. 130. — Mexico, Texas
gigantea Horn, Trans. Amer. Ent. Soc. VIII, 1880, p. 148; l. c. X, 1883, p. 289.

Horni Wolcott, Publ. Field Mus. Chicago VII, 1910, p. 349. — Californien, Arizona
californica Horn, Trans. Amer. Ent. Soc. V, 1876, p. 225, t. 1, f. 9. — Wolcott, l. c.

ibidioides Spin. Clerites II, 1844, p. 124, t. 47, f. 1. — Chenu, Encycl. d'Hist. Nat. Col. II, 1860, f. 212. — Brasilien

inornata Say, Bost. Journ. I, 1835, p. 161. — Kl. Clerii 1842, p. 271. — J. Lec. Ann. Lyc. Nat. Hist. N. York V, 1852, p. 15. — Horn, Trans. Amer. Ent. Soc. V, 1876, p. 224, t. 1, f. 7. — Wickham, Canad. Entomol. XXVII, 1895, p. 249. — Schklg. Deutsche Ent. Zeitschr. 1907, p. 302. — Wolcott, Bull. Ind. Dep. Geol. Nat. I, 1910, p. 850. — Nordamerika, Mexico
tenera J. Lec. l. c. p. 14. — Horn, l. c. p. 230.

Isabellae Wolcott, Publ. Field Mus. Chicago VII, 1910, p. 345, t. 6, f. 7. — Utah

Kolbei Schklg. Deutsche Ent. Zeitschr. 1907, p. 303. — Mexico

laeta Spin. Clérites I, 1844, p. 143, t. 10, f. 4. — Columbia
regalis Spin. l. c. p. 144.

laevicollis Schaeff. Journ. N. York Ent. Soc. XVI, 1908, p. 130. — Arizona

latefascia Schaeff. l. c. XII, 1904, p. 216; l. c. XVI, 1908, p. 129. — „

liturata Gorh. Biol. Centr.-Amer. Col. III, 2, 1882, p. 134. — Guatemala

longicornis J. Lec. Ann. Lyc. Nat. Hist. N. York V, 1852, p. 16. — Horn, Trans. Amer. Ent. Soc. V, 1876, p. 221, t. 1, f. 1. — Nordamerika

lunulata Gorh. Biol. Centr.-Amer. Col. III, 2, 1882, p. 133. — Guatemala

marmorata Kl. Clerii 1842, p. 271. — Gorh. l. c. p. 136, t. 7, f. 14. — Mexico

megacephala Chevr. Mém. Clér. 1876, p. 8. — Columbia

melazona Chevr. Rev. Mag. Zool. 1874, p. 282. — „

modesta Spin. Clérites I, 1844, p. 144, t. 10, f. 2; Gay's Hist. Chile IV, 1849, p. 391, t. 9, f. 3. — Chevr. Mém. Clér. 1876, p. 4 und 10. — Chile

morosa J. Lec. Proc. Acad. Philad. 1858, p. 71. — Horn, Trans. Amer. Ent. Soc. V, 1876, p. 226, t. 1, f. 10. — Nordamerika

nitida Gorh. Biol. Centr.-Amer. Col. III, 2, 1882, p. 134. — Mexico, Guatemala

obliquefasciata Schaeff. Journ. N. York Ent. Soc. XII, 1904, p. 215. — Texas

oblita Horn, Trans. Amer. Ent. Soc. V, 1876, p. 227, t. 1, f. 12. — Nordamerika

ovipennis J. Lec. Proc. Acad. Philad. 1859, p. 76. — Chevr. Mém. Clér. 1876, p. 4. — Horn, l. c. p. 229. — California
var. *pilosella* J. Lec. New spec. Col. 1865, p. 95. — Gorh. Biol. Centr.-Amer. Col. III, 2, 1882, p. 138. — Horn, l. c. p. 229. — „

pallida Schaeff. Journ. N. York Ent. Soc. XVI, 1908, p. 128. — Arizona

pallidipennis Chevr. Rev. Mag. Zool. 1874, p. 8. — Gorh. Biol. Centr.-Amer. Col. III, 2, 1882, p. 132. — Central-Amerika

parallela Gorh. l. c. p. 132. Guatemala
peninsularis Schaeff. Journ. N. York Ent. Soc. XII, 1904, p. 214. — Wolcott, Publ. Field Mus. Chicago VII, 1910, p. 346, t. 5, f. 1. California, Arizona
prolixa Kl. Clerii 1842, p. 272. — Chevr. Mém. Clér. 1876, p. 11. Orinoco
pubescens Wolcott, Bull. Wisconsin Nat. Hist. Soc. VII, 1909, p. 94. Texas
punctata J. Lec. Ann. Lyc. Nat. Hist. N. York V, 1852, p. 212. — Horn. Trans. Amer. Ent. Soc. V, 1876, p. 227, t. 1, f. 13. California
puncticollis Bland, Proc. Ent. Soc. Philad. I, 1863, p. 356. — Horn, l. c. p. 222, t. 1, f. 2. Texas
purpuricollis Horn, Proc. Calif. Acad. IV, 1894, p. 38. California
Sallei J. Thoms. Mus. scient. 1860, p. 49. — Gorh. Biol. Centr.-Amer. Col. III, 2, 1882, p. 130, t. 7, f. 13. — Schklg. Deutsche Ent. Zeitschr. 1906, p. 251. Mexico, Costarica
emarginata Chevr. Mém. Clér. 1876, p. 8. — Gorh. l. c. p. 130.
santarosae Schaeff. Bull. Mus. Brooklyn I, 1901—10 (1905), p. 152. California
saturata Gorh. Biol. Centr.-Amer. Col. III, 2, Suppl. 1886, p. 334, t. 13, f. 8. Panama
suturata Lohde, Stett. Ent. Zeit. LXI, 1900, p. 21.
sericans Gorh. l. c. p. 333. „
sirpata Horn, Trans. Amer. Ent. Soc. XII, 1885, p. 152. Texas
Snowi Wolcott, Publ. Field Mus. Chicago VII, 1910, p. 349. Arizona
soror Wolcott, l. c. p. 342, t. 6, f. 1—2. „
striatopunctata Chevr. Mém. Clér. 1876, p. 8. Mexico
subsimilis Wolcott, Publ. Field Mus. Chicago VII, 1910, p. 343, t. 6, f. 3—4. Arizona
texana Gorh. Biol. Centr.-Amer. Col. III, 2, 1882, p. 134. — Horn, Trans. Amer. Ent. Soc. XII, 1885, p. 49. — Wolcott, Bull. Wisconsin Nat. Hist. Soc. VII, 1909, p. 95. Texas
torosa Wolcott, Publ. Field Mus. Chicago VII, 1910, p. 347, t. 6, f. 8. Neu-Mexico
tricolor Skinner, Ent. News XVI, 1905, p. 292. — Schaeff. Bull. Mus. Brooklyn I, 1901—10 (1905), p. 153; Canad. Ent. XXXVIII, 1906, p. 21. Arizona, Canada
turbata Horn, Trans. Amer. Ent. Soc. XII, 1885, p. 151. Texas
tuta Wolcott, Publ. Field Mus. Chicago VII, 1910, p. 344, t. 6, f. 5—6. Neu-Mexico
umbrina Fall, Canad. Ent. XXXVIII, 1906, p. 114. California
undata Spin. Clérites I, 1844, p. 142. — Gorh. Biol. Centr.-Amer. Col. III, 2, 1882, p. 137. Mexico
marmorata Spin. Clérites II, 1844, t. 9, f. 4.
undulata Say, Journ. Acad. Philad. V, 1825, p. 174. — J. Lec. Ann. Lyc. Nat. Hist. N. York V, 1852, p. 15. — Horn, Trans. Amer. Ent. Soc. V, 1876, p. 228, t. 1, f. 15. — Schaeff. Bull. Mus. Brooklyn I, 1901—10 (1905), p. 153. Nordamerika
Bosci Chevr. Ann. Soc. Ent. Fr. (2) I, 1843, p. 31. — Horn, l. c. p. 230.
longicollis Spin. Clérites I, 1844, p. 147, t. 10, f. 1.
var. *arizonica* Schaeff. Journ. N. York Ent. Soc. XVI, 1908, p. 130. Arizona

var. *brunnea* Spin. Clérites I, 1844, p. 148. — Nordamerika
var. *Vauthieri* Spin. l. c. p. 147. — „
uniformis Schaeff. Bull. Mus. Brooklyn I, 1901—10 (1905), p. 151. — Arizona
usta J. Lec. Proc. Acad. Philad. 1858, p. 71. — Horn, Trans. Amer. Ent. Soc. V, 1876, p. 223, t. 1, f. 4; l. c. VIII, 1880, p. 149. — Wolcott, Publ. Field Mus. Chicago VII, 1910, p. 346. — Texas
vagemaculata J. Thoms. Mus. scient. II, 1860, p. 50. — Gorh. Biol. Centr.-Amer. Col. III, 2, 1882, p. 137. — Mexico
valida Gorh. l. c. p. 137, t. 7, f. 11. — Guatemala
Van Dykei Schaeff. Journ. N. York Ent. Soc. XII, 1904, p. 217. — California
Wickhami Wolcott, Publ. Field Mus. Chicago VII, 1910, p. 354. — Mexico
Xanti Horn, Trans. Amer. Ent. Soc. V, 1876, p. 222, t. 1, f. 3. — California

87

Notocymatodera Schklg.

Schklg. Deutsche Ent. Zeitschr. 1907, p. 310.

dimidiata Germain, An. Univ. Santiago 1855, p. 393. — Schklg. l. c. p. 310. — Chile

1

Leptoclerus Kraatz.

Kraatz, Deutsche Ent. Zeitschr. 1899, p. 83. — Schklg. Gen. Ins. (Wytsman) Cler. 1903, p. 22.

amoenus Kraatz, l. c. p. 83. — Schklg. Deutsche Ent. Zeitschr. 1906, t. 2, f. 2. — Kamerun

1

Anisophyllus Westw.

Westw. Trans. Ent. Soc. Lond. 1876, p. 493. — Gorh. l. c. 1877, p. 426. — Schklg. Gen. Ins. (Wytsman) Cler. 1903, p. 22.

obscurus Westw. l. c. p. 494, t. 2, f. 1. — Neuguinea, Misol

1

Gastrocentrum Gorh.

Gorh. Cist. Ent. II, 1875—82 (1876), p. 63. — Schklg. Gen. Ins. (Wytsman) Cler. 1903, p. 22. — Gahan, Ann. Mag. Nat. Hist. (8) V, 1910, p. 61.

dux Westw. Proc. Zool. Soc. Lond. 1852, p. 46, t. 24, f. 11. — Blackb. Trans. Roy. Soc. South Austral. XXIV, 1900, p. 119. — Gahan, Ann. Mag. Nat. Hist. (8) V, 1910, p. 61. — Ceylon, Java
unicolor White, Cat. Clerid. 1849, p. 56. — Gahan, l. c. p. 61. — Ost-Indien, Philippinen
pauper Gorh. Cist. Ent. II, 1875—82 (1876), p. 63. — Gahan, l. c. p. 61.

2

Aroterus Schklg.

Schklg. Deutsche Ent. Zeitschr. 1906, p. 252; Gen. Ins. Cler. (Wytsman) 1903, p. 23.

Arotes Fairm. Bull. Mus. Paris VIII, 1902, p. 316.

albozonatus Fairm. l. c. p. 316. — Madagascar
1

Dedana Fairm.

Fairm. Ann. Soc. Ent. Belg. XXXII, 1888, p. 26. — Schklg. Deutsche Ent. Zeitschr. 1903, p. 13; Gen. Ins. (Wytsman) Cler. 1903, p. 23.

rufodorsata Fairm. l. c. p. 26. — China
1

Spinoza Lewis.

Lewis, Ann. Mag. Nat. Hist. (6) X, 1892, p. 184. — Schklg. Gen. Ins. (Wytsman) Cler. 1903, p. 23.

coerulea Lewis, l. c. p. 185. — Japan
1

Aphelocerus Kirsch.

Kirsch, Berl. Ent. Zeitschr. XIV, 1870, p. 369. — Schklg. Gen. Ins. (Wytsman) Cler. 1903, p. 24.

sturnus Kirsch, l. c. p. 369. — Bogota
1

Callimerus Gorh.

Gorh. Cist. Ent. II, 1875—82 (1876), p. 65. — Schklg. Gen. Ins. (Wytsman) Cler. 1903, p. 24. — Gahan, Ann. Mag. Nat. Hist. (8) V, 1910, p. 61.

Caloclerus Kuw. Ann. Soc. Ent. Belg. XXXVII, 1893, p. 480. — Schklg. l. c. XLV, 1901, p. 105.

albofasciatus J. Thoms. Mus. scient. II, 1860, p. 61. — Gorh. Trans. Ent. Soc. Lond. 1877, p. 250. — Schklg. Deutsche Ent. Zeitschr. 1898, p. 169. — Nord-Indien
albosparsus Gorh. Proc. Zool. Soc. Lond. 1893, p. 572. — Birma
albotessellatus Kuw. Ann. Soc. Ent. Belg. XXXVII, 1893, p. 483. — Perak
albovarius Westw. in White, Cat. Clerid. 1849, p. 50; Proc. Zool. Soc. Lond. 1852, p. 40, t. 24, f. 4. — Gorh. Cist. Ent. II, 1875—82 (1876), p. 65. — Himalaya
amabilis Gorh. l. c. p. 66. — Schklg. Deutsche Ent. Zeitschr. 1906, t. 2, f. 3. — Laos, Himalaya
scutellaris Schklg. Ann. Soc. Ent. Belg. XLV, 1901, p. 105.
Andrewesi Schklg. Deutsche Ent. Zeitschr. 1908, p. 366. — Nilgiri Hills
arcuatus Gorh. Proc. Zool. Soc. Lond. 1893, p. 574. — Birma
bellus Gorh. l. c. p. 571. — Borneo

benedictus Gorh. l. c. p. 573.	Assam
catenatus Gorh. Proc. Zool. Soc. Lond. 1902, II, p. 278, t. 3, f. 54.	Borneo
cribratus Schklg. Records Indian Mus. II, 1908, p. 387.	Bengalen
cyaneus J. Thoms. Mus. scient. II, 1860, p. 62. — Gorh. Trans. Ent. Soc. Lond. 1877, p. 250. — Schklg. Deutsche Ent. Zeitschr. 1898, p. 169.	China
debilis Gorh. Ann. Soc. Ent. Belg. XLVII, 1903, p. 334.	Vorder-Indien
decoratus Gorh. Proc. Zool. Soc. Lond. 1893, p. 570.	Assam
Dohertyanus Gorh. l. c. p. 572.	Perak
dorsalis J. Thoms. Mus. scient. II, 1860, p. 61. — Gorh. Trans. Ent. Soc. Lond. 1877, p. 250. — Schklg. Deutsche Ent. Zeitschr. 1898, p. 169.	Nord-Indien
dulcis Westw. Proc. Zool. Soc. Lond. 1852, p. 40, t. 24, f. 6. — Gorh. Cist. Ent. II, 1875—82 (1876), p. 66; Ann. Mus. Genova (2) XII, 1892, p. 723. — Fairm. Bull. Mus. Paris VIII, 1902, p. 319. — Schklg. Deutsche Ent. Zeitschr. 1906, p. 252.	Ost-Indien, Philippinen
elegans Gorh. Ann. Mus. Genova (2) XII, 1892, p. 720.	Birma
var. ? Gorh. l. c. p. 721. — Schklg. l. c. p. 252.	Assam
faustus Gorh. l. c. p. 724.	Birma
var. Gorh. l. c. p. 725.	„
Feae Gorh. l. c. p. 723.	„
festivus Gorh. l. c. p. 725.	„
var. Gorh. l. c. p. 726.	Bhamo
filiformis Gorh. Ann. Soc. Ent. Belg. XLVII, 1903, p. 333.	Vorder-Indien
flavofasciatus Schklg. Bull. Mus. Paris VIII, 1902, p. 319.	Siam
gracilis Gorh. Ann. Mus. Genova (2) XII, 1892, p. 724.	Ost-Indien
Grandjeani Schklg. Ann. Soc. Ent. Belg. XLV, 1901, p. 104.	Bengalen
gratiosus Gorh. Cist. Ent. II, 1875—82 (1876), p. 66.	Philippinen
Horni Kraatz, Deutsche Ent. Zeitschr. 1900, p. 189.	Ceylon
tener Schklg. l. c. 1902, p. 157.	
hydnoceroides Gorh. Proc. Zool. Soc. Lond. 1893, p. 574.	Birma
albosuturatus Kuw. Ann. Soc. Ent. Belg. XXXVII, 1893, p. 482.	
insolatus Pascoe, Journ. Ent. I, 1860, p. 48. — Gorh. Cist. Ent. II, 1875—82 (1876), p. 67.	Ost-Indien, Malayen-Archipel
latesignatus Gorh. Ann. Mus. Genova (2) XII, 1892, p. 728. — Schklg. l. c. (2) XX, 1899—1901 (1899), p. 335; Deutsche Ent. Zeitschr. 1906, p. 252.	Ost-Indien
latifrons Gorh. Cist. Ent. II, 1875—82 (1876), p. 67.	Malayen-Archipel
macer Schklg. Notes Leyden Mus. XXIII, 1902, p. 125.	Java
minutus Schklg. Deutsche Ent. Zeitschr. 1908, p. 366.	Nilgiri Hills
mirabilis Kuw. Ann. Soc. Ent. Belg. XXXVII, 1893, p. 481.	Celebes
mirandus Gorh. Cist. Ent. II, 1875—82 (1876), p. 65.	Sumatra, Borneo, Ceylon, Penang
propinquus Schklg. Ann. Mus. Genova (2) XX, 1899, p. 334; Gen. Ins. Cler. 1903, p. 25.	
sumatranus Kraatz, Ann. Soc. Ent. Belg. XLIII, 1899, p. 213. — Schklg. Gen. Ins. Cler. 1903, p. 25.	
mysticus Gorh. Proc. Zool. Soc. Lond. 1893, p. 571.	Borneo
nigromarginatus Kuw. Ann. Soc. Ent. Belg. XXXVII, 1893, p. 483.	Sumbawa
nilgirianus Gorh. Ann. Soc. Ent. Belg. XLVII, 1903, p. 333.	Nilgiri Hills
niveus Gorh. Proc. Zool. Soc. Lond. 1893, p. 572.	Perak, Sumatra

ornatus Gorh. Notes Leyden Mus. IV, 1882, p. 110; in Ritsema, Midden-Sumatra IV, 6, Col. 1887, p. 78. — Sumatra
pallidus Gorh. Ann. Mus. Genova (2) XII, 1892, p. 727. — Birma
var. Gorh. l. c. p. 727. — Borneo
pectoralis Schklg. l. c. (2) XX, 1899, p. 335. — Sumatra
pictus Gorh. Proc. Zool. Soc. Lond. 1893, p. 572. — Assam
prasinatus Lewis, Ann. Mag. Nat. Hist. (6) XVII, 1896, p. 338. — Japan
pretiosus Gorh. Ann. Mus. Genova (2) XII, 1892, p. 727. — Birma
pulchellus Gorh. Cist. Ent. II, 1875—82 (1876), p. 67. — Waterh. Aid Ins. I, 1881, t. 45. — Philippinen
pulcher Schklg. Records Indian Mus. II, 1908, p. 387. — Birma
pulverosus Chevr. Rev. Mag. Zool. 1874, p. 321. — Gorh. Trans. Ent. Soc. Lond. 1877, p. 251. — Schklg. Deutsche Ent. Zeitschr. 1898, p. 169. — Ost-Indien
quadriarcuatus Kuw. Ann. Soc. Ent. Belg. XXXVII, 1893, p. 484. — Perak
rusticus Gorh. Notes Leyden Mus. V, 1883, p. 252. — „
bipunctatus Kuw. Ann. Soc. Ent. Belg. XXXVII, 1893, p. 485. — Schklg. l. c. p. 169. — Celebes
semiluteus Chevr. Rev. Mag. Zool. 1874, p. 321. — Gorh. Trans. Ent. Soc. Lond. 1877, p. 251. — Schklg. Deutsche Ent. Zeitschr. 1898, p. 169. — Ost-Indien
suavis Gorh. Ann. Mus. Genova (2) XII, 1892, p. 722. — Birma
tredecimpunctatus Kuw. Ann. Soc. Ent. Belg. XXXVII, 1893, p. 482. — Sikkim
trifasciatus Schklg. Ann. Mus. Genova (2) XX, 1899—1901 (1899), p. 136. — Neu-Guinea

54

2. Clerini.

Clairones Tilloides (pars) + *Clairones Notoxoides* (pars) Spin. Rev. Zool. 1841, p. 71 und 73.
Clérites Cléroides (pars) Spin. Clérites I, 1844, p. 48.
Clérides vrais Lacord. Gen. Col. IV, 1857, p. 422.
Cleridae (pars) Chenu, Encycl. d'Hist. Nat. Col. II, 1860, p. 231.
Clerides Gorh. Cist. Ent. II, 1875—82 (1876), p. 59.
Clerina Reitt. Verh. Nat. Ver. Brünn XXXII, 1893 (1894), p. 42; Best.-Tab. 1894, p. 9.
Clerini Lohde, Stett. Ent. Zeit. LXI, 1900, p. 23. — Schklg. Gen. Ins. Cler. 1903, p. 3 und 26. — Gahan, Ann. Mag. Nat. Hist. (8) V, 1910, p. 61.
Clerinae Schklg. Deutsche Ent. Zeitschr. 1906, p. 253.

Axina Kirby.

Kirby, Trans. Linn. Soc. Lond. XII, 1818, p. 389. — Spin. Rev. Zool. 1841, p. 72. — Kl. Clerii 1842, p. 316. — Spin. Clérites I, 1844, p. 122. — Lacord. Gen. Col. IV, 1857, p. 437. — Chenu, Encycl. d'Hist. Nat. Col. II, 1860, p. 237. — Schklg. Deutsche Ent. Zeitschr. 1900, p. 392; Gen. Ins. (Wytsman) Cler. 1903, p. 30.

Subgen. **Axina** Schklg.

Schklg. Deutsche Ent. Zeitschr. 1906, p. 253.

analis Kirby, Trans. Linn. Soc. Lond. XII, 1818, p. 391, t. 21, f. 6. — Kl. Clerii 1842, p. 316. — Spin. — Brasilien, Paraguay,

Clérites I, 1844, p. 123, t. 5, f. 2. — Chenu, Encycl. d'Hist. Nat. Col. II, 1860, p. 237, f. 164. — Schklg. Gen. Ins. Cler. 1903, t. 1, f. 6; Deutsche Ent. Zeitschr. 1906, p. 253. — Argentinien
rufitarsis Perty, Del. anim. 1834, p. 30, t. 6, f. 16.
basalis Schklg. Deutsche Ent. Zeitschr. 1900, p. 389. — Goyaz
bifasciata Chevr. Mém. Clér. 1876, p. 9. — Brasilien, Goyaz
centrimaculata Schklg. Deutsche Ent. Zeitschr. 1900, p. 388; l. c. 1902, p. 46.
conspicua Schklg. Deutsche Ent. Zeitschr. 1900, p. 390. — Goyaz
fasciata Kirsch, Berl. Ent. Zeitschr. XVII, 1873, p. 398. — Peru
munda Schklg. Deutsche Ent. Zeitschr. 1900, p. 391. — Goyaz
nigrifrons Schklg. l. c. 1906, p. 253, t. 2, f. 4. — Puerto Cabello
parcepunctata Schklg. l. c. 1900, p. 388. — Goyaz
picta Schklg. l. c. 1907, p. 309. — Amazon
plagiata Schklg. l. c. 1900, p. 390. — Goyaz
sexmaculata Spin. Clérites I, 1844, p. 124, t. 5, f. 3. — Brasilien

Subgen. **Ctenaxina** Schklg.

Schklg. Deutsche Ent. Zeitschr. 1906, p. 254.

brunnea Schklg. Deutsche Ent. Zeitschr. 1906, p. 254. — Nord-Peru
12

Priocera Kirby.

Kirby, Trans. Linn. Soc. Lond. XII, 1818, p. 389. — Spin. Rev. Zool. 1841, p. 72; Clérites I, 1844, p. 213. — Kl. Clerii 1842, p. 283. — J. Lec. Ann. Lyc. Nat. Hist. N. York V, 1852, p. 17. — Lacord. Gen. Col. IV, 1857, p. 436. — Chenu, Encycl. d'Hist. Nat. Col. II, 1860, p. 236. — J. Lec. and Horn, Classif. Col. N. Amer. ed. II, 1883, p. 218. — Schklg. Gen. Ins. (Wytsman) Cler. 1903, p. 30. — Wolcott, Bull. Ind. Dep. Geol. Nat. I, 1910, p. 851.

abdominalis Blanch. Voy. d'Orb. 1843, p. 91, t. 6, f. 1. — Bolivien
angulata Schklg. Deutsche Ent. Zeitschr. 1900, p. 387. — Goyaz
apicalis J. Thoms. Mus. scient. II, 1860, p. 51. — Guyana
aurosignata H. Luc. Cast. Voy. 1857, p. 92, t. 5, f. 1. — Brasilien
bispinosa Kl. Clerii 1842, p. 284. — Chenu, Encycl. d'Hist. Nat. Col. II, 1860, t. 19, f. 3. — „
Reichei Spin. Clérites I, 1844, p. 121, t. 18, f. 2. — Columbia
castanea Newm. Ent. Mag. V, 1838, p. 380. — Kl. Clerii 1842, p. 392. — J. Lec. Ann. Lyc. Nat. Hist. N. York V, 1852, p. 17. — Wickham, Canad. Entomol. XXVII, 1895, p. 249. — Wolcott, Bull. Ind. Dep. Geol. Nat. I, 1910, p. 851, f. 332. — Nordamerika
maculata Ziegl. Proc. Acad. Philad. II, 1844, p. 268.
rufescens Spin. Clérites I, 1844, p. 119, t. 4, f. 3.
cinctiventris Chevr. Ann. Soc. Ent. Fr. (2) I, 1843, p. 32. — Brasilien
clavipes Gorh. Biol. Centr.-Amer. III, 2, 1882, p. 140; l. c. 1886, t. 13, f. 9. — Central-amerika
cylindrica J. Thoms. Mus. scient. II, 1860, p. 54. — Brasilien
dentipennis J. Thoms. l. c. p. 50. — „
equestris Schklg. Deutsche Ent. Zeitschr. 1906, p. 257. — Goyaz
femoralis Kirsch, Berl. Ent. Zeitschr. IX, 1865, p. 93. — Bogotá
gracilis Schklg. Deutsche Ent. Zeitschr. 1906, p. 257. — Goyaz
hypocrita Chevr. Rev. Mag. Zool. 1874, p. 283. — Brasilien
Klugi J. Thoms. Mus. scient. II, 1860, p. 52. — Columbia

lateralis J. Thoms. l. c. p. 55. Brasilien
Lecontei Wolcott, Publ. Field Mus. Chicago VII, 1910, p. 356, t. 5, f. 2. California
longula Schklg. Deutsche Ent. Zeitschr. 1906, p. 256. Goyaz
marginicollis Chevr. Ann. Soc. Ent. Fr. (2) I, 1843, p. 31. Brasilien
Miersiana White, Cat. Clerid. 1849, p. 49. „
minuta J. Thoms. Mus. scient. II, 1860, p. 55. Amazon
pallens J. Thoms. l. c. p. 54. Brasilien
podagrica Schklg. Deutsche Ent. Zeitschr. 1900, p. 385. Goyaz
var. *pygmaea* Schklg. Bull. Mus. Paris VIII, 1902, p. 321; Deutsche Ent. Zeitschr. 1906, p. 255. Bahia
proxima Chevr. Mém. Clér. 1876, p. 10. Brasilien
pusilla Kirby, Zool. Journ. II, 1826, p. 518. Nordamerika
pustulata Spin. Clérites I, 1844, p. 118. — Gorh. Biol. Centr.-Amer. III, 2, 1882, p. 139. Centralamerika, Yucatan
flavoguttata Chevr. Rev. Mag. Zool. 1874, p. 283. — Gorh. l. c. p. 139.
trinotata var. Spin. Clérites, t. 4, f. 4.
quadrigibbosa J. Thoms. Mus. scient. II, 1860, p. 53. Guyana
quadrinotata Schklg. Deutsche Ent. Zeitschr. 1900, p. 389. Goyaz
ruficrus Chevr. Mém. Clér. 1876, p. 9. Brasilien
salamandra Schklg. Deutsche Ent. Zeitschr. 1906, p. 255. Mexico
Spinolai J. Thoms. Mus. scient. II, 1860, p. 52. Brasilien
spinosa F. Syst. Eleuth. I, 1801, p. 280. — Kl. Clerii 1842, p. 362. — Schklg. Deutsche Ent. Zeitschr. 1906, p. 254; l. c. 1907, p. 302. Brasilien, Costarica, Mexico
decorata Spin. Clérites I, 1844, p. 120, t. 5, f. 1.
sexpunctata Cast. in Silb. Rev. IV, 1836, p. 36.
stictica Gorh. Biol. Centr.-Amer. III, 2, 1882, p. 140, t. 7, f. 17. Centralamerika
strigicollis Schklg. Bull. Mus. Paris VIII, 1902, p. 320. Minas Geraes
trinotata Kl. Clerii 1842, p. 283. — Gorh. Biol. Centr.-Amer. III, 2, 1882, p. 139. Columbien, Centralamerika
unifasciata Schklg. Mitteil. Nat. Mus. Hamburg XVII, 1900, p. 14. Brasilien
variegata Kirby, Trans. Linn. Soc. Lond. XII, 1818, p. 392, t. 21, f. 7. — Kl. Clerii 1842, p. 283. — Spin. Clérites I, 1844, p. 116, t. 4, f. 2. — Imhoff, Einf. Stud. Col. 1856, t. 6, f. 24. — Chenu, Encycl. d'Hist. Nat. Col. II, 1860, p. 237. „
similis Schklg. Deutsche Ent. Zeitschr. 1898, p. 362; l. c. 1906, p. 254.
villosa Chevr. Mém. Clér. 1876, p. 9. „
38

Prioclerus Hintz.

Hintz, Deutsche Ent. Zeitschr. 1902, p. 179. — Schklg. Gen. Ins. (Wytsman) Cler. 1903, p. 31.

nigrofasciatus Hintz, l. c. p. 180. Usambara
varicolor Hintz, l. c. p. 180. „
2

Phloeocopus Guér.

Guér. Ic. Règne anim. VII, 1829—38, p. 54. — Spin. Rev. Zool. 1841, p. 73; Clérites I, 1844, p. 336. — Lacord. Gen. Col. IV, 1857, p. 437. — Chenu, Encycl. d'Hist. Nat. Col. II, 1860, p. 259. — Reitt. Verh. Nat. Ver. Brünn

XXXII, 1893 (1894), p. 45; Best.-Tab. 1894, p. 12. — Schklg. Gen. Ins. (Wytsman) Cler. 1903, p. 32; Ann. Mus. Genova (3) I, 1904—05 (1904), p. 169.

anguinus Fairm. Bull. Mus. Paris VIII, 1902, p. 313. — Schklg. Ann. Mus. Genova (3) I, 1904—05 (1904), p. 180. — Madagascar

apicalis Schklg. Ann. Mus. Genova (2) XIX, 1899, p. 547; l. c. (3) I, 1904—05 (1904), p. 174. — Somali

basalis Kl. Clerii 1842, p. 323. — Baudi, Berl. Ent. Zeitschr. XVII, 1873, p. 322. — Schklg. Ann. Mus. Genova (3) I, 1904—05 (1904), p. 174. — Sinai, Kleinasien, Cypern

? **Bayonnei** Chobaut, Bull. Soc. Ent. Fr. 1897, p. 241. — Schklg. Gen. Ins. Cler. 1903, p. 32; Ann. Mus. Genova (3) I, 1904—05 (1904), p. 186. — Algier

Bennigseni Hintz, Deutsche Ent. Zeitschr. 1907, p. 26. — Kionga

biguttulus Fairm. Bull. Mus. Paris VIII, 1902, p. 313. — Schklg. Ann. Mus. Genova (3) I, 1904—05 (1904), p. 181. — Madagascar

Bohemani Hintz, Deutsche Ent. Zeitschr. 1907, p. 26. — Transvaal

brunneus Hintz, l. c. p. 27. — Lukuledi

Buqueti Spin. Clérites I, 1844, p. 340, t. 18, f. 3. — Chobaut, Bull. Soc. Ent. Fr. 1897, p. 242. — Schklg. Deutsche Ent. Zeitschr. 1903, p. 13; Ann. Mus. Genova (3) I, 1904—05 (1904), p. 178. — Senegal

consobrinus Boh. Ins. Caffr. I, 1851, p. 508. — Schklg. Notes Leyden Mus. XXIII, 1902, p. 126; Ann. Mus. Genova (3) I, 1904—05 (1904), p. 178. — Oranjefluss

costatus Schklg. Bull. Mus. Paris VIII, 1902, p. 321; Ann. Mus. Genova (3) I, 1904—05 (1904), p. 180. — Madagascar

costipennis Fairm. Bull. Mus. Paris VIII, 1902, p. 312. — Schklg. Ann. Mus. Genova (3) I, 1904—05 (1904), p. 179. — „

Ferreti Reiche in Galin. Voy. Abyss. Ins. 1849, p. 296, t. 18, f. 4. — Schklg. Deutsche Ent. Zeitschr. 1903, p. 13. — Abessinien, Somali, Massai, Limpopo

flavonotatus Boh. Ins. Caffr. I, 1851, p. 509. — Schklg. l. c. p. 13.

habessinicus Roth, Archiv für Naturgesch. 1851, p. 121.

vestitus Gerst. Jahrb. Hamb. Wiss. Anst. I, 1884, p. 53. — Fairm. Ann. Soc. Ent. Fr. (6) VII, 1887, p. 162. — Hintz, Deutsche Ent. Zeitschr. 1902, p. 180. — Schklg. l. c. 1903, p. 13.

geniculatus Fairm. Ann. Soc. Ent. Fr. LXXI, 1902, p. 553. — Schklg. Ann. Mus. Genova (3) I, 1904—05 (1904), p. 182. — Madagascar

Guerini White, Cat. Clerid. 1849, p. 61. — Schklg. l. c. p. 176. — Sambesi

incongruus Fairm. Ann. Soc. Ent. Fr. LXXI, 1902, p. 554. — Schklg. l. c. p. 182. — Madagascar

lukuledensis Hintz, Deutsche Ent. Zeitschr. 1907, p. 25. — Lukuledi

mediozonatus Fairm. Rev. d'Ent. XI, 1892, p. 103. — Chobaut, Bull. Soc. Ent. Fr. 1897, p. 242. — Schklg. Ann. Mus. Genova (3) I, 1904—05 (1904), p. 184. — Obock

niger Hintz, Deutsche Ent. Zeitschr. 1905, p. 307. — Central-Afrika

nigricornis	Kuw. Ann. Soc. Ent. Belg. XXXVII, 1893, p. 489. — Schklg. Ann. Mus. Genova (3) I, 1904—05 (1904), p. 176.	Congo, Deutsch-Ostafrika
obscurus	Schklg. l. c. p. 184.	Madagascar
plumbeus	Schklg. Deutsche Ent. Zeitschr. 1906, p. 259.	„
quadriplagiatus	Fairm. Ann. Soc. Ent. Fr. LXXI, 1902 p. 554. — Schklg. Ann. Mus. Genova (3) I, 1904—05 (1904), p. 184.	„
rufipennis	Hintz, Deutsche Ent. Zeitschr. 1905, p. 307.	Kamerun
suberosus	Kl. Clerii 1842, p. 324. — Schklg. Deutsche Ent. Zeitschr. 1903, p. 13; Ann. Mus. Genova (3) I, 1904—05 (1904), p. 181.	Madagascar
	tuberosus Fairm. Ann. Soc. Ent. Fr. (6) VI, 1886, p. 63. — Lohde, Stett. Ent. Zeit. LXI, 1900, p. 26.	
togonis	Schklg. Deutsche Ent. Zeitschr. 1906, p. 258.	Togo
tricolor	Guér. Ic. Règne anim. Ins. 1829—38, p. 54. — Spin. Clérites I, 1844, p. 338, t. 17, f. 1. — Gorh. Ann. Mus. Genova XVIII, 1883, p. 603. — Reitt. Verh. Nat. Ver. Brünn XXXII, 1893 (1894), p. 46; Best.-Tab. 1894, p. 13. — Chobaut, Bull. Soc. Ent. Fr. 1897, p. 241. — Schklg. Ann. Mus. Genova (2) XIX, 1899, p. 547; Gen. Ins. Cler. 1903, t. 1, f. 14; Ann. Mus. Genova (3) I, 1904—05 (1904), p. 173.	Senegal, Abessinien, Obock, Somali
	discolor Chenu, Encycl. d'Hist. Nat. Col. II, 1860, t. 20, f. 1.	
	interruptus Kl. Clerii 1842, p. 323.	
	var. *inaequalis* Reitt. Verh. Nat. Ver. Brünn XXXII, 1903 (1904), p. 46; Best.-Tab. 1894, p. 13. — Schklg. Ann. Mus. Genova (2) XIX, 1899, p. 547; l. c. (3) I, 1904—05 (1904), p. 173.	Obock
undulatus	Gorh. Ann. Mag. Nat. Hist. (7) V, 1900, p. 72. — Schklg. Gen. Ins. Cler. 1903, t. 1, f. 8; Ann. Mus. Genova (3) I, 1904—05 (1904), p. 177.	Sambesi, Natal, D.-SW. Afrika
verticalis	Schklg. l. c. p. 183.	Somali
vinctus	Gerst. Archiv Naturgesch. XXXVII, 1871, p. 57; Decken's Reise Ost-Afrika III, 2, 1873, p. 159, t. 8, f. 10. — Fairm. Ann. Soc. Ent. Fr. (6) VII, 1887, p. 163. — Schklg. Ann. Mus. Genova (3) I, 1904—05 (1904), p. 175.	Sansibar

30

Opilo Latr.*)

Latr. Hist. Nat. Crust. et Ins. III, 1802, p. 111. — Samouelle, The Ent. Usef. Comp. 1819, p. 166. — Kl. Clerii 1842, p. 317. — Lacord. Gen. Col. IV, 1857, p. 438. — Jacq. du Val, Gen. Col. d'Eur. III, 1861, p. 197. — Kiesw. Naturgesch. Ins. Deutschl. IV, 1863, p. 680. — Muls. Angusticolles 1863, p. 59. — J. Lec. and Horn, Classif. Col. N. America, ed. II, 1883, p. 218. — Reitter, Verh. Nat. Ver. Brünn XXXII, 1893 (1894), p. 43; Best.-Tab. 1894, p. 10. — Blackb. Trans. Roy. Soc. South Austral. XXIV, 1900, p. 119. — Schklg. Deutsche Ent. Zeitschr. 1903, p. 13; Gen. Ins. Cler. 1903, p. 33.

Eupocus Ill. Mag. Insektenk. VI, 1807, p. 341.
Notoxus auct. — Chenu, Encycl. d'Hist. Nat. Col. II, 1860, p. 249. — Gahan, Ann. Mag. Nat. Hist. (8) V, 1910, p. 66.
Opilus auct.

*) Siehe die Fußnote bei *Thanasimodes*, p. 38.

albonotatus Pic, Échange XVII, 1901, p. 10. — Bagdad

barbarus Abeille, Bull. Soc. Ent. Fr. 1893, p. 177. — Reitter, Verh. Nat. Ver. Brünn XXXII, 1893 (1894), p. 44; Best.-Tab. 1894, p. 11. — Algier

foveicollis Abeille, l. c. 1892, p. 236.

basicrus Fairm. Ann. Soc. Ent. Fr. LXXI, 1902, p. 557. — Madagascar

biocellatus Fairm. l. c. (6) VI, 1886, p. 64. — „

brasilianus Chevr. Mém. Clér. 1876, p. 11. — Brasilien

brunneotinctus Fairm. Ann. Soc. Ent. Fr. (6) VI, 1886, p. 65, t. 2, f. 6. — Madagascar

brunneus Gorh. Ann. Soc. Ent. Belg. XLVII, 1903, p. 335. — Vorder-Indien

Buqueti Spin. Clérites I, 1844, p. 217, t. 16, f. 5. — Afrika

calceatus Chevr. Mém. Clér. 1876, p. 10. — Angola

callosus Fairm. Ann. Soc. Ent. Belg. XXXVII, 1893, p. 390. — Madagascar

castaneipennis White, Cat. Clerid. 1849, p. 56. — Gorh. Ann. Mus. Genova (2) XII, 1892, p. 731. — Bengalen, Birma

cilicicus Hintz, Deutsche Ent. Zeitschr. 1902, p. 229. — Cilic. Taurus

cinctus Kl. Clerii 1842, p. 322. — Senegal

clavatus Chevr. Naturaliste II, 1882, p. 133. — Andamanen

congruus Newm. Entomol. 1842, p. 365. — Australien

femoralis Westw. in White, Cat. Clerid. 1849, p. 55.

var. *abdominalis* Schklg. Ann. Soc. Ent. Belg. XLV, 1901, p. 106. — „

coronatus Fairm. Compt. rend. Soc. Ent. Belg. XXXIII, 1889, p. 91; Ann. Soc. Ent. Belg. XXXVII, 1893, p. 391. — Madagascar

crux Motsch. Bull. Moscou XXXIV, I, 1861, p. 126. — Ceylon

densatus Fairm. Ann. Soc. Ent. Belg. XXXVII, 1893, p. 27. — Sudan

depressus Chevr. Mém. Clér. 1876, p. 11. — Chile

desertorum Lesne, Bull. Mus. Paris XI, 1905, p. 388, fig. — Sahara

dimidiatus Cast. in Silb. Rev. IV, 1836, p. 42. — Kl. Clerii 1842, p. 391. — Senegal

distinguendus Schklg. Deutsche Ent. Zeitschr. 1908, p. 477. — Nilgiri Hills

domesticus Sturm, Deutschl. Fauna, Käf. XI, 1837, p. 16, t. 229, f. N. — Kl. Clerii 1842, p. 320. — Spinola, Clérites I, 1844, p. 222. — H. Lucas, Explor. Algérie, Zool. II, 1849, p. 204. — Bach, Käferfauna Nord- und Mitteldeutschl. II, 1854, p. 91. — Kiesw. Naturgesch. Ins. Deutschl. IV, 1863, p. 682. — Mulsant, Angusticolles 1863, p. 64. — Jacq. du Val, Gen. Col. d'Eur. III, 1861, t. 49, f. 241. — Chevr. Rev. Mag. Zool. 1874, p. 288. — Fairm. Rev. d'Ent. VII, 1888, p. 124. — Fauv. Rev. d'Ent. VIII, 1889, p. 145. — Seidlitz, Fauna Balt. ed. II, 1891, p. 491; Fauna Transsylv. 1891, p. 525. — Rousseau, Compt. rend. Soc. Ent. Belg. XXXV, 1891, p. 424. — Reitt. Verh. Nat. Ver. Brünn XXXII, 1893 (1894), p. 43; Best.-Tab. 1894, p. 10. — Houlbert et Bétis, Trav. scient. Univ. Rennes IV, 1905, Suppl. p. 128, f. 29. — Mitteleuropa, Südeuropa, Kaukasus, Madeira, Canada, Mexico

Biologie: Sturm, l. c. p. 16. — Cand. Mém. Soc. Ent. Liége VIII, 1853, p. 506 (Sep.: p. 167), t. 6, f. 2. — Doebner, Berl. Ent. Zeitschr. VI, 1862, p. 67. — Letzn. Arb. Schles. Ges. 1857,

p. 122. — Kittel, Correspondenzbl. zool.-mineral. Ver. Regensburg XXXIV, 1880, p. 70. — Houlbert et Bétis, l. c. p. 129. — Xambeu, Naturaliste XXX, 1908, p. 132.

Anatomie: Kempers, Tijdschr. voor Ent. XLIV, 1901, p. 29.

var. *subdeletus* Pic, Échange XIX, 1903, p. 154. — Frankreich

dorsoplagiatus Fairm. Compt. rend. Soc. Ent. Belg. XXXIII, 1889, p. 91; Ann. Soc. Ent. Belg. XXXVII, 1893, p. 390. — Madagascar

Dregei Spin. Clérites I, 1844, p. 220, t. 19, f. 3. — Imhoff, Einf. Stud. Col. 1856, t. 6, f. 28. — Cap

eburneocinctus Gorh. Trans. Ent. Soc. Lond. 1878, p. 160. — N. S. Wales

fastuosus Fairm. Ann. Soc. Ent. Belg. XXXVII, 1893, p. 392. — Madagascar

foveicollis Chevr. Mém. Clér. 1876, p. 10. — Chile

germanus Chevr. Ann. Soc. Ent. Fr. (2) I, 1843, p. 37; Rev. Mag. Zool. 1874, p. 288. — Reitt. Verh. Nat. Ver. Brünn XXXII, 1893 (1894), p. 43; Best.-Tab. 1894, p. 10. — Bedel, Abeille XXVIII, 1894, p. 153. — Abeille, Bull. Soc. Ent. Fr. 1895, p. 207. — Mitteleuropa, Algier

grandis Stierl. Mitteil. Schweiz. Ent. Ges. II, 1867, p. 345. — Reitt. Verh. Nat. Ver. Brünn. XXXII, 1893 (1894), p. 45; Best.-Tab. 1894, p. 12. — Bagdad

grossepunctatus Fairm. Ann. Soc. Ent. Fr. LXXI, 1902, p. 555. — Madagascar

hypocaustus Gorh. Ann. Mus. Genova (2) XII, 1892, p. 730; Ann. Soc. Ent. Belg. XXXIX, 1895, p. 294. — Ost-Indien

var. Gorh. l. c. p. 730. — „

impressipennis Gorh. Ann. Soc. Ent. Belg. XLVII, 1903, p. 334. — Vorder-Indien

impressus Fairm. Ann. Soc. Ent. Fr. LXXI, 1902, p. 557. — Madagascar

var. *rufescens* Fairm. l. c. p. 557. — „

incertus M'Leay, Trans. Ent. Soc. N. S. Wales II, 1872, p. 269. — Queensland

Lacordairei Thoms. Mus. scient. II, 1860, p. 58. — Fairm. Ann. Soc. Ent. Fr. (6) VI, 1886, p. 66; l. c. LXXI, 1902, p. 556. — Madagascar

latefasciatus Fairm. Ann. Soc. Ent. Fr. LXXI, 1902, p. 555. — „

lignicolor Fairm. l. c. (6) VI, 1886, p. 64. — „

longipilis Fairm. Rev. d'Ent. XI, 1892, p. 105. — Reitt. Verh. Nat. Ver. Brünn XXXII, 1893 (1894), p. 45; Best.-Tab. 1894, p. 12. — Obock

marmoreus Fairm. Compt rend. Soc. Ent. Belg. XXXIII, 1889, p. 91; Ann. Soc. Ent. Belg. XXXVII, 1893, p. 391. — Madagascar

mirus Gestro, Ann. Mus. Genova (2) XII, 1892, p. 761. — Somali

mollis L. Syst. Nat. ed. X, 1758, p. 388; Fauna Suec. ed. II, 1761, p. 186. — Kl. Clerii 1842, p. 318. — Spin. Clérites I, 1844, p. 221, t. 19, f. 4. — Sturm, Deutschl. Fauna, Käf. XI, 1837, p. 14, t. 229, f. M. — H. Lucas, Explor. Algérie, Zool. II, 1849, p. 204. — Chenu, Encycl. d'Hist. Nat. Col. II, 1860, p. 249, t. 19, f. 4. — Bach, Käferfauna Nord- und Mitteldeutschl. II, 1854, p. 91. — Spry — Kosmopolit and Shuckard, Brit. Ent. 1861, p. 43, t. 52, f. 3. — Kiesw. Naturgesch. Ins. Deutschl. IV, 1863, p. 681. — Muls. Angusticolles 1863, p. 59, t. 1, f. 6. — Baudi, Berl. Ent. Zeitschr. XVII, 1873, p. 322. — Chevr. Rev. Mag. Zool. 1874, p. 288. — Gorh. Cist. Ent. II, 1875—82 (1876), p. 70. — Seidlitz, Fauna Balt. ed. II, 1891, p. 491; Fauna Transsylv. 1891, p. 525. — Rousseau, Compt. rend. Soc. Ent. Belg. XXXV, 1891, p. 424. — Reitt. Verh. Nat. Ver. Brünn XXXII, 1893 (1894), p. 44; Best.-Tab. 1894, p. 11. — Gorh. Ann. Soc. Ent. Belg. XXXIX, 1895, p. 294. — Houlbert et Bétis, Trav. scient. Univ. Rennes IV, 1905, p. 127, f. 27.

Biologie: Waterh. Trans. Ent. Soc. Lond. I, 1834, p. 30, t. 5, f. 1. — Westw. Introd. Ent. 1839, I, p. 265, f. 29. — Cand. Mém. Soc. Sc. Liège VIII, 1853, p. 506 (Sep.: p. 167). — Perris, Ann. Soc. Ent. Fr. (3) II, 1854, p. 608, t. 18, f. 277—283. — Mulsant, Angusticolles 1863, p. 63. — Kittel, Correspondenzbl. Ver. Regensburg XXXIV, 1880, p. 70. — Hölscher, Ill. Wochenschr. Ent. IV, 1899, p. 43. — Houlbert et Bétis, l. c. p. 127, f. 28. — von der Trappen, Ent. Blätter (Schwabach) III, 1907, p. 123. — Xambeu, Naturaliste XXX, 1908, p. 132.

carinatus Lewis, Ann. Mag. Nat. Hist. (6) X, 1892, p. 186; l. c. (6) XVI, 1895, p. 122.

cruciger Fourcr. Ent. Paris I, 1785, p. 135.

fuscofasciatus Geer, Mém. V, 1775, p. 159, t. 5, f. 6.

var. *aequalis* Reitt. Verh. Nat. Ver. Brünn XXXII, 1893 (1894), p. 44; Best.-Tab. 1894, p. 11. — Bosnien

var. *niponicus* Lewis, Ann. Mag. Nat. Hist. (6) X, 1892, p. 186; l. c. (6) XVI, 1895, p. 122. — Japan

var. *Viturati* Pic, Echange XVI, 1900, p. 62. — Frankreich

nigrites Chevr. Rev. Mag. Zool. 1874, p. 284. — Afrika

nigropiceus Kuw. Ann. Soc. Ent. Belg. XXXVII, 1893, p. 472. — Suaheli

obscurus Kl. Clerii 1842, p. 323. — Südafrika

pallidus Ol. Ent. IV, gen. 76, 1795, p. 11, t. 1, f. 11. — Sturm, Deutschl. Fauna, Käf. XI, 1837, p. 18. — Kl. Clerii 1842, p. 320. — Kiesw. Naturgesch. Ins. Deutschl. IV, 1863, p. 682. — Muls. Angusticolles 1863, p. 67. — Chevr. Rev. Mag. Zool. 1874. p. 288. — Seidlitz, Fauna Balt. ed. II, 1891, p. 491; Fauna Transsylv. 1891, p. 525. — Rousseau, Compt. rend. Soc. Ent. Belg. XXXVII, 1891, p. 424. — Reitt. Verh. Nat. Ver. Brünn XXXII, 1893 (1894), p. 44; Best.-Tab. 1894, p.11. — Mitteleuropa, Südeuropa

Biologie: Perris, Ann. Soc. Linn. Lyon (n. ser.) XXIII, 1876 (1877), p. 44, f. 241. — Xambeu, Naturaliste XXX, 1908, p. 132.

centromaculatus (Cristofori) Kl. Clerii 1842, p. 320.

mollis L. var. D. Spin. Clérites I, 1844, p. 224, t. 8, f. 2. — Chenu, Encycl. d'Hist. Nat. Col. II, 1860, t. 17, f. 4.

Pascoei Gorh. Cist. Ent. II, 1875—82 (1876), p. 71. N. S. Wales
var. *Doddi* Schklg. Deutsche Ent. Zeitschr. 1906, p. 261. Queensland
Perroti Fairm. Bull. Soc. Ent. Fr. LXIV, 1895, p. 389. Madagascar
rudis Gerst. Jahrb. Hamb. wiss. Anst. I, 1884, p. 53. Massai
ruficornis Westw. in White, Cat. Clerid. 1849, p. 57. Patria ?
rugulicollis Schklg. Deutsche Ent. Zeitschr. 1906, p. 260. Darjeeling
sanguineus Hintz, Deutsche Ent. Zeitschr. 1907, p. 27. Lukuledi
sanguinipes Fairm. Ann. Soc. Ent. Fr. LXXI, 1902, p. 552. Madagascar
scabrosus Ol. Ent. IV, gen. 76, 1795, p. 16, t. 2, f. 19. Südafrika
signatus Hintz, Deutsche Ent. Zeitschr. 1905, p. 307. Togo
sordidus Westw. Proc. Zool. Soc. Lond. 1852, p. 42, t. 26, f. 9. Ostindien
strigicollis Schklg. Bull. Mus. Paris VIII, 1902, p. 322. Madagascar
strigicollis Fairm. Ann. Soc. Ent. Fr. LXXI, 1902, p. 553.
subfasciatus Fairm. Compt. rend. Soc. Ent. Belg. XXXV, 1891, p. 291. Somali
taeniatus Kl. Clerii 1842, p. 320. — Kiesw. Naturgesch. Ins. Deutschl. IV, 1863, p. 683. — Muls. Angusticolles 1863, p. 70. — Chevr. Mém. Clér. 1876, p. 4. — L. Heyden, Wien. Ent. Zeit. VIII, 1889, p. 202. — Reitt. Verh. Nat. Ver. Brünn XXXII, 1893 (1894), p. 45; Best.-Tab. 1894, p. 12. Südeuropa, Cypern, Syrien, Kaukasus
fallax Chevr. l. c. p. 11. — Bedel, Abeille XXVIII, 1894, p. 153.
Mimonti Boield. Ann. Soc. Ent. Fr. (3) VII, 1859, p. 471, t. 8, f. 6.
rubrofasciatus Kol. Melet. Ent. V, 1846, p. 46. — L. Heyd. Wien. Ent. Zeit. VIII, 1889, p. 202.
scutellatus Schauf. Ann. Soc. Ent. Fr. (4) II, 1862, p. 310; Isis 1863, p. 31. — Schaum, Berl. Ent. Zeitschr. VII, 1863, p. 225. — Schauf. Dictator Schaum 1863, p. 10; Nunquam otiosus II, 1872, p. 372. — Kraatz, Ent. Monatsbl. I, 1876, p. 154.
var. *cruentatus* Spin. Clérites I, 1844, p. 225. — Kiesw. Naturgesch. Ins. Deutschl. IV, 1863, p. 683. — Muls. Col. Fr. Angusticolles 1863, p. 71. — Reitt. Verh. Nat. Ver. Brünn XXXII, 1893 (1894), p. 45; Best.-Tab. 1894, p. 12. Türkei, Syrien
var. *frontalis* Kl. Clerii 1842, p. 321. — Spin. l. c. t. 27, f. 6. — Kiesw. l. c. p. 683. — Muls. l. c. p. 70. — Reitt. l. c. p. 45; p. 12. Südost-Europa, Kleinasien
var. *rufofasciatus* Schauf. Nunquam otiosus II, 1872, p. 374. Rumänien
var. *thoracicus* Kl. l. c. p. 321. — Kiesw. l. c. p. 683. — Muls. l. c. p. 70. — Reitt. l. c. p. 45; p. 12. Macedonien
tilloides Chevr. Mém. Clér. 1876, p. 12. Syrien
trabeatus Fairm. Ann. Soc. Ent. Fr. LXXI, 1902, p. 557. Madagascar
transversus Fairm. l. c. p. 556. „
triangulus Schklg. Bull. Mus. Paris VIII, 1902, p. 322. Cochinchina
tricolor F. Spec. Ins. I, 1781, p. 202. — Ol. Ent. IV, gen. 76, 1795, p. 16, t. 2, f. 20. — Kl. Clerii 1842, p. 392. Central-Afrika
tristis Kl. l. c. p. 324. Madagascar
funebris Spin. Clérites I, 1844, p. 215, t. 19, f. 2.
unibalteatus Boh. Ins. Caffr. I, 1851, p. 487. Oranjefluss

uniformis Fairm. Ann. Soc. Ent. Fr. LXXI, 1902, p. 552. Madagascar
unistriatus Schklg. Deutsche Ent. Zeitschr. 1906, p. 260. Pondicherry
vagedorsatus Fairm. Ann. Soc. Ent. Fr. (6) VIII, 1888, p. 182. Ovambo
variipes Chevr. Rev. Mag. Zool. 1874, p. 285. Sydney
Whitei Gorh. Cist. Ent. II, 1875—82 (1876), p. 70. Australien
apicalis White, Cat. Clerid. 1849, p. 56.
71

Eunatalis Schklg.

Schklg. Deutsche Ent. Zeitschr. 1909, p. 163.

Natalis (nec Cast.) Spin. Rev. Zool. 1841, p. 75; Clérites I, 1844, p. 198. — Lacord. Gen. Col. IV, 1857, p. 440. — Chenu, Encycl. d'Hist. Nat. Col. II, 1860, p. 246. — Blackb. Trans. Roy. Soc. S. Austral. XIII, 1890, p. 126; l. c. XIV, 1891, p. 28; l. c. XXIII, 1899, p. 28; l. c. XXIV, 1900, p. 120. — Schklg. Gen. Ins. Cler. 1903, p. 35.

alternicostata Kuw. Ann. Soc. Ent. Belg. XXXVII, 1893, p. 484. Nord-Australien
Blackburni Waterh. Ann. Mag. Hist. (6) XIII, 1894, p. 286. Swan River
cribripennis Boisd. Voy. Astrol. Ent. II, 1835, p. 140. — Chevr. Mém. Clér. 1876, p. 4 und 11. West-Australien
debilis Blackb. Trans. Roy. Soc. S. Austral. XXIV, 1900, p. 120. Süd-Australien
Dregei Perr. Ann. Soc. Linn. Lyon 1864, p. 106. — Fauv. Rev. d'Ent. XXIII, 1904, p. 144. Neu-Caledonien
fasciata Blackb. Trans. Roy. Soc. S. Austral. XIII, 1890, p. 125; l. c. XXIII, 1899, p. 33. Australien
floccosus Schklg. Deutsche Ent. Zeitschr. 1898, p. 363. — Blackb. Trans. Roy. Soc. S. Austral. XXIII, 1899, p. 31; l. c. XXIV, 1900, p. 120; l. c. XXVII, 1903, p. 308. — Schklg. Deutsche Ent. Zeitschr. 1908, p. 477. Australien
hirta Blackb. Trans. Roy. Soc. S. Austral. XIII, 1890, p. 122. Australien
integra Blackb. l. c. XXIII, 1899, p. 30. Südwest-Australien
laevicollis Blackb. l. c. p. 31. Queensland
laevis Waterh. Ann. Mag. Nat. Hist. (6) XIII, 1894, p. 287. — Jordan, Nov. Zool. I, 1894, t. 13, f. 14. Neu-Guinea
lata Waterh. l. c. p. 287. Morton-Bay
Leai Blackb. Trans. Roy. Soc. S. Austral. XXIII, 1899, p. 31; l. c. XXVII, 1903, p. 308. N. S. Wales
longicollis Blackb. l. c. XIII, 1890, p. 126. Süd-Australien
lugubris Blackb. l. c. p. 123; l. c. XXIII, 1899, p. 31. Central-Australien
Mastersi M'Leay, Trans. Ent. Soc. N. S. Wales II, 1872, p. 269. Queensland
planipennis Blackb. Trans. Roy. Soc. S. Austral. XXIII, 1899, p. 32. Australien
porcata Spin. Clérites I, 1844, p. 201, t. 16, f. 2.
porcata F. Mant. Ins. I, 1787, p. 127. — Kl. Clerii 1842, p. 318. — Waterh. Ann. Mag. Nat. Hist. (6) XIII, 1894, p. 286. „

cribricollis Spin. Clérites I, 1844, p. 203, t. 16, f. 4. — Chevr. Mém. Clér. 1876, p. 4. — Gorh. Cist. Ent. II, 1875—82 (1876), p. 71. — Blackb. Trans. Roy. Soc. S. Austral. XXIII, 1899, p. 32.	
var. *inconspicua* Blackb. l. c. XIII, 1890, p. 124; l. c. XXIII, 1899, p. 34.	"
semicostata Blackb. Proc. Linn. Soc. N. S. Wales (2) III, 1899, p. 1427; Trans. Roy. Soc. S. Austral. XXIII, 1899, p. 31.	Süd-Australien
spinicornis Blackb. Trans. Roy. Soc. S. Austral. XIII, 1890, p. 123.	"
titana J. Thoms. Mus. scient. II, 1860, p. 56.	Australien
triangularis Perr. Ann. Soc. Linn. Lyon 1864, p. 104. — Fauv. Rev. d'Ent. XXIII, 1904, p. 144.	Neu-Caledonien

22

Metademius Schklg.

Schklg. Ann. Mus. Genova (2) XX, 1899—1901 (1899), p. 137; Gen. Ins. Cler. 1903, p. 36.

penicillatus Schklg. l. c. p. 137; Deutsche Ent. Zeitschr. 1906, p. 262.	Neuguinea, Australien

1

Cormodes Pasc.

Pascoe, Journ. of Ent. I, 1860, p. 46. — Blackb. Trans. Roy. Soc. South Austral. XIV, 1891, p. 303. — Schklg. Gen. Ins. Cler. 1903, p. 36.

constricta Blackb. Trans. Roy. Soc. South Austral. XIII, 1890, p. 124; l. c. XIV, 1891, p. 303.	Australien
Darwini Pasc. Journ. of Ent. I, 1860, p. 47, t. 2, f. 8.	Howe's Island

2

Thanasimodes Murr.*)

Murray, Ann. Mag. Nat. Hist. (3) XX, 1867, p. 319. — Schklg. Gen. Ins. Cler. 1903, p. 44. — Gahan, Ann. Mag. Nat. Hist. (8) V, 1910, p. 65.

cyaneopurpureus Fairm. Compt. rend. Soc. Ent. Belg. XXIX, 1885, p. 8; Ann. Soc. Ent. Fr. (6) VII, 1887, p. 164. — Gahan, Ann. Mag. Nat. Hist. (8) V, 1910, p. 65.	Ost-Afrika
dorsalis H. Luc. Rev. Mag. Zool. 1843, p. 159; Explor. Algérie, Zool. II, 1849, p. 203, t. 20, f. 3. — Chenu, Encycl. d'Hist. Nat. Col. II, 1860, t. 23, f. 3. — Muls. Col. Fr. Angusticolles 1863, p. 68. — Reitt. Verh. Nat. Ver. Brünn XXXII, 1893 (1894), p. 44. — Gahan, l. c. p. 65.	Algier
gigas Cast. in Silberm. Rev. IV, 1836, p. 42. — Kl. Clerii 1842, p. 391. — Spin. Clérites I, 1844, p. 218, t. 19, f. 1. — Chevr. Mém. 1876, p. 45. — Gahan, l. c. p. 65.	Senegal, Sennaar, Somali

*) Nach Gahan (Ann. Mag. Nat. Hist. (8) V, 1910, p. 65) gehören hierher alle afrikanischen Arten des Genus *Opilo*, deren Vorderhüften hinten geschlossen sind.

tropicus Kl. Clerii 1842, p. 322. var. *abdominalis* Fairm. Compt. rend. Soc. Ent. Belg. XXXV, 1891, p. 291.	Senegal, Sennaar, Somali
metallicus Murray, Ann. Mag. Nat. Hist. (3) XX, 1867, p. 320, fig. *chloropterus* Chevr. Mém. Clér. 1876, p. 45. — Schklg. Deutsche Ent. Zeitschr. 1898, p. 364. — Gahan, l. c. p. 65.	Old-Calabar, Gabun, Congo
robustus Boh. Ins. Caffr. I, 1851, p. 485. *nigerrimus* Kraatz, Deutsche Ent. Zeitschr. 1900, p. 296. — Schklg. in Sjöstedt, Ergebn. Exped. Kilimandjaro VII, 7, 1908, p. 71; Deutsche Ent. Zeitschr. 1909, p. 796. — Gahan, l. c. p. 65.	Limpopo, Ikutha, Meru

5

Gyponyx Gorh.

Gorh. Ann. Mus. Genova XVIII, 1883, p. 604. — Schklg. Mitteil. Nat. Mus. Hamburg XVII, 1900, p. 14; Gen. Ins. Cler. 1903, p. 45; Ann. S. Afric. Mus. V, 1907, p. 199.

abyssinicus Gorh. Ann. Mus. Genova XVIII, 1883, p. 604.	Abessinien
albosparsus Schklg. Ann. South African Mus. V, 1907, p. 197.	Oranjefluss
algoensis Gorh. Proc. Zool. Soc. Lond. 1905, p. 272.	Südafrika
amictus Boh. Ins. Caffr. I, 1851, p. 494. — Schklg. Deutsche Ent. Zeitschr. 1909, p. 796.	Limpopo
angustus Schklg. in Sjöstedt, Ergebn. Schwed. Zool. Exped. Kilimandjaro VII, 7, 1908, p. 73, t. 2, f. 7.	Kilimandjaro
apicalis Chevr. Rev. Mag. Zool. 1840, p. 296; l. c. 1842, p. 276. — Schklg. Deutsche Ent. Zeitschr. 1906, p. 266. *praeustus* Chevr. Rev. Mag. Zool. 1874, p. 285; Mém. Clér. 1876, p. 4. — Gorh. Cist. Ent. II, 1875—82 (1876), p. 70. — Lohde, Stett. Ent. Zeit. LXI, 1900, p. 29. — Schklg. Deutsche Ent. Zeitschr. 1903, p. 13.	Natal, Cap, Ngamisee
Braunsi Gorh. Proc. Zool. Soc. Lond. 1905, p. 273.	Südafrika
brunneopunctatus Hintz, Deutsche Ent. Zeitschr. 1902, p. 185.	Natal, Cap
chinensis F. Ent. Syst. IV, 1794, App. p. 444; Syst. Eleuth. I, 1801, p. 288. — Schklg. Ann. Mus. Genova (2) XX, 1899—1901 (1899), p. 337; Mitteil. Mus. Hamburg XVII, 1900, p. 14; Deutsche Ent. Zeitschr. 1906, p. 265. *capensis* Spin. Clérites I, 1844, p. 197, t. 15, f. 2. *marmoratus* Kl. Clerii 1842, p. 308 und p. 379, nota 3. — Gorh. Cist. Ent. II, 1875—82 (1876), p. 70; Ann. Mus. Genova XVIII, 1883, p. 605. *marmoratus* Chevr. Rev. Mag. Zool. 1842, p. 277; l. c. 1874, p. 284. — Gorh. l. c. p. 70.	Cap, Natal
dichrous Boh. Ins. Caffr. I, 1851, p. 502. — Schklg. Deutsche Ent. Zeitschr. 1909, p. 796.	Limpopo
elegans Schklg. Ann. South Afr. Mus. V, 1907, p. 198.	Transvaal
flavus Hintz, Deutsche Ent. Zeitschr. 1902, p. 186.	Usambara
? **fulvus** Quedf. Berl. Ent. Zeitschr. XXIX, 1885, p. 270.	Quango
? **gambiensis** Cast. in Silberm. Rev. IV, 1836, p. 46. — Spin. Clérites I, 1844, p. 276, t. 24, f. 5.	Senegal

gemellatus Schklg. Ann. South Afr. Mus. V, 1907, p. 198. Cap
gracilis Boh. Ins. Caffr. I, 1851, p. 504. — Schklg. Deutsche Ent. Zeitschr. 1909, p. 796. Port Natal
inaequalicollis Boh. l. c. p. 503. — Schklg. l. c. p. 796. Caffraria
indicus F. Ent. Syst. IV, 1794, App. p. 444. — Kl. Clerii 1842, p. 308. — Schklg. Mitteil. Mus. Hamburg XVII, 1900, p. 16. Cap
impurus Boh. Res. Eugen. 1858, p. 84. — Schklg. l. c. p. 16.
irregularis Westw. Proc. Zool. Soc. Lond. 1852, p. 38, t. 25, f. 4. — Schklg. l. c. p. 16.
miniatus Hintz, Deutsche Ent. Zeitschr. 1902, p. 187. Usambara
mitis Kl. Clerii 1842, p. 309. Cap
Verreauxi Spin. Clérites I, 1844, p. 190, t. 16, f. 1.
natalensis Boh. Ins. Caffr. I, 1851, p. 501. — Schklg. Deutsche Ent. Zeitschr. 1909, p. 796. Port Natal
nodicollis Boh. l. c. p. 495. — Gorh. Cist. Ent. II, 1875—82 (1876), p. 76. — Schklg. l. c. p. 796. Natal
tuberculicollis Chevr. Rev. Mag. Zool. 1874, p. 76. — Schklg. Deutsche Ent. Zeitschr. 1906, p. 266.
var. *sexpunctatus* Schklg. l. c. p. 266. „
pallidus Schklg. Mitteil. Mus. Hamburg XVII, 1900, p. 17. Cap
punctatus Hintz, Deutsche Ent. Zeitschr. 1902, p. 185. Sansibar
retrocinctus Chevr. Rev. Mag. Zool. 1874, p. 283. — Schklg. Gen. Ins. Cler. 1903, p. 45. Natal
rugosus Hintz, Deutsche Ent. Zeitschr. 1902, p. 186. Usambara
Schenklingi Hintz, l. c. p. 397. Südafrika
? **senegalensis** Cast. in Silberm. Rev. IV, 1836, p. 50. — Kl. Clerii 1842, p. 384. Senegal
sexmaculatus Hintz, l. c. p. 184. Usambara
sexnotatus Boh. Ins. Caffr. I, 1851, p. 496. — Schklg. Deutsche Ent. Zeitschr. 1906, p. 266; l. c. 1909, p. 796. Caffraria, Natal
signifer Boh. l. c. p. 492. — Schklg. Deutsche Ent. Zeitschr. 1909, p. 796. Südafrika
tricolor Schklg. Mitteil. Mus. Hamburg XVII, 1900, p. 15; Deutsche Ent. Zeitschr. 1906, p. 265; in Sjöstedt, Ergebn. Schwed. Zool. Exped. Kilimandjaro VII, 7, 1908, p. 73, t. 2, f. 5; Deutsche Ent. Zeitschr. 1909, p. 796.
var. *sponsalis* Schklg. Ann. South Afr. Mus. V, 1907, p. 197; in Sjöstedt, l. c. p. 73. Rhodesia
sobrinus Chevr. Rev. Mag. Zool. 1842, p. 277; l. c. 1874, p. 258. — Schklg. Gen. Ins. Cler. 1903, p. 45. Cap
virescens Chevr. Rev. Mag. Zool. 1842, p. 276. — Schklg. Deutsche Ent. Zeitschr. 1908, p. 478. „
viridescens Hintz, Deutsche Ent. Zeitschr. 1902, p. 187. — Schklg. Deutsche Ent. Zeitschr. 1906, p. 266. Usambara
Weisei Hintz, l. c. p. 185. „
35

Natalis Cast.

Cast. in Silberm. Rev. IV, 1836, p. 40. — Schklg. Deutsche Ent. Zeitschr. 1909, p. 163.

Neogyponyx Schklg. Deutsche Ent. Zeitschr. 1906, p. 266.

Laplacei Cast. in Silberm. Rev. IV, 1836, p. 41. — Kl. Clerii 1842, p. 383. — Spin. Clérites I, 1844, Chile, Argentinien

p. 204, t. 16, f. 3; in Gay, Hist. Chile IV, 1849, p. 406, t. 9, f. 8. — Chenu, Encycl. d'Hist. Nat. Col. II, 1860, t. 19, f. 1. — Schklg. Deutsche Ent. Zeitschr. 1909, p. 162.
foveicollis Germain, An. Univ. Santiago 1855, p. 393. — Schklg. Deutsche Ent. Zeitschr. 1907, p. 310. — Lesne, Bull. Soc. Ent. Fr. 1909, p. 206.

punctipennis Germain, An. Univ. Santiago 1855, p. 393. — Schklg. Deutsche Ent. Zeitschr. 1906, p. 266. — Chile
punctipennis Chevr. Rev. Mag. Zool. 1874, p. 286.

2

Orthrius Gorh.

Gorh. Cist. Ent. II, 1875—82 (1876), p. 74; Ann. Mus. Genova (2) XII, 1892, p. 737. — Schklg. Gen. Ins. Cler. 1903, p. 45.

angusticollis Schklg. Notes Leyden Mus. XXIII, 1902, p. 126. — Java

basalis Schklg. Deutsche Ent. Zeitschr. 1902, p. 157. — N. S. Wales

bengala Westw. Proc. Zool. Soc. Lond. 1852, p. 41, t. 25, f. 11. — Schklg. Deutsche Ent. Zeitschr. 1903, p. 14. — Bengalen

bicolor Schklg. Ann. Mus. Genova (2) XX, 1899—1901 (1899), p. 139. — Ternate

binotatus Fisch. Mus. Hist. Nat. Mosquens. II, Ins. 1829, p. 44. — Bengalen
andamanensis Schklg. Deutsche Ent. Zeitschr. 1906, p. 268; l. c. 1910, p. 103.

brachialis Gorh. Proc. Zool. Soc. Lond. 1893, p. 577. — Assam
tibialis Schklg. Deutsche Ent. Zeitschr. 1906, p. 268.

carinifrons Schklg. Mitteil. Mus. Hamburg XVII, 1900, p. 17. — Japan

cruciatus M'Leay in King, Survey Coasts Austral. II, 1827, p. 442. — Kl. Clerii 1842, p. 386. — Blackb. Trans. Roy. Soc. South Austral. XXIV, 1900, p. 122. — Lea, Ann. Soc. Ent. Belg. LI, 1907, p. 335, t. 2, f. 1. — Australien

cruciger Schklg. Deutsche Ent. Zeitschr. 1906, p. 269. — Queensland

cylindricus Gorh. Cist. Ent. II, 1875—82 (1876), p. 74. — N. S. Wales
var. Gorh. l. c. p. 75. — „

dorsalis Schklg. Bull. Mus. Paris VIII, 1902, p. 323. — Darjeeling

Feae Gorh. Ann. Mus. Genova (2) XII, 1892, p. 157; Ann. Soc. Ent. Belg. XLVII, 1903, p. 334. — N. S. Wales, Vorder-Indien

haemorrhoidalis Schklg. Deutsche Ent. Zeitschr. 1906, p. 268, t. 2, f. 6. — Ceylon

lateralis Schklg. Ann. Mus. Genova (2) XX, 1899—1901 (1899), p. 138; Deutsche Ent. Zeitschr. 1906, p. 269. — Amboina, Neu-Guinea

madurensis Gorh. Ann. Soc. Ent. Belg. XXXIX, 1895, p. 295. — Vorder-Indien

monticola Schklg. Deutsche Ent. Zeitschr. 1906, p. 267. — Borneo

octopunctatus Schklg. l. c. p. 267. — Sumatra

posticalis Westw. Proc. Zool. Soc. Lond. 1852, p. 42, t. 25, f. 12. — Schklg. Deutsche Ent. Zeitschr. 1903, p. 14. — Ost-Indien

rufotestaceus Schklg. Bull. Mus.-Paris VIII, 1902, p. 323. Darjeeling
sellatus Westw. Proc. Zool. Soc. Lond. 1852, p. 42, t. 25, f. 8. Ost-Indien
sepulcralis Westw. l. c. p. 52, t. 25, f. 9. — Blackb. Trans. Roy. Soc. S. Austral. XIV, 1900, p. 122. Australien, Neu-Guinea
sexplagiatus Schklg. Deutsche Ent. Zeitschr. 1908, p. 478. Nilgiri Hills
sinensis Gorh. Cist. Ent. II, 1875—82 (1876), p. 70; Proc. Zool. Soc. Lond. 1893, p. 577. — Schklg. Deutsche Ent. Zeitschr. 1908, p. 478. China
striatopunctatus Schklg. Ann. Soc. Ent. Belg. XLV, 1901, p. 106. Bengalen
var. *bimaculatus* Schklg. l. c. p. 106. „
striatulus Motsch. in Schrenck, Reise Amur 1860, p. 113, t. 7, f. 27. — Reitt. Verh. Nat. Ver. Brünn XXXII, 1893 (1894), p. 44. — Schklg. Deutsche Ent. Zeitschr. 1906, p. 269. Amur, Daurien
subfasciatus Westw. in White, Cat. Clerid. 1849, p. 56; Proc. Zool. Soc. Lond. XX, 1852, p. 41, t. 25, f. 10. — Gorh. Ann. Soc. Ent. Belg. XXXIX, 1895, p. 295. Ost-Indien
subsimilis White, Cat. Clerid. 1849, p. 55. Bengalen
sumatranus Schklg. Ann. Mus. Genova (2) XX, 1899—1901 (1899), p. 335. Sumatra
tarsalis Gorh. l. c. (2) XII, 1892, p. 737. Birma, Beng.
var. *obscurus* Schklg. Deutsche Ent. Zeitschr. 1906, p. 269. Sumatra
ternatensis Schklg. Ann. Mus. Genova (2) XX, 1899—1901 (1899), p. 138. Ternate
tricolor Schklg. Deutsche Ent. Zeitschr. 1908, p. 479. Queensland
tuberculicollis Schklg. Bull. Mus. Paris VIII, 1902, p. 323. Darjeeling

32

Xenorthrius Gorh.

Gorh. Ann. Mus. Genova (2) XII, 1892, p. 733; Proc. Zool. Soc. Lond. 1893, p. 575. — Schklg. Gen. Ins. Cler. 1903, p. 46.

balteatus Gorh. Ann. Mus. Genova (2) XII, 1892, p. 735. Birma
ephippiatus Gorh. Proc. Zool. Soc. Lond. 1893, p. 575. Assam, Penang
geniculatus Gorh. l. c. p. 575. Manipur
Mouhoti Gorh. Ann. Mus. Genova (2) XII, 1892, p. 734. Ost-Indien
simplex Schklg. Stett. Ent. Zeit. LXIV, 1902, p. 16. Hongkong
subfasciatus Gorh. Ann. Mus. Genova (2) XII, 1892, p. 735. Birma
truncatus Gorh. Proc. Zool. Soc. Lond. 1893, p. 576. Assam
Wallacei Gorh. l. c. p. 576. Borneo

8

Aphelochroa Quedf.

Quedenfeldt, Berl. Ent. Zeitschr. XXIX, 1885, p. 268. — Kraatz, Deutsche Ent. Zeitschr. 1899, p. 86. — Schklg. Bull. Mus. Paris VIII, 1902, p. 326; Gen. Ins. Cler. 1903, p. 57.

carneipennis Quedf. Berl. Ent. Zeitschr. XXIX, 1885, p. 268. — Hintz, Deutsche Ent. Zeitschr. 1907, p. 27. Quango, Delagoa *ruber* Kuw. Ann. Soc. Ent. Belg. XXXVII, 1893, p. 471. — Kraatz, Deutsche Ent. Zeitschr. 1899, p. 87.

fulva Kraatz, l. c. p. 86. — Schklg. Deutsche Ent. Zeitschr. 1896, p. 281. — Niger-Benuë

sanguinalis Gorh. (nec Westw.) Ann. Mag. Nat. Hist. (7) VII, 1907, p. 351. — Süd-Afrika

? **Mniszechi** J. Thoms. Arch. Ent. II, 1858, p. 81. — Gorh. Cist. Ent. II, 1875—82 (1876), p. 61. — Chevr. Mém. Clér. 1876, p. 44. — Schklg. Deutsche Ent. Zeitschr. 1908, p. 481. — Gabun

nigripes Hintz, Deutsche Ent. Zeitschr. 1905, p. 308. — Kamerun

rufa Hintz, Deutsche Ent. Zeitschr. 1897, p. 287. — Usambara

sanguinalis Westw. Proc. Zool. Soc. Lond. 1852, p. 36, t. 25, f. 7. — Quedf. Berl. Ent. Zeitschr. XXIX, 1885, p. 268. — Port Natal, Delagoa

sanguinea J. Thoms. Arch. Ent. I, 1857, p. 115; l. c. II, 1858, p. 81, t. 4, f. 3. — Gorh. Cist. Ent. II, 1875—82 (1876), p. 61. — Chevr. Mém. Clér. 1876, p. 44. — Schklg. Deutsche Ent. Zeitschr. 1908, p. 480. — Gabun

testacea Kuw. Ann. Soc. Ent. Belg. XXXVII, 1893, p. 472. — Ost-Afrika

8

Apteroclerus Woll.

Woll. Col. Hesperid. 1867, p. 98. — Schklg. Gen. Ins. Cler. 1903, p. 38.

? **brevis** Schklg. in Sjöstedt, Ergebn. Schwed. Zool. Exped. Kilimandjaro VII, 7, 1908, p. 71, t. 2, f. 4. — Kilimandjaro

fusiformis Woll. l. c. p. 99. — Capverden

2

Microclerus Woll.

Woll. Col. Hesperid. 1867, p. 99. — Schklg. Gen. Ins. Cler. 1903, p. 39.

Dohrni Woll. l. c. p. 101. — Capverden

euphorbiae Woll. l. c. p. 101. — „

2

Dozocolletus Chevr.

Chevr. Rev. Mag. Zool. 1842, p. 278. — Lacord. Gen. Col. IV, 1857, p. 442. — Schklg. Gen. Ins. Cler. 1903, p. 38.

Dizocolletus Kuw. Soc. Ent. VIII, 1893, p. 66.
Pezoporus Kl. Clerii 1842, p. 311.

brunneus Hintz, Deutsche Ent. Zeitschr. 1902, p. 397. — Schklg. l. c. 1906, p. 262. — Südafrika

discophorus Boh. Ins. Caffr. I, 1851, p. 490. — Port Natal

oblongus Chevr. Rev. Mag. Zool. 1842, p. 278. — Caffraria

coarctatus Kl. Clerii 1842, p. 311, t. 1, f. 3.

puberulus Boh. Ins. Caffr. I, 1851, p. 491. — Limpopo

sordidus Gorh. Proc. Zool. Soc. Lond. 1905, p. 274. — Algoa Bay

5

Aptinoclerus Kuw.

Kuw. Soc. Ent. VIII, 1893, p. 66. — Fairm. Ann. Soc. Ent. Fr. LXXI, 1902, p. 552. — Schklg. Gen. Ins. Cler. 1903, p. 39.

dozocolletoides Kuw. l. c. p. 66. — Fairm. l. c. p. 551. Madagascar
1

Caridopus Schklg.

Schklg. in Sjöstedt, Ergebn. Zool. Exped. Kilimandjaro VII, 7, 1908, p. 71.

affinis Schklg. l. c. p. 72. Meru
monstruosus Schklg. l. c. p. 72, t. 2, f. 5. Kilimandjaro
2

Cleronomus Kl.

Kl. Clerii 1842, p. 282. — Lacord. Gen. Col. IV, 1857, p. 444. — J. Lec. and Horn, Classif. Col. N. Amer. ed. II, 1883, p. 218. — Schklg. Gen. Ins. Cler. 1903, p. 39.

bimaculatus Kl. Clerii 1842, p. 282, t. 2, f. 6. — Chevr. Mém. Clér. 1876, p. 5. Mexico
biplagiatus Kl. l. c. p. 379, nota 3.
1

Derestenus Chevr.

Chevr. Rev. Mag. Zool. 1843, p. 13. — Chenu, Encycl. d'Hist. Nat. Col. II, 1860, p. 238. — Gorh. Trans. Ent. Soc. Lond. 1878, p. 162. — Lohde, Stett. Ent. Zeit. LXI, 1900, p. 33.

Colyphus Spin. Clérites I, 1844, p. 133. — Chenu, l. c. p. 239. — Gorh. Biol. Centr.-Amer. Col. III, 2, 1882, p. 141.

amoenus Schklg. Deutsche Ent. Zeitschr. 1906, p. 263, t. 2, f. 5. Magdalenenstrom
bicolor Chevr. Rev. Mag. Zool. 1874, p. 287. — Gorh. Biol. Centr.-Amer. III, 2, 1882, p. 144. — Schklg. Deutsche Ent. Zeitschr. 1908, p. 364; l. c. 1906, p. 263. Mexico
bilineatus Gorh. l. c. Suppl. 1886, p. 335, t. 13, f. 10. Guatemala, Panama
columbicus Spin. Clérites I, 1844, p. 195, t. 18, f. 4. — Schklg. Deutsche Ent. Zeitschr. 1906, p. 263. Columb., Caracas
crioocerides Gorh. l. c. 1882, p. 144, t. 8, f. 2. Mexico
distinctus Chevr. Rev. Mag. Zool. 1874, p. 289. — Gorh. l. c. p. 143, t. 7, f. 19. — Schklg. Deutsche Ent. Zeitschr. 1906, p. 262. Central-Amerika
floralis Gorh. l. c. p. 142, t. 7, f. 25. Panama
furcatus Schaeff. Journ. N. York Ent. Soc. XII, 1904, p. 218. Texas
interceptus Spin. Clérites I, 1844, p. 137, t. 9, f. 3. — J. Lec. Ann. Lyc. Nat. Hist. N. York V, 1852, p. 13. — Horn, Trans. Amer. Ent. Soc. XII, 1885, p. 151. Mexico (non Calif.)
lateralis Chevr. Rev. Mag. Zool. 1874, p. 289. — Gorh. Biol. Centr.-Amer. III, 2, 1882, p. 142. Mexico
marginatus Gorh. Trans. Ent. Soc. Lond. 1878, p. 162; Biol. Centr.-Amer. III, 2, 1882, p. 142.

limbatus Gorh. Trans. Ent. Soc. Lond. 1878, p. 161; Biol. Centr.-Amer. III, 2, 1882, p. 144.	Mex., Guat., Venezuela
melanopterus Dury, Journ. Cincinnati Ohio Soc. Nat. Hist. XX, 1906, p. 251. — Wolcott, Bull. Ind. Dep. Geol. Nat. I, 1910, p. 851.	Cincinnati
mutabilis Chevr. Rev. Mag. Zool. 1874, p. 289. — Gorh. Biol. Centr.-Amer. III, 2, 1882, t. 7, f. 23.	Mexico
flammeus Gorh. Trans. Ent. Soc. Lond. 1878, p. 162; Biol. Centr.-Amer. III, 2, 1882, p. 142.	
var. A, B, C Chevr. l. c. p. 290.	
var. Gorh. Biol. Centr.-Amer. III, 2, 1882, t. 8, f. 1.	
nigrifrons Chevr. l. c. p. 289. — Gorh. l. c. p. 142.	Mexico
orthopleuridus (pars) Gorh. l. c. p. 142.	
nigriventris Gorh. l. c. Suppl. 1886, p. 336.	Guatemala, Panama
orthopleuridus J. Thoms. Mus. scient. II, 1860, p. 57. — Gorh. l. c. 1882, p. 144. — Schklg. Deutsche Ent. Zeitschr. 1906, p. 263.	Mexico
collaris Chevr. Mém. Clér. 1876, p. 12.	
quadrilineatus Chevr. Rev. Mag. Zool. 1843, p. 14, t. 108, f. 1. — Lacord. Gen. Col. Atl. t. 46, f. 2. — Gorh. l. c. p. 141, t. 7, f. 20.	Guatemala, Mexico
orthopleuridus (pars) Gorh. l. c. p. 141.	
similis J. Thoms. Mus. scient. II, 1860, p. 57. — Gorh. l. c. p. 141.	
var. Gorh. l. c. t. 7, f. 21.	
relucens Gorh. l. c. 1886, p. 336, t. 12, f. 22.	Panama
rufipennis Spin. Clérites I, 1844, p. 136, t. 9, f, 2. — J. Lec. Ann. Lyc. Nat. Hist. N. York V, 1852, p. 13. — Horn, Trans. Amer. Ent. Soc. XII, 1885, p. 151.	Mexico (non Californ.)
signaticollis Spin. l. c. p. 135, t. 5, f. 5. — Chenu, Encycl. d'Hist. Nat. Col. II, 1860, p. 239, f. 166. — J. Lec. l. c. p. 13. — Gorh. Biol. Centr.-Amer. III, 2, 1882, p. 143, t. 7, f. 22. — Schklg. Deutsche Ent. Zeitschr. 1906, p. 263.	Mexico, Guatemala, Panama
cinctipennis Spin. l. c. p. 136, t. 5, f. 6. — J. Lec. l. c. p. 13. — Gorh. l. c. p. 143. — Horn, Trans. Amer. Ent. Soc. XII, 1885, p. 151.	
telephoroides Gorh. l. c. p. 142. — Schklg. Deutsche Ent. Zeitschr. 1906, p. 262.	Guatemala, Mexico
terminalis Spin. Clérites I, 1844, p. 137, t. 9, f. 1.	Columbia
ventralis Gorh. Biol. Centr.-Amer. III, 2, 1882, p. 141, t. 7, f. 18.	Mex., Guat., Mexico
var. Gorh. l. c. p. 141.	
vittipennis Chevr. Rev. Mag. Zool. 1874, p. 290.	„

24

Systenoderes Spin.

Spin. Rev. Zool. 1841, p. 72; Clérites I, 1844, p. 130. — Gorh. Biol. Centr.-Amer. III, 2, 1882, p. 145. — Schklg. Gen. Ins. Cler. 1903, p. 40.

Systenoderus Chenu, Encycl. d'Hist. Nat. Col. II, 1860, p. 239.

amoenus Spin. Clérites I, 1844, p. 131, t. 8, f. 1—2. — Chenu l. c. t. 20, f. 4. — Gorh. l. c. p. 145.	Mexico
viridipennis Spin. l. c. p. 132, t. 8, f. 3. — Chenu, l. c. p. 239.	Columbia

2

Phonius Chevr.

Chevr. Rev. Mag. Zool. 1843, p. 11. — Chenu, Encycl. d'Hist. Nat. Col. II, 1860, p. 235. — Gorh. Biol. Centr.-Amer. III, 2, 1882, p. 145. — Schklg. Gen. Ins. Cler. 1903, p. 41.

sanguinipennis Chevr. Rev. Mag. Zool. 1843, p. 12, t. 107, f. 1; Mém. Clér. 1876, p. 5. — Gorh. Biol. Centr.-Amer. Col. III, 2, 1882, p. 145, t. 7, f. 24. — Mexico

1

Placopterus Wolcott.

Wolcott, Publ. Field Mus. Chicago VII, 1910, p. 363.

Poecilochroa Gorh. Biol. Centr.-Amer. Col. III, 2, Suppl. 1886, p. 337. — Schklg. Gen. Ins. (Wytsman) Cler. 1903, p. 41.

frontalis Gorh. Biol. Centr.-Amer. Col. III, 2, Suppl. 1886, p. 338. — Wolcott, l. c. p. 363. — Guatemala
plumbeus Gorh. l. c. p. 337, t. 13, f. 11. — Wolcott, l. c. p. 363. — Mexico
rufipes Schklg. Deutsche Ent. Zeitschr. 1898, p. 364. — Wolcott, l. c. p. 363. — „
varius Gorh. Biol. Centr.-Amer. Col. III, 2, Suppl. 1886, p. 337. — Wolcott, l. c. p. 363. — „

4

Clerosoma Wolcott.

Wolcott, Publ. Field Mus. Chicago VII, 1910, p. 363.

Poecilochroa Gorh. Biol. Centr.-Amer. Col. III, 2, Suppl. 1886, p. 337.

gracile Gorh. l. c. p. 337, t. 13, f. 19. — Wolcott, l. c. p. 363. — Panama

1

Sallea Chevr.

Chevr. Rev. Mag. Zool. 1874, p. 286. — Gorh. Cist. Ent. II, 1875—82 (1876), p. 86; Biol. Centr.-Amer. Col. III, 2, 1882, p. 164. — Schklg. Gen. Ins. Cler. 1903, p. 59.

necrobioides Chevr. Rev. Mag. Zool. 1874, p. 287. — Gorh. Biol. Centr.-Amer. Col. III, 2, 1882, p. 164, t. 8, f. 15. — Mexico, Guatemala

1

Blaxima Gorh.

Gorh. Biol. Centr.-Amer. Col. III, 2, 1882, p. 165. — Schklg. Gen. Ins. Cler. 1903, p. 59.

rubripennis Chevr. Rev. Mag. Zool. 1874, p. 287. — Gorh. l. c. p. 165, t. 8, f. 14. — Central-Amerika

1

Xenoclerus Schklg.

Schklg. Bull. Mus. Paris VIII, 1902, p. 327. — Schklg. Gen. Ins. Cler. 1903, p. 60. — Wolcott, Publ. Field Mus. Chicago VII, 1910, p. 366.

Edwardsi Horn, Trans. Amer. Ent. Soc. VIII, 1880, p. 149, t. 3, f. 8. — Schklg. l. c. p. 327. — Wolcott, l. c. p. 366. — Californien

1

Serriger Spin.

Spin. Rev. Zool. 1841, p. 73; Clérites I, 1844, p. 170. — Lacord. Gen. Col. IV, 1857, p. 441. — Chenu, Encycl. d'Hist. Nat. Col. II, 1860, p. 242. — Schklg. Gen. Ins. Cler. 1903, p. 38.

Reichei Spin. Clérites I, 1844, p. 171, t. 12, f. 3. — Lacord. l. c. p. 441 nota. — Chenu, l. c. f. 170. — Gorh. Biol. Centr.-Amer. III, 2, 1882, p. 147. — Mexico

1

Tillicera Spin.

Spin. Rev. Zool. 1841, p. 73; Clérites I, 1844, p. 157. — Lacord. Gen. Col. IV, 1857, p. 440. — Chenu, Encycl. d'Hist. Nat. Col. II, 1860, p. 241. — Schklg. Gen. Ins. Cler. 1903, p. 37.

aurivillosa Gorh. Ann. Soc. Ent. Belg. XXXIX, 1895, p. 295. — Vorder-Indien

bibalteata Gorh. Ann. Mus. Genova (2) XII, 1892, p. 732. — Birma, Borneo

cleroides Gorh. l. c. p. 731. — Schklg. Notes Leyden Mus. XXIII, 1902, p. 127; Deutsche Ent. Zeitschr. 1906, p. 262. — Birma, Java, Sumatra

javana Spin. Clérites I, 1844, p. 160, t. 12, f. 2. — Schklg. Deutsche Ent. Zeitschr. 1906, p. 262. — Ost-Indien, Birma, Java, Sumatra

javanica Gorh. Proc. Zool. Soc. Lond. 1893, p. 567. — Chenu, Encycl. d'Hist. Nat. Col. II, 1860, p. 241, f. 169.

Paula Schklg. Deutsche Ent. Zeitschr. 1908, p. 224. — Nilgiri Hills

soror Schklg. Notes Leyden Mus. XXIII, 1902, p. 127. — Bhutan

6

Thanasimus Latr.

Latr. Gen. Crust. et Ins. I, 1806, p. 270. — Kl. Clerii 1842, p. 290. — Spin. Clérites I, 1844, p. 181. — J. Lec. Ann. Lyc. Nat. Hist. N. York V, 1852, p. 24. — Bach, Käferfauna Nord- und Mitteldeutschl. II, 1854, p. 90. — Lacord. Gen. Col. IV, 1857, p. 445. — Chenu, Encycl. d'Hist. Nat. Col. II, 1860, p. 244. — Jacq. du Val, Gen. Col. d'Eur. III, 1861, p. 195 und 196. — J. Lec. and Horn, Classif. Col. N. Amer. ed. II, 1883, p. 218. — Kiesw. Nat. Ins. Deutschl. IV, 1863, p. 684. — Muls. Angusticolles 1863, p. 45. — Gorh. Cist. Ent. II, 1875—82 (1876), p. 73. — Reitt. Verh. Nat. Ver. Brünn XXXII, 1893 (1894), p. 47; Best.-Tab. 1894, p. 14. — Blackb. Trans. Roy. Soc. S. Austral. XXIV, 1900, p. 121. — Pic, Rev. d'Ent. XX, 1901, p. 248. — Schklg. Deutsche Ent. Zeitschr. 1903, p. 14; Gen. Ins. Cler. 1903, p. 42; Ann. S. Afr. Mus. V, 1907, p. 201. — Wolcott, Bull. Ind. Dep. Geol. Nat. I, 1910, p. 854.

Cleroides Schäff. Elem. Ent. 1777, t. 137.
Pseudoclerus Jacq. du Val, Gen. Col. d'Eur. III, 1861, p. 196.

abdominalis Germ. Ins. spec. nov. 1824, p. 80. — Bengalen
pictus Spin. Clérites I, 1844, p. 194, t. 15, f. 1.
albomaculatus Lewis, Ann. Mag. Nat. Hist. (6) X, 1892, p. 189. — Japan
assamensis Stebbing, For. Bull. Calcutta 1907, nr. 2, p. 30. — Assam
aterrimus Hintz, Deutsche Ent. Zeitschr. 1902, p. 182. — Usambara
auratus Hintz, l. c. p. 183. — „
bifasciatus Kraatz, Deutsche Ent. Zeitschr. 1900, p. 191. — Ceylon
capicola Westw. Proc. Zool. Soc. Lond. 1852, p. 38. — Cap
carbonarius Gorh. l. c. 1893, p. 577. — Manipur
ceylonicus Kraatz, Deutsche Ent. Zeitschr. 1900, p. 191. — Ceylon
dubius F. Gen. Ins. Mant. 1777, p. 229; Syst. Eleuth. I, p. 280. — Kl. Clerii 1842, p. 292. — J. Lec. Ann. Lyc. Nat. Hist. N. York V, 1852, p. 24. — Emmons, Agr. N. York V, Ins. 1854, p. 91, t. 8, f. 8. — Wickham, Canad. Ent. XXVII, 1895, p. 250. — Wolcott, Bull. Ind. Dep. Geol. Nat. I, 1910, p. 854, f. 335. — Nordamerika, Mexico

Biologie: Lintner, 39 th Rep. State Mus. Nat. Hist. for 1885 (1887), p. 123. — Chittenden, Ent. Amer. VI, 1890, p. 154. — Johnson, Rep. Forestry Comm. Pennsylv. for 1895 (1896), p. 124. — Hopkins, Bull. 56 West Virgin. Agr. Stat. 1899, p. 197.

ruficeps Spin. Clérites I, 1844, p. 189, t. 14, f. 2.
eximius White, Cat. Clerid. IV, 1849, p. 63. — Westw. Proc. Zool. Soc. Lond. 1852, p. 54, t. 27, f. 12. — Gorh. Trans. Ent. Soc. Lond. 1878, p. 159. — Australien
fasciolatus Chevr. Rev. Mag. Zool. 1874, p. 276. — Cap
femoralis Hintz, Deutsche Ent. Zeitschr. 1902, p. 184. — Usambara
Fischeri Spin. Clérites I, 1844, p. 265, t. 25, f. 6. — Reitt. Verh. Nat. Ver. Brünn XXXII, 1893 (1894), p. 49; Best.-Tab. 1894, p. 16. — Persien
formicarius L. Syst. Nat. ed. X, 1758, p. 387; Fauna Suec. ed. II, 1761, p. 185. — Ol. Ent. IV, gen. 76, 1775, p. 12, t. 1, f. 13. — Rossi, Fauna Etr. I, 1790, p. 137. — Hbst. Käf. VII, 1797, p. 208, t. 109, f. 2. — Gistl, Faunus I, 1832, p. 139. — Sturm, Deutschl. Fauna, Käf. XI, 1837, p. 32, t. 231. — Kl. Clerii 1842, p. 290. — Spin. Clérites I, 1844, p. 187, t. 14, f. 2. — Bach, Käferfauna Nord- und Mitteldeutschl. II, 1854, p. 91. — Chenu, Encycl. d'Hist. Nat. Col. II, 1860, t. 17, f. 2. — Jacq. du Val, Gen. Col. d'Eur. III, 1861, t. 48, f. 239. — Spry and Shuckard, Brit. Ent. 1861, p. 43, t. 52, f. 4. — Kiesw. Nat. Ins. Deutschl. IV, 1863, p. 685. — Muls. Col. Fr. Angusticolles 1863, p. 50. — Weise, Deutsche Ent. Zeitschr. XXVIII, 1884, p. 426. — Seidlitz, Fauna Balt. ed. II, 1891, p. 492; Fauna Transsylv. 1891, p. 526. — Reitt. Verh. Nat. Ver. Brünn XXXII, 1893 (1894), p. 48; Best.-Tab. 1894, p. 15. — Schröder, Ill. Wochenschr. Ent. I, 1896, t. f. 4. — Houlbert et Bétis, Trav. scient. Univ. Rennes IV, Suppl. 1905, p. 128 und 129, f. 31. — Schklg. Deutsche Ent. Zeitschr. 1906, p. 264. — Europa

Biologie: Pfeil, Krit. Blätt. X, 1836, I, p. 92. — Ratz. Forstins. I, 1837, p. 34, t. 1, f. 7. —

Westw. Introd. Ent. I, 1839, p. 265, f. 29. — Er. Archiv Naturgesch. VII, 1841, p. 96. — H. Luc. Bull. Soc. Ent. Fr. (2) X, 1852, p. 5. — Perris, Ann. Soc. Ent. Fr. (3) II, 1854, p. 602, t. 18, f. 269—275. — Chenu, Encycl. d'Hist. Nat. Col. II, 1860, p. 244. — Nördlinger, Nachtr. Ratzeb. ed. II, 1880, p. 9. — Kittel, Correspondenzbl. zool. — min. Ver. Regensb. XXXIV, 1880, p. 71. — Schaufuß, Ins.-Börse IX, 1892, p. 10; l. c. X, 1893, p. 56; Science XX, 1892, p. 256. — Hopkins, Proc. Ent. Soc. Wash. II, 1892, p. 353; Insect Life VI, 1893—94 (1893), p. 123. — Smith, Ent. News IV, 1893, p. 9. — Lintner, Gardening 1894, 15. May. — Houlbert et Bétis, Trav. scient. Univ. Rennes IV, Suppl. 1905, p. 129, f. 32. — Schaufuß in Calwer's Käferbuch, ed. VI, 1907, p. 16, 25. — Xambeu, Naturaliste XXX, 1908, p. 140. — Meißner, Ent. Blätter V, 1909, p. 182.

Anatomie: Roger, Flügelgeäder der Käfer 1875, p. 60.

var. *brevicollis* Spin. Clérites I, 1844, p. 266, t. 25, f. 5. — Seidlitz, Fauna Transsylv. 1891, p. 525. — Reitt. Verh. Nat. Ver. Brünn XXXII, 1893 (1894), p. 49; Best.-Tab. 1894, p. 16. — Ungarn, Elsass

var. *laetipes* Reitt. l. c. p. 48. — Schklg. Deutsche Ent. Zeitschr. 1906, p. 264. — Europa, Caucasus, Frankreich

hilaris Buysson, Rev. d'Ent. XX, 1901, p. 25. — Pic, Rev. d'Ent. XX, 1901, p. 248; Bull. Soc. Ent. Fr. 1903, p. 253.

var. *semifasciatus* Fleischer, Wien. Ent. Zeit. VI, 1887, p. 237. — Reitter, l. c. p. 48. — Serajewo

himalayensis Stebbing, Journ. Asiat. Soc. Bengal LXXII, 2, 1903, p. 106. — Himalaya

Hintzi Schklg. Gen. Ins. Cler. 1903, p. 43. — Usambara

bifasciatus Hintz, Deutsche Ent. Zeitschr. 1902, p. 183.

Jordani Kuw. Ann. Soc. Ent. Belg. XXXVII, 1893, p. 487. — Congo

latus Chevr. Rev. Mag. Zool. 1842, p. 277. — Cap

monticola Wolcott, Publ. Field Mus. Chicago VII, 1910, p. 357, t. 5, f. 3. — California

mutilloides Hintz, Deutsche Ent. Zeitschr. 1902, p. 181. — Usambara

nigricollis Lewis, Ann. Mag. Nat. Hist. (6) X, 1892, p. 189. — Japan

nigriventris J. Lec. Proc. Acad. Philad. 1861, p. 351. — Gorh. Biol. Centr.-Amer. Col. III, 2, 1882, p. 147. — Wickham, Canad. Entomol. XXVII, 1895, p. 250. — Wolcott, Bull. Wisconsin Nat. Hist. Soc. VII, 1909, p. 97; Publ. Field Mus. Chicago VII, 1910, p. 359. — N. Amerika, Centr.-Amerika

Lecontei Wolcott, l. c. p. 359.

obsoletus Chevr. Rev. Mag. Zool. 1842, p. 276. — Cap

? **ornatus** Hintz, Deutsche Ent. Zeitschr. 1905, p. 308. — Kamerun

Paivae Woll. Trans. Ent. Soc. Lond. (3) I, 1862, p. 163, t. 7, f. 5; Cat. Canar. Col. 1864, p. 234. — Gorh. Cist. Ent. II, 1875—82 (1876), p. 76. — Canaren

parvicollis Schklg. Deutsche Ent. Zeitschr. 1908, p. 478. — Deutsch-Ostafrika

pectoralis Schklg. l. c. 1907, p. 200. — Rhodesia

repandus Horn, Trans. Amer. Ent. Soc. III, 1870, p. 342. — Gorh. Biol. Centr.-Amer. III, 2, Suppl. 1886, p. 340. — Schaeff. Bull. Mus. Brooklyn I, 1901—10 (1905), p. 154. — N.-Amerika

rubriventris J. Lec. Proc. Acad. Philad. 1861, p. 351. — Wickham, Canad. Entomol. XXVII, 1895, p. 250. — Californien

rufigaster Kuw. Ann. Soc. Ent. Belg. XXXVII, 1893, p. 491. — Zulu

rufipes Brahm in Hoppe, Ent. Taschenb. 1797, p. 136. — Kl. Clerii 1842, p. 292. — Bach, Käferfauna Nord- und Mitteldeutschl. II, 1854, p. 91. — Muls. Angust. 1863, p. 55. — Kiesw. Nat. Ins. Deutschl. IV, 1863, p. 685. — Weise, Deutsche Ent. Zeitschr. 1884, p. 426. — Seidlitz, Fauna Balt. ed. II, 1891, p. 493; Fauna Transsylv. 1891, p. 526. — Reitt. Verh. Nat. Ver. Brünn XXXII, 1893 (1894), p. 48; Best.-Tab. 1894, p. 15. — Europa

Biologie: Xambeu, Ann. Soc. Linn. Lyon XXIX, 1883, p. 125; l. c. 1893, p. 26; Naturaliste XXX, 1908, p. 140.

var. *austriacus* Reitt. Verh. Nat. Ver. Brünn XXXII, 1893 (1894), p. 48; Best.-Tab. 1894, p. 15. — Oesterreich

var. *femoralis* Zett. Faun. Lapp. I, 1828, p. 122. — Seidlitz, Fauna Transsylv. 1891, p. 526. — Reitt. l. c. p. 48; p. 15. — Skandinavien, Karpathen, Schweiz, Deutschland

pectoralis Fuß, Verh. Siebenbürg. Ver. XIV, 1863, p. 67, fig. — Seidlitz, l. c. p. 526. — Reitt. l. c. p. 48; p. 15.

substriatus Heyd. (non Gebl.), Berl. Ent. Zeitschr. VIII, 1864, p. 321. — Seidl. l. c. p. 526. — Reitt. l. c. p. 48; p. 15.

var. *nigricollis* Seidl. l. c. p. 526. — Reitt. l. c. p. 48; p. 15. — Spanien

subscutellaris Westw. Proc. Zool. Lond. Soc. 1852, p. 44, t. 25, f. 6. — Ostindien

substriatus Gebl. Nouv. Mém. Moscou II, 1841, p. 47. — Sturm, Deutschl. Fauna, Käf. XI, 1837, p. 34. — Kl. Clerii 1842, p. 292. — Weise, Deutsche Ent. Zeitschr. 1884, p. 426. — Seidlitz, Fauna Balt. ed. II, 1891, p. 492; Fauna Transsylv. 1891, p. 526. — Reitt. Verh. Nat. Ver. Brünn XXXII, 1893 (1894), p. 47; Best.-Tab. 1894, p. 14. — Sibirien

? **subviolaceus** Gorh. Biol. Centr.-Amer. Col. III, 2, 1882, p. 148. — Costa Rica

trifasciatus Say, Journ. Acad. Philad. V, 1825, p. 175. — Kl. Clerii 1842, p. 293. — J. Lec. Ann. Lyc. Nat. Hist. N. York V, 1852, p. 24. — Wickham, Canad. Entomol. XXVII, 1895, p. 250. — Schklg. Deutsche Ent. Zeitschr. 1906, p. 264. — Nord-Amerika

nigripes var. White, Cat. Clerid. 1849, p. 23.

undatulus Say, Boston Journ. I, 1835, p. 163. — Kl. Clerii 1842, p. 385. — J. Lec. Ann. Lyc. Nat. Hist. N. York V, 1852, p. 25. — Wickham, Canad. Entomol. XXVII, 1895, p. 250. — „

abdominalis Kirby, Faun. Bor. Amer. IV, 1837, p. 244, t. 2, f. 5.

var. *melanocephalus* Chevr. Rev. Mag. Zool. 1874, p. 290. — Horn, Trans. Amer. Ent. Soc. V, 1875, p. 149. — Neu-Schottland

var. *nubilus* Kl. Clerii 1842, p. 386. — J. Lec. l. c. p. 25. — Wickham, l. c. p. 250. — Wolcott, Bull. Wisconsin Nat. Hist. Soc. VII, 1909, p. 96. — Nord-Amerika
virescens Chevr. Rev. Mag. Zool. 1842, p. 276. — Cap
Weisei Hintz, Deutsche Ent. Zeitschr. 1902, p. 182. — Usambara
var. *opacus* Hintz, l. c. p. 183. — „
39

Zenodosus Wolcott.

Wolcott, Ent. News XXI, 1910, p. 321; Bull. Ind. Dep. Geol. Nat. I, 1910, p. 855.

sanguineus Say, Boston Journ. I, 1835, p. 162. — Kl. Clerii 1842, p. 310. — Spin. Clérites I, 1844, p. 208, t. 17, f. 2. — J. Lec. Ann. Lyc. Nat. Hist. N. York V, 1852, p. 19. — Chenu, Encycl. d'Hist. Nat. Col. II, 1860, f. 171. — Wickham, Canad. Entomol. XXVII, 1895, p. 251. — Gahan, Ann. Mag. Nat. Hist. (8) V, 1910, p. 63. — Wolcott, Ent. News XXI, 1910, p. 321; Bull. Ind. Dep. Geol. Nat. I, 1910, p. 855, f. 336. — Nord-Amerika
1

Adelphoclerus Wolcott.

Wolcott, Publ. Field Mus. Chicago VII, 1910, p. 356.

nitidus Wolcott, l. c. p. 357. — Mexico
1

Clerus F.

F. Syst. Ent. 1775, p. 157 und Append. p. 823; Gen. Ins. Mant. 1776, p. 229; Spec. Ins. I, 1781, p. 201; Mant. Ins. I, 1787, p. 125. — Hbst. Käfer VII, 1797, p. 205. — Spin. Rev. Zool. 1841, p. 74. — Kl. Clerii 1842, p. 285. — Spin. Clérites I, 1844, p. 234. — J. Lec. Ann. Lyc. Nat. Hist. N. York V, 1852, p. 19. — Lacord. Gen. Col. IV, 1857, p. 446. — Chenu, Encycl. d'Hist. Nat. Col. II, 1860, p. 251. — J. Lec. and Horn, Classif. Col. N. America ed. II, 1883, p. 218. — Gorh. Cist. Ent. II, 1875—82 (1876), p. 76. — Wickham, Canad. Entomol. XXVII, 1895, p. 249. — Schklg. Gen. Ins. Cler. 1903, p. 48; Allgem. Zeitschr. Ent. VIII, 1903, p. 202. — Wolcott, Publ. Field Mus. Chicago VII, 1910, p. 357.

Enoclerus Gahan, Ann. Mag. Nat. Hist. (8) V, 1910, p. 62 und 65. — Wolcott, Bull. Ind. Dep. Geol. Nat. I, 1910, p. 852.
Poecilochroa Chevr. Mém. Clér. 1876, p. 5. — Gorh. Biol. Centr.-Amer. Col. III, 2, 1882, p. 145. — Schklg. Gen. Ins. (Wytsman) Cler. 1903, p. 41. — Wolcott, Publ. Field Mus. Chicago VII, 1910, p. 358.

abdominalis Chevr. Col. Mex. cent. I, fasc. 3, 1834, nr. 52. — Mexico
zonatus Kl. Clerii 1842, p. 297.
abruptus J. Lec. Proc. Acad. Philad. 1858, p. 72. — Horn, Trans. Amer. Ent. Soc. XII, 1855, p. 154. — Fall and Cockerell, Trans. Amer. Ent. Soc. XXXIII, 1907, p. 184. — Wolcott, Bull. Wisconsin Nat. Hist. Soc. VII, 1909, p. 98. — California, Texas, Kansas

var. *corallinus* Fall and Cockerell, l. c. p. 240. — Schaeff. Journ. N. York Ent. Soc. XVI, 1908, p. 131.	Neu-Mexico
var. *flavosignatus* Spin. Clérites I, 1844, p. 239, t. 21, f. 3. — Schaeff. l. c. p. 131.	Brasilien
var. *laetus* Kl. Clerii 1842, p. 301. — Gorh. Biol. Centr.-Amer. III, 2, 1882, p. 158. — Schaeff. l. c. p. 131.	Mexico
var. *recurvatus* Gorh. l. c. p. 158, t. 8, f. 17. — Schklg. Deutsche Ent. Zeitschr. 1907, p. 305. — Schaeff. l. c. p. 131.	Guatemala
aesopius Gorh. l. c. p. 160, t. 8, f. 8.	Nicaragua
aestivus Schklg. Deutsche Ent. Zeitschr. 1906, p. 274.	Brasilien
albofasciatus Chevr. Rev. Mag. Zool. 1843, p. 24. — Gorh. Biol. Centr.-Amer. III, 2, 1882, p. 162.	Mexico
analis J. Lec. Ann. Lyc. Nat. Hist. N. York V, 1852, p. 20. — Wolcott, Bull. Ind. Dep. Geol. Nat. I, 1910, p. 853.	Arkansas, Ohio, Illinois
anceps Gorh. Biol. Centr.-Amer. III, 2, 1882, p. 157.	Guatemala
annulatus Eschz. Entomogr. 1, 1822, p. 50. — Kl. Clerii 1842, p. 300.	Brasilien
Arrowi Schklg. Deutsche Ent. Zeitschr. 1907, p. 311.	
artifex Spin. Clérites I, 1844, p. 243, t. 22, f. 3. — Schklg. Deutsche Ent. Zeitschr. 1902, p. 46; l. c. 1907, p. 311.	Cayenne, Amazon
atriceps Gorh. Cist. Ent. II, 1875—82 (1876), p. 82; Biol. Centr.-Amer. III, 2, 1882, p. 161 und Suppl. 1886, p. 340, t. 8, f. 21.	Guatemala
auronotatus Chevr. Mém. Clér. 1876, p. 15.	Columbia
axillaris Er. Archiv Naturgesch. XIII, 1847, p. 85.	Peru
Badeni Gorh. Cist. Ent. II, 1875—82 (1876), p. 80; Biol. Centr.-Amer. III, 2, 1882, p. 148. — Wolcott, Publ. Field Mus. Chicago VII, 1910, p. 359.	Mexico, Californien, Texas
beatus Gorh. l. c. p. 154, t. 8, f. 23.	Mexico, Guatemala
bellus Schklg. Deutsche Ent. Zeitschr. 1898, p. 365.	Bolivien
var. *obscuricollis* Schklg. l. c. 1907, p. 312.	Ecuador
bicarinatus Gorh. Biol. Centr.-Amer. III, 2, 1882, p. 152.	Panama, Nicar.
bilobus Spin. Clérites I, 1844, p. 240, t. 21, f. 4. — Chenu, Encycl. d'Hist. Nat. Col. II, 1860, t. 17, f. 1. — Schklg. Deutsche Ent. Zeitschr. 1906, p. 277.	Brasilien, Bolivien
bimaculatus Skinner, Ent. News XVI, 1905, p. 291. — Schaeffer, Canad. Ent. XXXVIII, 1906, p. 21. — Wolcott, Publ. Field Mus. Chicago VII, 1910, p. 359.	Arizona
bioculatus Schaeff. Bull. Brooklyn Mus. I, 1901—10 (1905), p. 154; Journ. N. York Ent. Soc. XVI, 1908, p. 127. — Wolcott, l. c. p. 359.	
binodulus Gorh. Cist. Ent. II, 1875—82 (1876), p. 77. — Schklg. Bull. Mus. Paris VIII, 1902, p. 324; Deutsche Ent. Zeitschr. 1906, p. 271.	Amazon, Peru, Central-Amerika
mutabilis Chevr. Rev. Mag. Zool. 1874, p. 291. — Gorh. Biol. Centr.-Amer. III, 2, 1882, p. 150.	
nodulifer Gorh. l. c. p. 150.	
bombycinus Chevr. Col. Mex. cent. I, fasc. 1, 1833, nr. 42. — Kl. Clerii 1842, p. 295. — Wolcott, Publ. Field Mus. Chicago VII, 1910, p. 360.	Mexico, Nicaragua

aeneicollis Spin. Clérites I, 1844, p. 254, t. 24, f. 1.
var. *sericans* Westw. in White, Cat. Clerid. 1849, p. 58. — Schklg. Deutsche Ent. Zeitschr. 1906, p. 272. — Mexico
Boucardi Chevr. Mém. Clér. 1876, p. 13. — Gorh. Biol. Centr.-Amer. III, 2, 1882, p. 149. — Mexico, Guatemala
vulpinus Gorh. Cist. Ent. II, 1875—82 (1876), p. 81; Biol. Centr.-Amer. III, 2, 1882, p. 149. — Schklg. Deutsche Ent. Zeitschr. 1906, p. 270.
cautus Gorh. Biol. Centr.-Amer. III, 2, 1882, p. 152. — Guatemala
cinereopilosus Blanch. Voy. d'Orb. 1843, p. 91. — Rio Janeiro
cinereus Gorh. Biol. Centr.-Amer. III, 2, 1882, p. 152, t. 8, f. 5. — Panama, Guatemala
coccineus Schklg. Deutsche Ent. Zeitschr. 1906, p. 272, t. 2, f. 7. — Nord-Mexico
cognatus Chevr. Rev. Mag. Zool. 1874, p. 296. — Para
columbiae Spin. Clérites II, 1844, p. 135, t. 46, f. 6. — Chevr. Mém. Clér. 1876, p. 46. — Columbia
commodus Kl. Clerii 1842, p. 303. — Schklg. Deutsche Ent. Zeitschr. 1906, p. 276. — Brasilien, Paraguay
var. *bolivianus* Schklg. l. c. p. 276. — Bolivien
comptus Kl. Clerii 1842, p. 304. — Brasilien
concinnus Gorh. Trans. Ent. Soc. Lond. 1878, p. 165; Biol. Centr.-Amer. III, 2, 1882, p. 153, t. 8, f. 12. — Schklg. Deutsche Ent. Zeitschr. 1906, p. 271; l. c. 1907, p. 305. — Guatemala, Mexico
contractus Gorh. Biol. Centr.-Amer. III, 2, 1882, p. 154, t. 8, f. 13. — „
laterinotatus Kraatz, Deutsche Ent. Zeitschr. 1899, p. 88. — (nicht Kamerun)
cordifer J. Lec. Ann. Lyc. Nat. Hist. N. York V, 1852, p. 21. — Nordamerika
crabronarius Spin. Clérites I, 1844, p. 247, t. 23, f. 1. — J. Lec. Ann. Lyc. Nat. Hist. N. York V, 1852, p. 21. — „
cuneatus Gorh. Biol. Centr.-Amer. III, 2, 1882, p. 160, t. 8, f. 16. — Mexico
cyaneus Chevr. Mém. Clér. 1876, p. 15. — Columbia
cylindricus Gorh. Trans. Ent. Soc. Lond. 1878, p. 164; Biol. Centr.-Amer. III, 2, 1882, p. 157, t. 8, f. 6. — Guatemala, Mexico
decussatus Kl. Clerii 1842, p. 296. — Horn, Trans. Amer. Ent. Soc. XII, 1885, p. 154. — Wolcott, Publ. Field Mus. Chicago VII, 1910, p. 361. — „ Nordamerika
var. *ornatus* Spin. Clérites I, 1844, p. 257, t. 25, f. 1—2. — Gorh. Biol. Centr.-Amer. III, 2, 1888, p. 155. — Mexico
Hopfneri Spin. l. c. p. 256.
deliciolus Gorh. Cist. Ent. II, 1875—82 (1876) p. 82. — Schklg. Deutsche Ent. Zeitschr. 1906, p. 277. — Amazon, Peru
denticollis Spin. in Gay, Hist. Chile IV, 1849, p. 407, t. 9, f. 9. — Chile
dimidiatus Schklg. Deutsche Ent. Zeitschr. 1907, p. 304. — Mexico
distinctus Spin. Clérites I, 1844, p. 244, t. 22, f. 6. — Brasilien
elegantulus Schklg. Bull. Mus. Paris VIII, 1902, p. 325. — Venezuela
erythropterus Kl. Clerii 1842, p. 306. — Brasilien
erythropus Kl. l. c. p. 304. — „
eximius Mannerh. Bull. Moscou XVI, 1843, p. 248. — Schklg. Bull. Mus. Paris VIII, 1902, p. 324. — Californien

Biologie: Bull. Calif. Acad. II, nr. 5, 1886, f. 71.
holosericeus White, Cat. Clerid. 1849, p. 58. — Schklg. Deutsche Ent. Zeitschr. 1906, p. 272.

faber Chevr. Reg. Mag. Zool. 1874, p. 294; Mém. Clér. 1876, p. 5. — Schklg. Deutsche Ent. Zeitschr. 1902, p. 46. — Para, Amazon
fasciatus Schklg. l. c. 1900, p. 394. — Amazon
fascicollis Schklg. l. c. p. 393. — Brasilien
faustus Schklg. l. c. p. 395. — Peru
felix Gorh. Cist. Ent. II, 1875—82 (1876), p. 80. — Parana
femoralis Gorh. l. c. p. 77. — „
festivus Gorh. l. c. p. 78. — Schklg. Deutsche Ent. Zeitschr. 1900, p. 392. — Amazon
fraternus Schklg. l. c. 1907, p. 311. — „
Gahani Schklg. l. c. p. 311. — „
gaudens Gorh. Cist. Ent. II, 1875—82 (1876), p. 79. — Parana
guatemalensis Gorh. Biol. Centr.-Amer. III, 2, 1882, p. 158. — Guatemala
hieroglyphicus Gorh. Cist. Ent. II, 1875—82 (1876), p. 79. — Amazon
Hoegei Gorh. Biol. Centr.-Amer. III, 2, 1882, p. 159. — Mexico
humeralis Schaeff. Bull. Mus. Brooklyn I, 1901—10 (1905), p. 155. — Californien
hybridus Chevr. Mém. Clér. 1876, p. 13. — Brasilien
ichneumoneus F. Gen. Ins. Mant. 1777, p. 230. — Kl. Clerii 1842, p. 294. — Spin. Clérites I, 1844, t. 21, f. 6. — J. Lec. Ann. Lyc. Nat. Hist. N. York V, 1852, p. 20. — Wickham, Canad. Entomol. XXVII, 1895, p. 250, f. 18. — Wolcott, Bull. Ind. Dep. Geol. Nat. I, 1910, p. 853, f. 334. — Nordamerika

Biologie: Schwarz, Proc. Soc. Ent. Wash. I, 1890, p. 165.
rufus Ol. Encycl. méth. VI, 1791, p. 13; Ent. IV, 1795, nr. 76, p. 14, t. 1, f. 6.. — Spin. Clérites I, 1844, p. 252, t. 24, f. 3.
var. *Knabi* Wolcott, Ent. News XXI, 1910, p. 321. — Florida

immarginatus Chevr. Rev. Mag. Zool. 1874, p. 297. — Columbia
indagator Chevr. Rev. Mag. Zool. 1874, p. 292. — Venezuela
insidiosus Gorh. Biol. Centr.-Amer. III, 2, 1882, p. 160. — Panama
interruptus Kl. Clerii 1842, p. 305. — Brasilien
Jouteli Leng, Journ. N. York Ent. Soc. XVII, 1909, p. 103. — Nord-Georgia
Lacordairei Spin. Clérites II, 1844, p. 140, t. 36, f. 6. — Brasilien
Laportei Spin. l. c. I, 1844, p. 258, t. 26, f. 4. — Mexico
var. *imperialis* Spin. l. c. p. 259. — „
latefasciatus Wolcott, Publ. Field Mus. Chicago VII, 1910, p. 360. — „
latesellatus Schklg. Mitteil. Mus. Hamburg XVII, 1900, p. 18. — „
laticinctus White, Cat. Clerid. 1849, p. 59. — Brasilien
lepidus Kl. Clerii 1842, p. 302. — „
leucomelas Chevr. Rev. Mag. Zool. 1874, p. 281. — Gorh. Biol. Centr.-Amer. III, 2, 1882, p. 162. — Mexico
lugubris Er. Archiv Naturgesch. XIII, 1847, p. 85. — Schklg. Deutsche Ent. Zeitschr. 1906, p. 271. — Peru
lunatus Kl. Clerii 1842, p. 294. — Spin. Clérites I, 1844, p. 255, t. 24, f. 2. — J. Lec. Ann. Lyc. Nat. Hist. — Nordamerika

N. York V, 1852, p. 20. — Wolcott, Publ. Field Mus. Chicago VII, 1910, p. 359.
bicolor Melsh. Proc. Acad. Philad. II, 1846, p. 307.
luscus Kl. Clerii 1842, p. 299. — Schklg. Deutsche Ent. Zeitschr. 1906, p. 275. — Mexico
maculicollis Spin. Clérites I, 1844, p. 273, t. 23, f. 6. — Brasilien
melanocephalus Gorh. Cist. Ent. II, 1875—82 (1876), p. 83. — Para
meridanus Chevr. Rev. Mag. Zool. 1874, p. 293. — Mexico
meridionalis Chevr. Mém. Clér. 1876, p. 13. — Brasilien
metasternalis Schklg. Deutsche Ent. Zeitschr. 1907, p. 312. — Amazon
mexicanus Cast. in Silb. Revue IV, 1836, p. 44. — Kl. Clerii 1842, p. 299. — Spin. Clérites I, 1844, p. 248, t. 27, f. 2. — J. Lec. Ann. Lyc. Nat. Hist. N. York V, 1852, p. 21. — Horn, Trans. Amer. Ent. Soc. XII, 1885, p. 154. — Central-Amerika, Neu-Mexico
assimilis Spin. Clérites I, 1844, p. 249.
var. *assimilis* Chevr. Rev. Mag. Zool. 1843, p. 17; l. c. 1874, p. 292. — Gorh. Biol. Centr.-Amer. III, 2, 1882, p. 149. — Schklg. Deutsche Ent. Zeitschr. 1906, p. 270. — Central-Amerika
var. *semiochraceus* Chevr. l. c. 1874, p. 292. — Mexico
var. *Silbermanni* Chevr. l. c. 1843, p. 21. — Central-Amerika, Texas
militaris Schklg. Deutsche Ent. Zeitschr. 1906, p. 272. — Brasilien
miniatus Spin. Clérites II, 1844, p. 139, t. 47, f. 2. — Schklg. Deutsche Ent. Zeitschr. 1906, p. 276. — „ Paraguay, Cayenne
simulans Chevr. Rev. Mag. Zool. 1874, p. 294.
minutus Blanch. Voy. d'Orb. 1843, p. 90, t. 6, f. 4. — Parana
moestus Kl. Clerii 1842, p. 298. — Mexico, Neu-Mexico
truncatus J. Lec. Ann. Lyc. Nat. Hist. N. York V, 1852, p. 23.
mollifascia Chevr. Rev. Mag. Zool. 1874, p. 297. — Central-Amerika, Columbia, Brasilien
mollifasciatus Gorh. Biol. Centr.-Amer. III, 2, 1882, p. 163.
nebulosus Spin. Clérites II, 1844, t. 21, f. 2. — Gorh. Biol. Centr.-Amer. III, 2, 1882, p. 163.
morosus Chevr. Rev. Mag. Zool. 1874, p. 296. — „
Muttkowskii Wolcott, Bull. Wisconsin Nat. Hist. Soc. VII, 1909, p. 98. — Wisconsin
mysticus Kl. Clerii 1842, p. 300. — Chenu, Encycl. d'Hist. Nat. Col. II, 1860, f. 173. — Brasilien
antiquus Spin. Clérites I, 1844, p. 246, t. 22, f. 5.
nigrifrons Say, Journ. Acad. Philad. III, 1823, p. 190. — Kl. Clerii 1842, p. 385. — J. Lec. Ann. Lyc. Nat. Hist. N. York V, 1852, p. 23. — Horn, Trans. Amer. Ent. Soc. XII, 1885, p. 154. — Schaeff. Bull. Mus. Brooklyn I, 1901—10 (1905), p. 155. — Schklg. Deutsche Ent. Zeitschr. 1906, p. 273. — Wolcott, Bull. Wisconsin Nat. Hist. Soc. VII, 1909, p. 97; Bull. Ind. Dep. Geol. Nat. I, 1910, p. 853. — Nordamerika
nigriventris Blanch. Voy d'Orb. 1843, p. 90, t. 6, f. 3. — Argentinien
nigrocinctus Kl. Clerii 1842, p. 294. — Schklg. Deutsche Ent. Zeitschr. 1906, p. 272. — Mexico
bicinctus Spin. Clérites I, 1844, p. 260, t. 24, f. 4. — Gorh. Biol. Centr.-Amer. III, 2, 1882, p. 161.

var. *bicinctus* Kl. Clerii 1842, p. 297. — Gorh. l. c. p. 161.	Mexico
errans Gorh. Cist. Ent. II, 1875—82 (1876), p. 80; Biol. Centr.-Amer. III, 2, 1882, p. 161.	
nigromaculatus Chevr. Rev. Mag. Zool. 1843, p. 20.	„
nitidus Chevr. l. c. p. 24. — Gorh. Biol. Centr.-Amer. III, 2, 1882, p. 162.	„
laevigatus Spin. Clérites I, 1844, p. 238, t. 21, f. 1.	Bolivien
var. *brunnipes* Spin. l. c. p. 239.	Mexico
var. *inconstans* Gorh. Biol. Centr.-Amer. III, 2, 1882, p. 163, t. 8, f. 9—11.	Guatemala, Caracas
var. *nigricans* Spin. Clérites I, 1844, p. 239.	Columbia
notatus Kl. Clerii 1842, p. 305.	Brasilien
obliquevittis Chevr. Rev. Mag. Zool. 1874, p. 291.	„
ocreatus Horn, Trans. Amer. Ent. Soc. XII, 1885, p. 154.	Kansas
opifex Gorh. Biol. Centr.-Amer. III, 2, 1882, p. 156, t. 8, f. 3.	Central-Amerika
Palmi Schaeff. Journ. N. York Ent. Soc. XI, 1904, p. 218.	Arizona
paraensis Chevr. Rev. Mag. Zool. 1874, p. 293.	Para
phaleratus Kl. Clerii 1842, p. 300.	Brasilien
pictus Gorh. Biol. Centr.-Amer. III, 2, 1882, p. 155, t. 8, f. 7.	Guatemala
Pilatei Chevr. Rev. Mag. Zool. 1874, p. 295.	Mexico
pinus Schaeff. Bull. Mus. Brooklyn I, 1901—10 (1905), p. 155.	Arizona
plagiatus Gorh. Biol. Centr.-Amer. III, 2, Suppl. 1886, p. 339, t. 12, f. 21.	Panama
planonotatus Cast. in Silberm. Revue IV, 1836, p. 45. — Kl. Clerii 1842, p. 385.	Brasilien
puellus Gorh. Biol. Centr.-Amer. III, 2, Suppl. 1886, p. 339.	Guatemala
pulchellus Kl. Clerii 1842, p. 303. — Spin. Clérites I, 1844, p. 242, t. 22, f. 2. — Chevr. Rev. Mag. Zool. 1874, p. 263.	Brasilien
obliquefasciatus Chevr. Ann. Soc. Ent. Fr. (2) I, 1843, p. 32.	
pulcher Schklg. Deutsche Ent. Zeitschr. 1907, p. 310.	Amazon
pusillus Kl. Clerii 1842, p. 306. — Schklg. l. c. p. 311.	Columbia, Brasilien
arcuatus Spin. Clérites I, 1844, p. 245, t. 22, f. 1. — Schklg. l. c. 1900, p. 396.	
pusio Schklg. l. c. 1906, p. 276.	Peru
quadriguttatus Ol. Ent. IV, 1795, nr. 76, p. 18, t. 2, f. 23. — Kl. Clerii 1842, p. 386. — Wickham, Canad. Entomol. XXVII, 1895, p. 250. — Schaeff. Bull. Mus. Brooklyn I, 1901—10 (1905), p. 155. — Wolcott, Bull. Ind. Dep. Geol. Nat. I, 1910, p. 853.	Nord-Amerika, Mexico
incertus J. Lec. List Col. N. Amer. 1865, p. 55.	
nigripes Say, Journ. Acad. Philad. III, 1823, p. 191. — Kl. Clerii 1842, p. 293. — Spin. Clérites I, 1844, p. 263, t. 25, f. 3. — J. Lec. Ann. Lyc. Nat. Hist. N. York V, 1852, p. 24. — Horn, Trans. Amer. Ent. Soc. XII, 1885, p. 154. — Schaeff. Bull. Mus. Brooklyn I, 1901—10 (1905), p. 155. — Wolcott, Bull. Wisconsin Nat. Hist. Soc. VII, 1909, p. 97.	
Biologie: Bowditch, Psyche VII, 1896, p. 387.	
var. *dubius* Spin. Clérites I, 1844, p. 264, t. 25, f. 4. — J. Lec. Ann. Lyc. Nat. Hist. N. York V, 1852, p. 24.	Nord-Amerika

var. *rufiventris* Spin. l. c. p. 264, t. 23, f. 3. — J. Lec. l. c. p. 24. — Wolcott, Bull. Wisconsin Nat. Hist. Soc. VII, 1909, p. 97.	Nord-Amerika
quadrinodosus Chevr. Rev. Mag. Zool. 1874, p. 293. — Gorh. Biol. Centr.-Amer. III, 2, 1882, p. 151, t. 8, f. 4 und 19.	Central-Amerika
quadrinotatus Chevr. Rev. Mag. Zool. 1843, p. 22.	Mexico
quadrisignatus Say, Bost. Journ. I, 1835, p. 162. — Kl. Clerii 1842, p. 293. — J. Lec. Ann. Lyc. Nat. Hist. N. York V, 1852, p. 19. — Wolcott, Publ. Field Mus. Chicago VII, 1910, p. 362.	Nordamerika
rufescens J. Lec. Ann. Lyc. Nat. Hist. N. York V, 1852, p. 212.	
var. *affiliatus* J. Lec. Proc. Acad. Philad. 1858, p. 72.	„
var. *latecinctus* J. Lec. l. c. p. 72. — Wolcott, l. c. p. 362.	„
quercus Schaeff. Bull. Mus. Brooklyn I, 1901—10 (1905), p. 154.	Arizona
rosmarus Say, Journ. Acad. Philad. III, 1823, p. 190. — Kl. Clerii 1842, p. 293. — J. Lec. Ann. Lyc. Nat. Hist. N. York V, 1852, p. 20. — Wolcott, Bull. Ind. Dep. Geol. Nat. I, 1910, p. 854.	Nordamerika
Biologie: Chittenden, Ent. Amer. VI, 1890, p. 154.	
angustus J. Lec. l. c. p. 21.	
oculatus Spin. Clérites I, 1844, p. 267, t. 26, f. 1. — J. Lec. l. c. p. 21.	
ruficollis Cast. in Silberm. Revue IV, 1836, p. 45. — Kl. Clerii 1842, p. 301. — Spin. l. c. p. 260, t. 26, f. 2.	Cayenne
var. *apicatus* Schklg. Deutsche Ent. Zeitschr. 1906, p. 275.	Amazon
var. *nigricollis* Schklg. Bull. Mus. Paris VIII, 1902, p. 324; Deutsche Ent. Zeitschr. 1906, p. 275.	Amazon
rufimanus Schklg. Deutsche Ent. Zeitschr. 1900, p. 395.	Peru
rutilus Gorh. Biol. Centr.-Amer. III, 2, 1882, p. 155.	Mexico
Sahlbergi Chevr. Mém. Clér. 1876, p. 13.	Brasilien
Salvini Gorh. Cist. Ent. II, 1875—82 (1876), p. 78; Biol. Centr.-Amer. III, 2, 1882, p. 156. — Wolcott, Publ. Field Mus. Chicago VII, 1910, p. 361.	Central-Amerika
sanguinipes Chevr. Rev. Mag. Zool. 1874, p. 295.	Mexico
scenicus Kl. Clerii 1842, p. 295. — Chevr. l. c. p. 262.	Brasilien
var. *tristis* Schklg. Deutsche Ent. Zeitschr. 1906, p. 273.	„
scitulus Schklg. Ann. Mus. Nat. Hung. I, 1903, p. 396.	Mexico
scutellaris Chevr. Rev. Mag. Zool. 1874, p. 296; Mém. Clér. 1876, p. 15.	„
sexguttatus F. Syst. Ent. App. 1775, p. 823. — Hbst. Käfer VII, 1797, p. 213. — Kl. Clerii 1842, p. 385.	Südamerika
sigma Gorh. Cist. Ent. II, 1875—82 (1876), p. 77.	Brasilien
signatus Kl. Clerii 1842, p. 301.	Mexico
bisignatus Spin. Clérites I, 1844, p. 272, t. 23, f. 5.	
sobrinus Cast. in Silberm. Revue IV, 1836, p. 45. — Kl. Clerii 1842, p. 385. — Spin. Clérites I, 1844, p. 241, t. 22, f. 4.	Brasilien
sphegeus F. Mant. Ins. I, 1787, p. 125. — Kl. Clerii 1842, p. 298. — Spin. l. c. p. 270, t. 27, f. 4. — J. Lec. Ann. Lyc. Nat. Hist. N. York V, 1852, p. 22. — Wickham, Canad. Entomol. XXVII,	Nordamerika, Mexico

1895, p. 250. — Gorh. Biol. Centr.-Amer. III, 2, 1882, p. 150.
sobrius Walk. Natural. Vancouv. 1866, II, p. 326. — J. Lec. Ann. Mag. Nat. Hist. (4) VI, 1870, p. 401.
var. *arachnodes* Kl. Clerii 1842, p. 299. — Spin. l. c. p. 137, t. 3, f. 2. — J. Lec. Ann. Lyc. Nat. Hist. N. York V, 1852, p. 22. — Gorh. l. c. p. 150. — Nordamerika, Mexico

Spinolai J. Lec. Proc. Acad. Philad. VI, 1853, p. 230. — Wolcott, Bull. Wisconsin Nat. Hist. Soc. VII, 1909, p. 97. — ,,

Steinheili Chevr. Mém. Clér. 1876, p. 14. — Schklg. Deutsche Ent. Zeitschr. 1908, p. 480. — Columbia, Neue Hebriden

subfasciatus Chevr. l. c. p. 14. — Columbia

subjunctus Schklg. Deutsche Ent. Zeitschr. 1900, p. 393. — Amazon
var. *tristiculus* Schklg. l. c. 1907, p. 310. — ,,

suturalis Schklg. l. c. 1906, p. 277. — Goyaz

tarsatus Kl. Clerii 1842, p. 303. — Brasilien

thoracicus Ol. Ent. IV, 1795, nr. 76, p. 18, t. 2, f. 22. — Kl. Clerii 1842, p. 306. — Spin. Clérites I, 1844, p. 274, t. 26, f. 3. — J. Lec. Ann. Lyc. Nat. Hist. N. York V, 1852, p. 23. — Gorh. Cist. Ent. II, 1875—82 (1876), p. 77. — Chevr. Mém. Clér. 1876, p. 5. — Horn, Trans. Amer. Ent. Soc. XII, 1885, p. 154. — Wickham, Canad. Entomol. XXVII, 1895, p. 250. — Schklg. Deutsche Ent. Zeitschr. 1906, p. 14. — Wolcott, Bull. Wisconsin Nat. Hist. Soc. VII, 1909, p. 89; Publ. Field Mus. Chicago VII, 1910, p. 362; Bull. Ind. Dep. Geol. Nat. I, 1910, p. 854. — Nordamerika, Mexico
Biologie: Chittenden, Ent. Amer. VI, 1890, p. 154.
cyanipennis Kl. l. c. p. 307. — Chevr. l. c. p. 5. — Gorh. Biol. Centr.-Amer. Col. III, 2, 1882, p. 145. — Schklg. Deutsche Ent. Zeitschr. 1906, p. 263. — Wolcott, Publ. Field Mus. Chicago VII, 1910, p. 363.
dasytoides Westw. in White, Cat. Clerid. 1849, p. 50. — Chevr. l. c. p. 5. — Gorh. l. c. p. 145.
Haagi Chevr. Mém. Clér. 1876, p. 12. — Schklg. Deutsche Ent. Zeitschr. 1906, p. 274.
monilis Melsh. Proc. Acad. Philad. II, 1846, p. 307.
ornaticollis J. Lec. Trans. Amer. Ent. Soc. VIII, 1880, p. 194. — Henshaw, List Col. N. Amer. 1885, p. 82.

tibialis Kl. Clerii 1842, p. 302. — Brasilien

tomentosus Schklg. Deutsche Ent. Zeitschr. 1906, p. 275. — Bolivien

torquatus Chevr. Rev. Mag. Zool. 1874, p. 294. — Guyana

tricinctus Chevr. l. c. p. 295. — Para, Guyana
socius Chevr. l. c. p. 262.

tricolor Cast. in Silberm. Revue IV, 1836, p. 46. — Kl. Clerii 1842, p. 387. — Spin. Clérites I, 1844, p. 262, t. 24, f. 6. — Mexico

triplagiatus Blanch. Voy. d'Orb. 1843, p. 90, t. 6, f. 2. — Rio Janeiro
trifasciatus Blanch. l. c. t. 6, f. 3.

trogositoides Spin. Clérites I, 1844, p. 269, t. 27, f. 1. — Mexico

tubercularis Gorh. Biol. Centr.-Amer. III, 2, 1882, p. 153, t. 8, f. 20. — Schklg. Deutsche Ent. Zeitschr. 1906, p. 271. — Mexico Guatemala

uncinatus Schklg. Deutsche Ent. Zeitschr. 1907, p. 312. Amazon
variegatus Spin. Clérites I, 1844, p. 250, t. 23, f. 4. — Gorh. Cist. Ent. II, 1875—82 (1876), p. 77. — Schklg. Deutsche Ent. Zeitschr. 1906, p. 274. Brasilien
varius Kl. Clerii 1842, p. 296. Mexico
venator Chevr. Rev. Mag. Zool. 1843, p. 18. — Gorh. Biol. Centr.-Amer. III, 2, 1882, p. 159. „
Lesueuri Spin. Clérites I, 1844, p. 249, t. 23, f. 2.
versicolor Cast. in Silberm. Revue IV, 1836, p. 45. — Kl. Clerii 1842, p. 295. — Blanch. Voy. d'Orb. 1843, p. 89. — Spin. l. c. p. 251, t. 26, f. 6. Brasilien
miniaceus Blanch. l. c. p. 89, t. 6, f. 1.
var. *cruentatus* Spin. l. c. p. 251, t. 26, f. 5. „
var. *granadensis* Schklg. Deutsche Ent. Zeitschr. 1906, p. 273. Neu-Granada
var. *jucundus* Kl. Clerii 1842, p. 296. Brasilien
viduus Kl. Clerii 1842, p. 297. — J. Lec. Ann. Lyc. Nat. Hist. N. York V, 1852, p. 22. — Horn, Trans. Amer. Ent. Soc. XII, 1885, p. 154. — Wolcott, Publ. Field Mus. Chicago VII, 1910, p. 358. Nordamerika, Mexico
cuprescens Gorh. Cist. Ent. II, 1875—82 (1876), p. 81; Biol. Centr.-Amer. III, 2, 1882, p. 150.
erythrogaster Spin. Clérites I, 1844, p. 272, t. 27, f. 3.
rufiventris Chevr. Rev. Mag. Zool. 1843, p. 11. — Gorh. l. c. p. 150.
villicus Gorh. Biol. Centr.-Amer. III, 2, Suppl. 1886, p. 340. Panama
vulneratus Kl. Clerii 1842, p. 302. — Gorh. l. c. 1882, p. 158. — Wolcott, Publ. Field Mus. Chicago VII, 1910, p. 362. Mexico
x-album Gorh. l. c. p. 151, t. 8, f. 22. Guatemala
zebra Chevr. Rev. Mag. Zool. 1843, p. 23; l. c. 1874, p. 261 nota. — Gorh. l. c. p. 153. Central-Amerika

158

Pseudoclerops Jacq.

Jacq. du Val, Gen. Col. d'Eur. III, 1861, p. 196. — Kiesw. Naturgesch. Ins. Deutschl. IV, 1863, p. 684. — Muls. Col. Fr. Angusticolles 1863, p. 46. — Kuw. Ann. Soc. Ent. Belg. XXXVIII, 1894, p. 399 und 403. — Schklg. Gen. Ins. Cler. 1903, p. 73; Deutsche Ent. Zeitschr. 1906, p. 289.

Clerus auct.
Stigmamatium Bach, Käferfauna Nord- und Mitteldeutschl. II, 1854, p. 90.

? **bicingulatus** Kuw. Ann. Soc. Ent. Belg. XXXVIII, 1894, p. 404. — Schklg. Deutsche Ent. Zeitschr. 1906, p. 289. Borneo
dealbatus Kraatz, Berl. Ent. Zeitschr. XXIII, 1879, p. 128. — Reitt. Verh. Nat. Ver. Brünn XXXII, 1893 (1894), p. 47; Best.-Tab. 1894, p. 14. Sibirien
mutillaeformis Reitt. Wien. Ent. Zeit. XIV, 1895, p. 83. Syrien
mutillarius F. Syst. Ent. 1775, p. 157. — Sturm, Deutschl. Fauna, Käf. XI, 1837, p. 31. — Kl. Clerii 1842, p. 290. — Spin. Clérites I, 1844, p. 185, t. 17, f. 4. — Bach, Käferfauna Nord- und Mitteldeutschl. II, 1854, p. 90. — Jacq. du Val, Gen. Col. d'Eur. Mitteleuropa, Südeuropa, Nordafrika

III, 1861, t. 48, f. 238. — Kiesw. Naturgesch. Ins. Deutschl. IV, 1863, p. 684. — Muls. Col. Fr. Angusticolles 1863, p. 45. — Fairm. Rev. d'Ent. VII, 1888, p. 124. — Bedel, Ann. Soc. Ent. Fr. (6) VIII, 1888, p. 289. — Seidlitz, Fauna Balt. ed. II, 1891, p. 492; Fauna Transsylv. 1891, p. 525. — Reitt. Verh. Nat. Ver. Brünn XXXII, 1893 (1894), p. 46; Best.-Tab. 1894, p. 13. — Kuw. Ann. Soc. Ent. Belg. XXXVIII, 1894, p. 404. — Houlbert et Bétis, Trav. scient. Univ. Rennes IV, 1905, Suppl. p. 128 und 129, f. 30.

Biologie: Perris, Ann. Soc. Linn. Lyon (2) X, 1863, p. 294. — Muls. Col. Fr. Angusticolles 1863, p. 48. — Rupertsberger, Wien. Ent. Zeit. XII, 1893, p. 216. — Houlbert et Bétis, l. c. p. 129.

fasciatus Geoffr. Ins. I, Suppl. 1799, p. 536.

formicaroides Schrank, Beytr. 1776, p. 56.

mutillaroides Reitt. Verh. Nat. Ver. Brünn XXXII, 1893 (1894), p. 47; Best.-Tab. 1894, p. 14. — Kleinasien, Caucasus

mendax Kuw. Ann. Soc. Ent. Belg. XXXVIII, 1894, p. 404 und 440.

thanasimoides Chevr. Rev. Mag. Zool. 1874, p. 313. — Kuw. l. c. p. 404. — Ostindien

6

Stigmatium Gray.

Gray in Griffith's Anim. Kingd. Ins. I, 1832, p. 375. — Spin. Rev. Zool. 1841, p. 73. — Kl. Clerii 1842, p. 289. — Spin. Clérites I, 1844, p. 178. — Lacord. Gen. Col. IV, 1857, p. 464. — Chenu, Encycl. d'Hist. Nat. Col. II, 1860, p. 243. — Gorh. Cist. Ent. II, 1875—82 (1876), p. 92. — Kuw. Ann. Soc. Ent. Belg. XXXVIII, 1894, p. 398. — Gorh. Proc. Ent. Soc. Lond. 1894, p. 44. — Schklg. Deutsche Ent. Zeitschr. 1903, p. 15; Gen. Ins. Cler. 1903, p. 73.

Subgen. **Astigmus** Kuw.

Kuw. Ann. Soc. Ent. Belg. XXXVIII, 1894, p. 399 und 408. — Schklg. Gen. Ins. Cler. 1903, p. 74.

atrogeniculatus Kuw. Ann. Soc. Ent. Belg. XXXVII, 1893, p. 475; l. c. XXXVIII, 1894, p. 409 und 410. — Congo

Delatouchei Fairm. Ann. Soc. Ent. Belg. XXXI, 1887, p. 126. — China

nebulosus Spin. Clérites II, 1844, p. 133, t. 15, f. 6. — Chenu, Encycl. d'Hist. Nat. Col. II, 1860, f. 210. — Kuw. Ann. Soc. Ent. Belg. XXXVIII, 1894, p. 410. — Java

nigrosignatus Kuw. l. c. p. 409. — D.-Ostafrika

parvus Hintz, Deutsche Ent. Zeitschr. 1902, p. 188. — Usambara

pictipennis Kuw. Ann. Soc. Ent. Belg. XXXVIII, 1894, p. 409. — Ceylon

sericeus Hintz, Deutsche Ent. Zeitschr. 1897, p. 288. — Usambara

specularis White, Cat. Clerid. 1849, p. 54. — Kuw. l. c. p. 409. — Australien

miser Chevr. Rev. Mag. Zool. 1874, p. 317. — Kuw. l. c. p. 409.

ventralis Kuw. l. c. p. 408. — Kraatz, Deutsche Ent. Zeitschr. 1899, p. 99. — Central-Afrika
var. *gabonis* Kuw. Ann. Soc. Ent. Belg. XXXVII, 1893, p. 473; l. c. XXXVIII, 1894, p. 408. — Kraatz, l. c. p. 99. — Gabun, Kamerun

Subgen. **Microstigmatium** Kraatz.

Kraatz, Deutsche Ent. Zeitschr. 1899, p. 100. — Schklg. Gen. Ins. Cler. 1903, p. 74.

ruficeps Kraatz, l. c. p. 100. — Togo
suturale Kraatz, l. c. p. 102. — Hintz, Deutsche Ent. Zeitschr. 1905, p. 309. — „
unifasciatum Kraatz, l. c. p. 100. — „

Subgen. **Oxystigmatium** Kraatz.

Kraatz, Deutsche Ent. Zeitschr. 1899, p. 90. — Schklg. Gen. Ins. Cler. 1903, p. 74.

cornutum Hintz, Deutsche Ent. Zeitschr. 1905, p. 309. — Kamerun
spinipenne Kraatz, Deutsche Ent. Zeitschr. 1899, p. 91. — Schklg. Deutsche Ent. Zeitschr. 1906, t. 2, f. 9. — „

Subgen. **Stigmatium** Kuw.

Kuw. Ann. Soc. Ent. Belg. XXXVIII, 1894, p. 399 und 404. — Schklg. Gen. Ins. Cler. 1903, p. 74.

Pyrrhostigmatium Kraatz, Deutsche Ent. Zeitschr. 1899, p. 96.
Stigmatidium Schönf. Jahrb. Nass. Ver. Nat. L, 1897, p. 119.
Stygmatium Cast. in Silberm. Rev. IV, 1836, p. 47.

A. Indo-australische Arten.

acerbum Newm. Entomol. 1842, p. 364. — Blackb. Trans. Roy. Soc. South Austral. XXIV, 1900, p. 121. — Australien
cursorium Westw. Proc. Zool. Soc. Lond. 1852, p. 53, t. 25, f. 5. — Blackb. l. c. p. 121.
dispar Kuw. Ann. Soc. Ent. Belg. XXXVIII, 1894, p. 405. — Blackb. l. c. p. 121.
albifrons Chevr. Mém. Clér. 1876, p. 25. — Australien
audax Gorh. Cist. Ent. II, 1875—82 (1876), p. 100. — Timor
bimaculatum Blackb. Trans. Roy. Soc. South Austral. XXI, 1897, p. 91. — Australien
birmanicum Gorh. Ann. Mus. Genova (2) XII, 1892, p. 740. — Birma
centrale Gorh. Cist. Ent. II, 1875—82 (1876), p. 94. — Luzon,. Mindanao
cicindeloides Gray in Griffith, Anim. Kingd. I, 1832, p. 376, t. 48, f. 2. — Cast. in Silberm. Rev. IV, 1836, p. 48. — Kl. Clerii 1842, p. 289. — Spin. Clérites I, 1884, p. 179, t. 13, f. 4. — Gorh. Proc. Zool. Soc. Lond. 1893, p. 568. — Kuw. Ann. Soc. Ent. Belg. XXXVIII, 1894, p. 406. — Malacca, Sikkim, Java, Sumatra
var. Gorh. Ann. Mus. Genova (2) XII, 1892, p. 739.

confusum Newm. Entomol. 1842, p. 364. — Blackb. Trans. Roy. Soc. South Austral. XXIV, 1900, p. 121.	Australien
dilatum Kuw. Ann. Soc. Ent. Belg. XXXVIII, 1894, p. 406 und 439.	Borneo
divisum Gorh. Cist. Ent. II, 1875—82 (1876), p. 99.	Sarawak
encaustum Gorh. l. c. p. 93.	Philippinen
Gilberti White, Cat. Clerid. 1849, p. 53. — Kuw. Ann. Soc. Ent. Belg. XXXVIII, 1894, p. 405.	Australien, Neu-Guinea
novaeguinensis Schklg. Ann. Mus. Genova (2) XX, 1899, p. 139.	
granulosum Westw. Proc. Zool. Soc. Lond. 1855, p. 22, t. 38, f. 4. — Kuw. l. c. p. 408.	Malacca, Siam, Borneo
inconspicuum Gorh. Cist. Ent. II, 1875—82 (1876), p. 99.	Batchian
inscriptum Gorh. l. c. p. 96.	Neu-Guinea
var.? Gorh. l. c. p. 96.	Ceram
jodinum Gorh. l. c. p. 95.	Mysol, Dorey
laevium M'Leay, Trans. Ent. Soc. N. S. Wales II, 1869—73 (1872), p. 270.	Queensland
laterifoveatum Kuw. Ann. Soc. Ent. Belg. XXXVIII, 1894, p. 407 und 440.	Amboina, Philippinen
lineare Gorh. Cist. Ent. II, 1875—82 (1876), p. 99.	Sarawak
longipalpe Chevr. Mém. Clér. 1876, p. 24.	Malayen-Archipel
Mastersi M'Leay, Trans. Ent. Soc. N. S. Wales II, 1869—73 (1872), p. 269.	Queensland
modestum Gorh. Ann. Soc. Ent. Belg. XLVII, 1903, p. 336.	Vorder-Indien
mutillaecolor White, Cat. Clerid. 1849, p. 51. — Chevr. Mém. Clér. 1876, p. 5. — Gorh. Cist. Ent. II, 1875—82 (1876), p. 72; Ann. Mus. Genova (2) XII, 1892, p. 740.	Bengalen, Siam, Tonkin
dimidiatum Chevr. Rev. Mag. Zool. 1874, p. 314. — Gorh. Cist. Ent. II, 1875—82 (1876), p. 72. —Kuw. Ann. Soc. Ent. Belg. XXXVIII, 1894, p. 427.	Cochinchina, Birma, Darjeeling
nigriventre Schklg. Ann. Mus. Genova (2) XX, 1899, p. 337; Stett. Ent. Zeitschr. 1902, p. 367.	Borneo, Sumatra
nitescens Chevr. Mém. Clér. 1876, p. 24.	Siam
obscuripenne Gorh. Cist. Ent. II, 1875—82 (1876), p. 97.	Dorey, Mysol
philippinarum Gorh. l. c. p. 93.	Philippinen, Amboina
? *amboinae* Kuw. Ann. Soc. Ent. Belg. XXXVIII, 1894, p. 406 und 438.	
pilosellum Gorh. Trans. Ent. Soc. Lond. 1878, p. 163. — Kiesw. Berl. Ent. Zeitschr. XXIII, 1879, p. 312. — Lewis, Ann. Mag. Nat. Hist. (6) X, 1892, p.188.	Japan
pusillum Gorh. Cist. Ent. II, 1875—82 (1876), p. 98.	Borneo, Celebes
quadricostatum Chevr. Mém. Clér. 1876, p. 25.	Australien
scapulare Gorh. Cist. Ent. II, 1875—82 (1876), p. 96.	Molukken, Celebes
scitum Schklg. Deutsche Ent. Zeitschr. 1906, p. 289, t. 2, f. 8.	Sumatra
speculifrons Kuw. Ann. Soc. Ent. Belg. XXXVIII, 1894, p. 407 und 442.	Malayen-Archipel
subfuscum Gorh. Cist. Ent. II, 1875—82 (1876), p. 94.	„
sumatrae Kuw. l. c. p. 407 und 439.	Sumatra
tuberculibase Kuw. l. c. p. 407 und 442.	Borneo
varipes Chevr. Mém. Clér. 1876, p. 26.	Australien
ventrale M'Leay, Trans. Ent. Soc. N. S. Wales II, 1869—73 (1872), p. 270.	Queensland

victoriae Kuw. Ann. Soc. Ent. Belg. XXXVIII, 1894, p. 406 und 438. — Victoria
violaceum Gorh. Cist. Ent. II, 1875—82 (1876), p. 95. — Dorey, Mysol
vitreum Gorh. l. c. p. 100. — Sarawak

B. Athiopische Arten.

bifasciatum Chevr. Mém. Clér. 1876, p. 23. — Südafrika
cinctifasciatum Kuw. Ann. Soc. Ent. Belg. XXXVIII, 1894, p. 405. — Congo, Togo, Kamerun
crinitifasciatum Kuw. l. c. XXXVII, 1893, p. 475.
costicolle Chevr. Mém. Clér. 1876, p. 23. — Gabun
festivum Schklg. in Sjöstedt, Ergebn. Schwed. Zool. Exped. Kilimandjaro VII, 7, Cler. 1908, p. 74, t. 2, f. 8. — Usambara
fissicollis Fairm. Ann. Soc. Ent. Fr. (6) VII, 1887, p. 161. — Lesne, Bull. Soc. Ent. Fr. 1909, p. 206. — Tabora
gabonicum Thoms. Arch. Ent. II, 1858, p. 81. — Chevr. Mém. Clér. 1876, p. 45. — Gabun
impressicolle Chevr. Mém. Clér. 1876, p. 23. — Boru
mutabile Boh. Ins. Caffr. I, 1851, p. 506. — Schklg. Deutsche Ent. Zeitschr. 1909, p. 796. — Oranjefluss
neglectum Boh. l. c. p. 505. — Schklg. l. c. p. 796. — Port Natal
obockianum Fairm. Rev. d'Ent. XI, 1892, p. 103. — Obock
parvum Kraatz, Deutsche Ent. Zeitschr. 1899, p. 97. — Kamerun
rhodesianum Schklg. Ann. South Afr. Mus. V, 1907, p. 201. — Rhodesia
Rothschildi Kuw. Ann. Soc. Ent. Belg. XXXVIII, 1894, p. 405. — Loando
rufopiceum Kraatz, Deutsche Ent. Zeitschr. 1899, p. 97. — Kamerun
rufum Kraatz, l. c. p. 96. — Congo, Gabun
setigerum Schklg. Ann. Mus. Genova (2) XIX, 1898—99 (1899), p. 548. — Somali
tuberculatum Hintz, Deutsche Ent. Zeitschr. 1902, p. 187. — Usambara

72

Operculiphorus Kuw.

Kuw. Ann. Soc. Ent. Belg. XXXVIII, 1894, p. 399 und 410. — Schklg. Gen. Ins. Cler. 1903, p. 76.

tubifer Kuw. l. c. p. 410 und 452. — Malacca, Sumatra, Borneo

1

Dasyceroclerus Kuw.

Kuw. Ann. Soc. Ent. Belg. XXXVIII, 1894, p. 399 und 410.

Subgen. Dasyceroclerus Kuw.

Kuw. l. c. — Schklg. Gen. Ins. Cler. 1903, p. 77.

ambulator Westw. Proc. Zool. Soc. Lond. 1855, p. 23, t. 38, f. 5. — Kuw. Ann. Soc. Ent. Belg. XXXVIII, 1894, p. 412. — Schklg. Ann. Mus. Genova (2) XX, 1899, p. 337. — Singapore, Borneo, Sumatra

anulatus Kuw. l. c. p. 414 und 450. Sangir
ceramboides Motsch. Bull. Moscou XXXIV, 1861, p. 125. — Kuw. l. c. p. 413. Ceylon
ceylonicus Kraatz, Deutsche Ent. Zeitschr. 1900, p. 190. „
cursor Westw. Proc. Zool. Soc. Lond. 1855, p. 23, t. 38, f. 7. — Kuw. l. c. p. 417. Singapore
cylindricus Westw. l. c. p. 22, t. 38, f. 6. — Kuw. l. c. p. 413. „
duplicatus Kuw. l. c. p. 412 und 449. Malay.-Arch.
egenus Gorh. Cist. Ent. II, 1875—82 (1876), p. 100. Sarawak
elaphroides Westw. in White, Cat. Clerid. 1849, p. 54; Proc. Zool. Soc. Lond. 1852, p. 45, t. 26, f. 6. — Kuw. Ann. Soc. Ent. Belg. XXXVIII, 1894, p. 416. Ceylon
erinaceus Schklg. Deutsche Ent. Zeitschr. 1908, p. 481. Nilgiri Hills
fasciatoventris Chevr. Rev. Mag. Zool. 1874, p. 316. — Kuw. l. c. p. 415. Australien
femoralis Kuw. l. c. p. 413 und 451. Celebes
fervidus Westw. Proc. Zool. Soc. Lond. 1852, p. 21, t. 38, f. 3. — Gorh. Ann. Mus. Genova (2) XII, 1892, p. 739. — Kuw. l. c. p. 416.
flavescens Chevr. Rev. Mag. Zool. 1874, p. 316. — Kuw. l. c. p. 414. — Fauv. Rev. d'Ent. XXIII, 1904, p. 146. Neu-Caledon.
ignavus Westw. Proc. Zool. Soc. Lond. 1855, p. 20, t. 38, f. 1. — Ann. Soc. Ent. Belg. XXXIX, 1895, p. 296. Perak, Sumatra, Java, Borneo
nebulosus Kl. Clerii 1842, p. 288, t. 2, f. 7. — Gorh. Cist. Ent. II, 1875—82 (1876), p. 101. — Kuw. Ann. Soc. Ent. Belg. XXXVIII, 1894, p. 401 und 411.
var. *acuminatus* Kuw. l. c. p. 411 und 448. Perak, Borneo
ignobile Gorh. Cist. Ent. II, 1875—82 (1876), p. 99. Menado
leucochile Chevr. Rev. Mag. Zool. 1874, p. 315. — Kuw. Ann. Soc. Ent. Belg. XXXVIII, 1894, p. 415. Siam, Ostind.
pallipes Chevr. l. c. p. 317. — Kuw. l. c. p. 411. Borneo
parallelus Kuw. Ann. Soc. Ent. Belg. XXXVIII, 1894, p. 414 und 451. — Schklg. Ann. Mus. Genova (2) XX, 1899, p. 337. „ Mentawei
perspicuus Schklg. Stett. Ent. Zeit. LXIII, 1902, p. 368. Sumatra
ruficrus Kuw. Ann. Soc. Ent. Belg. XXXVIII, 1894, p. 415 und 452. Perak
seminiger Kuw. l. c. p. 412 und 449. Malay.-Arch.
suturalis Schklg. Deutsche Ent. Zeitschr. 1906, p. 291. Sumatra
tergocinctus Gorh. Cist. Ent. II, 1875—82 (1876), p. 98. Mysol, Aru
apicalis Kuw. l. c. p. 413 und 449.
tibialis Kuw. Ann. Soc. Ent. Belg. XXXVIII, 1894, p. 416 und 453. Ceylon
torulentus Westw. Proc. Zool. Soc. Lond. 1855, p. 21, t. 38, f. 2. — Kuw. l. c. p. 416. Singapore
viridis Kuw. l. c. p. 411 und 448. Perak

Subgen. **Thalerocnemis** Lohde.

Lohde, Stett. Ent. Zeit. LXI, 1900, p. 78. — Schklg. Gen. Ins. Cler. 1903, p. 77.

Chlorocnemis Kuw. Ann. Soc. Ent. Belg. XXXVIII, 1894, p. 399 und 417.

attenuata Kuw. l. c. p. 419 und 447. Malay.-Arch.
basiventris Schklg. Bull. Mus. Paris VIII, 1902, p. 328. Neu-Guinea
chloritibialis Kuw. l. c. p. 418 und 446. „
depressa Kuw. l. c. p. 418 und 447. Batchian
maculata Schklg. Ann. Mus. Genova (2) XX, 1899, p. 141. Neu-Guinea
marmorata Kuw. Ann. Soc. Ent. Belg. XXXVIII, 1894, p. 419 und 450. „
pallidiventris Gorh. Cist. Ent. II, 1875—82 (1876), p. 97. Mysol
pectoralis Schklg. Ann. Mus. Genova (2) XX, 1899, p. 141. Neu-Guinea
picea Schklg. Stett. Ent. Zeit. LXIII, 1902, p. 368. Sumatra
pigra Kuw. Ann. Soc. Ent. Belg. XXXVIII, 1894, p. 419 und 448. Neu-Guinea
prasina Kuw. l. c. p. 419 und 450. Malay.-Arch.
smaragditibialis Kuw. l. c. p. 418 und 446. Batchian
tibiichloralis Kuw. l. c. p. 417 und 445. Dorey
viridicollis Schklg. Ann. Mus. Genova (2) XX, 1899, p. 140. Neu-Guinea
viriditibialis Kuw. Ann. Soc. Ent. Belg. XXXVIII, 1894, p. 418 und 445. Dorey

42

Rhytidoclerus Kuw.

Kuw. Ann. Soc. Ent. Belg. XXXVIII, 1894, p. 400 und 419. — Schklg. Gen. Ins. Cler. 1903, p. 78.

basipennis Chevr. Rev. Mag Zool. 1874, p. 315. — Gorh. Proc. Zool. Soc. Lond. 1893, p. 568. — Kuw. Ann. Soc. Ent. Belg. XXXVIII, 1894, p. 419. Perak, Sumatra, Borneo
cochinchinae Kuw. l. c. p. 420 und 443. Cochinchina
rufiventris Westw. in White, Cat. Clerid. 1849, p. 54; Proc. Zool. Soc. Lond. 1852, p. 45, t. 26, f. 5. — Gorh. Proc. Zool. Soc. Lond. 1893, p. 568. — Kuw. l. c. p. 420. Assam
rugosus Kuw. l. c. p. 419 und 443. Australien, Amboina

4

Xestonotus Kuw.

Kuw. Ann. Soc. Ent. Belg. XXXVIII, 1894, p. 400 und 420. — Schklg. Gen. Ins. Cler. 1903, p. 78.

eximius Kuw. l. c. p. 420 und 444. Australien
Gestroi Schklg. Ann. Mus. Genova (2) XX, 1899, p. 142. Neu-Guinea

2

Cyclotomocerus Kuw.

Kuw. Ann. Soc. Ent. Belg. XXXVIII, 1894, p. 400 und 435. — Schklg. Gen. Ins. Cler. 1903, p. 78.

angustus Kuw. l. c. p. 436. Ceylon
australicus Kuw. l. c. p. 435. Australien
Felderi Kuw. l. c. p. 436. Ceylon
gemmatus Kuw. l. c. p. 435. „
impressidorsum Kuw. l. c. p. 436. „
tuberculifer Kuw. l. c. p. 435. Neu-Guinea

6

Phaeocyclotomus Kuw.

Kuw. Ann. Soc. Ent. Belg. XXXVIII, 1894, p. 400 und 420. — Schklg. Gen. Ins. Cler. 1903, p. 79.

Hadrostigmatium Kraatz, Deutsche Ent. Zeitschr. 1899, p. 90.

A. Indo-Australische Arten.

basipes Chevr. Rev. Mag. Zool. 1874, p. 314. — Kuw. Ann. Soc. Ent. Belg. XXXVIII, 1894, p. 432.	Malacca
basisubrufus Kuw. l. c. p. 428 und 454.	Malay.-Arch.
celebensis Schklg. Ann. Mus. Genova (2) XX, 1899, p. 144.	Celebes
centurio Schklg. Deutsche Ent. Zeitschr. 1906, p. 293.	Sumatra
chloropus Kuw. Ann. Soc. Ent. Belg. XXXVIII, 1894, p. 428 und 456.	Neu-Guinea
creber Kuw. l. c. p. 433.	Java
distinctus Kuw. Ann. Soc. Ent. Belg. XXXVIII, 1894, p. 433.	Batchian
filicornis Chevr. Mém. Clér. 1876, p. 25.	Malay.-Arch.
flavioculatus Kuw. Ann. Soc. Ent. Belg. XXXVIII, 1894, p. 456.	,,
frequens Kuw. l. c. p. 430.	Neu-Guinea
fulvus Schklg. Ann. Mus. Genova (2) XX, 1899, p. 144.	,,
guinensis Kuw. Ann. Soc. Ent. Belg. XXXVIII, 1894, p. 429.	,, Aru
Humboldti Kuw. l. c. p. 428 und 444.	Neu-Guinea
imitator Schklg. Ann. Mus. Genova (2) XX, 1899, p. 145.	,,
irritans Kuw. Ann. Soc. Ent. Belg. XXXVIII, 1894, p. 434.	,,
leucocoelus Chevr. Mém. Clér. 1876, p. 24.	Malay.-Arch.
linealba Chevr. Rev. Mag. Zool. 1874, p. 316. — Kuw. Ann. Soc. Ent. Belg. XXXVIII, 1894, p. 425.	Australien
malevolus Kuw. l. c. p. 435.	Neu-Guinea
malitiosus Kuw. l. c. p. 434.	,,
marginalis Schklg. Deutsche Ent. Zeitschr. 1908, p. 482.	Nilgiri Hills
nitidiceps Chevr. Rev. Mag. Zool. 1874, p. 314. — Kuw. Ann. Soc. Ent. Belg. XXXVIII, 1894, p. 433.	Dorey
orbatus Kuw. l. c. p. 428 und 455.	Neu-Guinea, Australien
rugifer Kuw. l. c. p. 429 und 457.	Amboina
scaber Schklg. Notes Leyden Mus. XXIII, 1902, p. 128.	Java
simia Kuw. Ann. Soc. Ent. Belg. XXXVIII, 1894, p. 432.	Batchian
Stevensi Kuw. l. c. p. 426 und 454.	Ceylon, Dorey
stomachodes Kuw. l. c. p. 430.	Celebes, Neu-Guinea
tapetum Gorh. Cist. Ent. II, 1875—82 (1876), p. 95.	Malay.-Arch.
ternatensis Kuw. Ann. Soc. Ent. Belg. XXXVIII, 1894, p. 429.	Ternate
Thoreyi Kuw. l. c. p. 427 und 453.	Australien
versipellis Gorh. Cist. Ent. II, 1875—82 (1876), p. 101.	Queensland
vestitus Kuw. Ann. Soc. Ent. Belg. XXXVIII, 1894, p. 431 und 455.	Neu-Guinea
villosus Kuw. l. c. p. 431 und 456.	Java, Borneo
Wallacei Kuw. l. c. p. 427 und 454.	Borneo

B. Äthiopische Arten.

alboplagiatus Kuw. Ann. Soc. Ent. Belg. XXXVII, 1893, p. 476; l. c. XXXVIII, 1894, p. 424.	Congo, Kuilu

apicicornis Schklg. Deutsche Ent. Zeitschr. 1908, p. 482.	Angola
aurescens Hintz, Deutsche Ent. Zeitschr. 1902, p. 190.	Usambara
basalis Kraatz, Deutsche Ent. Zeitschr. 1899, p. 93.	Kamerun, Gabun
dorsalis Kuw. Ann. Soc. Ent. Belg. XXXVII, 1893, p. 473; l. c. XXXVIII, 1894, p. 423.	Gabun
dorsiger Westw. Proc. Zool. Soc. Lond. 1852, p. 37, t. 26, f. 8. — Murray, Ann. Mag. Nat. Hist. (3) XX, 1867, p. 318. — Duviv. Ann. Soc. Ent. Belg. XXXVI, 1892, p. 299. — Kuw. Ann. Soc. Ent. Belg. XXXVIII, 1894, p. 410 und 422.	Congo, Sierra Leone
fasciatus Kraatz, Deutsche Ent. Zeitschr. 1899, p. 98. — Hintz, Deutsche Ent. Zeitschr. 1905, p. 309.	Kamerun
graniger Quedf. Berl. Ent. Zeitschr. XXIX, 1885, p. 271. — Kuw. Ann. Soc. Ent. Belg. XXXVIII, 1894, p. 423. — Kraatz, Deutsche Ent. Zeitschr. 1899, p. 95.	Togo, Kamerun
griseofasciatus Kuw. Ann. Soc. Ent. Belg. XXXVII, 1893, p. 476; l. c. XXXVIII, 1894, p. 424.	Congo, Kuilu
griseoplagiatus Kuw. l. c. 1893, p. 476; l. c. 1894, p. 424.	Congo
impressus Hintz, Deutsche Ent. Zeitschr. 1902, p. 190.	Usambara
irroratus Kuw. l. c. 1893, p. 477; l. c. 1894, p. 421.	Congo
natalensis Westw. in White, Cat. Clerid. 1849, p. 53. — Kuw. l. c. 1894, p. 425.	Port Natal
nebulifer Westw. Proc. Zool. Soc. Lond. 1852, p. 36, t. 26, f. 4.	,,
nigrofasciatus Kuw. Ann. Soc. Ent. Belg. XXXVII, 1893, p. 477; l. c. XXXVIII, 1894, p. 424. — Kraatz, Deutsche Ent. Zeitschr. 1899, p. 90.	Kamerun, Congo
noticornis Kuw. Ann. Soc. Ent. Belg. XXXVIII, 1894, p. 422. — Schklg. in Sjöstedt, Ergebn. Schwed. Zool. Exped. Kilimandjaro VII, 7, Cler. 1908, p. 75.	Usambara, Derema
oblongus Kuw. Ann. Soc. Ent. Belg. XXXVII, 1893, p. 474; l. c. XXXVIII, 1894, p. 421. — Kraatz, Deutsche Ent. Zeitschr. 1899, p. 99.	Gabun
obscurus Kraatz, l. c. p. 100.	
Papei Hintz, Deutsche Ent. Zeitschr. 1902, p. 190.	Usambara
piceocinctus Kraatz, Deutsche Ent. Zeitschr. 1899, p. 92. — Hintz, Deutsche Ent. Zeitschr. 1905, p. 309.	Kamerun, Togo
pictipennis Kraatz, l. c. p. 98.	Kamerun, Togo
rufipes Kraatz, l. c. p. 95.	Kamerun, Togo
rufovillosus Kuw. Ann. Soc. Ent. Belg. XXXVII, 1893, p. 491; l. c. XXXVIII, 1894, p. 423.	Gabun
sansibaricus Kuw. l. c. 1894, p. 423.	Sansibar
seriegranosus Chevr. Mém. Clér. 1876, p. 22.	Gabun
signatus Hintz, Deutsche Ent. Zeitschr. 1902, p. 189.	Usambara
smaragdinus Kuw. Ann. Soc. Ent. Belg. XXXVIII, 1894, p. 421. — Kraatz, Deutsche Ent. Zeitschr. 1899, p. 99.	Kamerun, Congo
togonis Kuw. l. c. p. 422. — Kraatz, l. c. p. 94. — Hintz, Deutsche Ent. Zeitschr. 1905, p. 309.	Togo, Kamerun
trifasciatus Hintz, Deutsche Ent. Zeitschr. 1902, p. 189.	Dar-es-Salaam
usambaricus Hintz, l. c. p. 188.	Usambara
verrucosus Kuw. Ann. Soc. Ent. Belg. XXXVII, 1893, p. 474; l. c. XXXVIII, 1894, p. 421.	Congo

vulgaris Kuw. Ann. Soc. Ent. Belg. XXXVIII, 1894, p. 425. — Kraatz, Deutsche Ent. Zeitschr. 1899, p. 92. — Kamerun, Togo, Gabun

65

Placocerus Kl.

Kl. Monatsber. Akad. Berlin 1837, p. 122. — Lacord. Gen. Col. IV, 1857, p. 441. — Kuw. Ann. Soc. Ent. Belg. XXXVIII, 1894, p. 400 und 436. — Schklg. Stett. Ent. Zeit. LXIV, 1903, p. 18; Gen. Ins. Cler. 1903, p. 80.

Ptychopterus Kl. Clerii 1842, p. 315.

apicalis Kraatz, Deutsche Ent. Zeitschr. 1899, p. 84. — Hintz, Deutsche Ent. Zeitschr. 1905, p. 310. — Togo, Kamerun

dimidiatus Kl. Clerii 1842, p. 316, t. 1, f. 5. — Lacord. Gen. Col. 1857, Atl. t. 46, f. 1. — Caffraria

fulvus Linell, Proc. U. S. Nat. Mus. XVIII, 1895, p. 688. — Ostafrika

trilineatus Hintz, Deutsche Ent. Zeitschr. 1902, p. 191. — Usambara

4

Plathanocera Schklg.

Schklg. Bull. Mus. Paris VIII, 1902, p. 329; Stett. Ent. Zeit. LXIV, 1903, p. 18; Gen. Ins. Cler. 1903, p. 81.

albopunctata Hintz, Deutsche Ent. Zeitschr. 1905, p. 310. — Togo

uniformis Schklg. Bull. Mus. Paris VIII, 1902, p. 329. — Elfenbeinküste

2

Apopempsis Schklg.

Schklg. Stett. Ent. Zeit. LXIV, 1903, p. 17; Gen. Ins. Cler. 1903, p. 81.

pulchra Schklg. Stett. Ent. Zeit. LXIV, 1903, p. 19. — Kamerun

simplex Schklg. Ann. South Afr. Mus. V, 1907, p. 202. — Rhodesia

2

Cardiostichus Quedf.

Quedf. Berl. Ent. Zeitschr. XXIX, 1885, p. 268. — Kuw. Ann. Soc. Ent. Belg. XXXVIII, 1894, p. 400 und 437. — Schklg. Stett. Ent. Zeit. LXIV, 1903, p. 18; Gen. Ins. Cler. 1903, p. 81. — Hintz, Deutsche Ent. Zeitschr. 1905, p. 310.

alboscutellatus Kuw. Ann. Soc. Ent. Belg. XXXVII, 1893, p. 469; l. c. XXXVIII, 1894, p. 43. — Kraatz, Deutsche Ent. Zeitschr. 1899, p. 89. — Schklg. Deutsche Ent. Zeitschr. 1906, p. 294. — Gabun, Kamerun

albogeniculatus Kraatz, l. c. p. 89.

divergens Kuw. Ann. Soc. Ent. Belg. XXXVIII, 1894, p. 437. — Loando

Mechowi Quedf. Berl. Ent. Zeitschr. XXIX, 1885, p. 269, t. 9 B, f. 1—4. — Duviv. Ann. Soc. Ent. Belg. XXXVI, 1892, p. 299. — Kuw. l. c XXXVIII, 1894, p. 437. — Kraatz, Deutsche Ent. Zeitschr. 1899, p. 89. — Quango, Kamerun, Congo, Gabun

nigrogeniculatus Kuw. Ann. Soc. Ent. Belg. XXXVII, 1893, p. 470; l. c. XXXVIII, 1894, p. 437.
var. *viridulus* Kraatz, Deutsche Ent. Zeitschr. 1899, p. 89. — Kamerun
orientalis Hintz, Deutsche Ent. Zeitschr. 1902, p. 191. — Usambara
vitticeps Kuw. Ann. Soc. Ent. Belg. XXXVII, 1893, p. 470; l. c. XXXVIII, 1894, p. 437. — Kraatz, Deutsche Ent. Zeitschr. 1899, p. 89. — Congo, Gabun, Kamerun

5

Lacordarius Kuw.

Kuw. Ann. Soc. Ent. Belg. XXXVII, 1893, p. 488. — Schklg. Stett. Ent. Zeit. LXIV, 1903, p. 19; Gen. Ins. Cler. 1903, p. 82.

erythrus Kuw. l. c. p. 489. — Congo
var. *nigromaculatus* Schklg. Stett. Ent. Zeit. LXIV, 1903, p. 19. — Kamerun
orientalis Hintz, Deutsche Ent. Zeitschr. 1902, p. 192; l. c. 1905, p. 314. — Victoria Nyansa

2

Euplacocerus Kraatz.

Kraatz, Deutsche Ent. Zeitschr. 1899, p. 85. — Schklg. Stett. Ent. Zeit. LXIV, 1903, p. 19; Gen. Ins. Cler. 1903, p. 82. — Hintz, Deutsche Ent. Zeitschr. 1905, p. 311.

apicalis Kraatz, l. c. p. 85. — Togo
dimidiatus Kraatz, l. c. p. 86. — Hintz, l. c. p. 311. — ,,

2

Hemitrachys Gorh.

Gorh. Cist. Ent. II, 1875—82 (1876), p. 92. — Schklg. Gen. Ins. Cler. 1903, p. 73.

bizonatus Gorh. l. c. p. 92. — Waterh. Aid Ins. II, 1883, t. 126, f. 1. — Borneo, Malacca

1

Ommadius Cast.

(Omadius) Cast. in Silb. Revue IV, 1836, p. 48. — Spin. Rev. Zool. 1841, p. 73. — Kl. Clerii 1842, p. 287. — Spin. Clérites I, 1844, p. 172. — Lacord. Gen. Col. IV, 1857, p. 465. — Chenu, Encycl. d'Hist. Nat. Col. II, 1860, p. 243. — Gorh. Cist. Ent. II, 1875—82 (1876), p. 101. — Kuw. Ann. Soc. Ent. Belg. XXXVIII, 1894, p. 62. — Gorh. Proc. Ent. Soc. Lond. 1894, p. 43. — Schklg. Gen. Ins. Cler. 1903, p. 82.

abdominalis Schklg. Ann. Mus. Genova (2) XX, 1899, p. 343. — Borneo
abscissus Gorh. Cist. Ent. II, 1875—82 (1876), p. 106. — Waterh. Aid Ins. II, 1883, t. 126, f. 6. — Schklg. Deutsche Ent. Zeitschr. 1906, p. 295. — Batchian

fasciatus Kuw. Ann. Soc. Ent. Belg. XXXVIII, 1894, p. 73 und 90. — Celebes
aequicollis Kuw. l. c. p. 66 und 81. — Malay.-Arch.
aequifrons Kuw. l. c. p. 74 und 91. — Batchian
alter Schklg. Ann. Mus. Genova (2) XX, 1899, p. 159. — Aru
amberbakii Kuw. Ann. Soc. Ent. Belg. XXXVIII, 1894, p. 64 und 78. — Amberbaki
amboinae Kuw. l. c. p. 64 und 78. — Amboina
angusticeps Gorh. Cist. Ent. II, 1875—82 (1876), p. 106. — Sarawak
angustifrons Kuw. Ann. Soc. Ent. Belg. XXXVIII, 1894, p. 71 und 87. — Gorh. Proc. Ent. Soc. Lond. 1894, p. 43. — Sumatra
annulipes Chevr. Rev. Mag. Zool. 1874, p. 318. — Kuw. l. c. p. 67. — Molukken
aruensis Kuw. l. c. p. 63 und 77. — Aru
aurifasciatus Gorh. Cist. Ent. II, 1875—82 (1876), p. 102. — Philippinen
barbipennis Chevr. Mém. Clér. 1876, p. 26. — Malacca
bicolor Kuw. Ann. Soc. Ent. Belg. XXXVIII, 1894, p. 64 und 78. — Ceylon
bifasciatus Cast. in Silb. Rev. IV, 1836, p. 49. — Kl. Clerii 1842, p. 384. — Spin. Clérites I, 1844, p. 177, t. 13, f. 2. — Kuw. l. c. p. 71. — ,,
bituberculatus Schklg. Ann. Mus. Genova (2) XX, 1899, p. 158. — Ternate
bivulneratus J. Thoms. Mus. scient. II, 1860, p. 59. — Ost-Asien
bornensis Kuw. Ann. Soc. Ent. Belg. XXXVIII, 1894, p. 74 und 91. — Sarawak
brunnipictus Kuw. l. c. p. 68 und 83. — Borneo, Perak
caledonicus Montrz. Ann. Soc. Ent. Fr. (3) VIII, 1860, p. 261. — Kuw. l. c. p. 75. — Schklg. Ann. Soc. Ent. Belg. XLV, 1901, p. 207. — Fauv. Rev. d'Ent. XXIII, 1904, p. 146. — Neu-Caledon.
carinipennis Schklg. Ann. Mus. Genova (2) XX, 1899, p. 153. — Neu-Guinea
Castelnaui Montrz. Ann. Soc. Ent. Fr. (3) VIII, 1860, p. 260. — Kuw. Ann. Soc. Ent. Belg. XXXVIII, 1894, p. 75. — Fauv. Rev. d'Ent. XXIII, 1904, p. 145. — Lifu, Neu-Caledon.
palliditarsis Chevr. Mém. Clér. 1876, p. 27.
cavifrons Kuw. l. c. p. 76 und 93. — Aru
celebensis Kuw. l. c. p. 69 und 85. — Celebes
ceramensis Kuw. l. c. p. 64 und 77. — Ceram
cinereus Gorh. Trans. Ent. Soc. Lond. 1878, p. 165. — Neu-Guinea, Andamanen ?
propinquus Schklg. Ann. Mus. Genova (2) XX, 1899, p. 149.
clytiformis Westw. Proc. Zool. Soc. Lond. 1855, p. 26, t. 38, f. 12. — Kuw. l. c. p. 71. — Singapore, Sumatra
apicalis Schklg. Stett. Ent. Zeit. LXIII, 1902, p. 369.
convergens Kuw. l. c. p. 69 und 85. — Malay.-Arch.
cookstowni Kuw. l. c. p. 69 und 84. — Australien
costipennis Kuw. l. c. p. 70 und 86. — Malay.-Arch.
ctenostomoides Westw. Proc. Zool. Soc. Lond. 1855, p. 24, t. 38, f. 8. — Kuw. l. c. p. 70. — ,, Perak, Singapore
cylindricus Gorh. Cist. Ent. II, 1875—82 (1876), p. 105. — Sarawak
difficilis Schklg. Stett. Ent. Zeit. LXIII, 1902, p. 370. — Sumatra

dimidiatipennis Schklg. Ann. Mus. Genova (2) XX, 1899, p. 155. — Aru
diversicollis Fauv. Rev. d'Ent. XXIII, 1904, p. 146. — Neu-Caledon.
Dohertyi Kuw. Ann. Soc. Ent. Belg. XXXVIII, 1894, p. 66 und 80. — Celebes
fallax Kuw. l. c. p. 72 und 88. — Malay.-Arch.
fasciipes Westw. Proc. Zool. Soc. Lond. 1855, p. 24, t. 38, f. 9. — Kuw. l. c. p. 72. — Schklg. Deutsche Ent. Zeitschr. 1906, p. 297. — Birma, Singapore, Borneo, Sumatra
femoralis Gorh. Cist. Ent. II, 1875—82 (1876), p. 104. — Celebes
filifrons Gorh. l. c. p. 104. — Schklg. Bull. Mus. Paris VIII, 1902, p. 330. — Batchian, Neu-Guinea
lineaefrons Kuw. Ann. Soc. Ent. Belg. XXXVIII, 1894, p. 90. — Schklg. Ann. Mus. Genova (2) XX, 1899, p. 160.
flavipes Schklg. l. c. p. 342. — Mentawei
fumipes Kuw. Ann. Soc. Ent. Belg. XXXVIII, 1894, p. 75 und 92. — Perak
gracilis Schklg. Ann. Mus. Genova (2) XX, 1899, p. 154. — Neu-Guinea
griseovirescens Kuw. Ann. Soc. Ent. Belg. XXXVIII, 1894, p. 66 und 80. — Australien
Harterti Kuw. l. c. p. 73 und 96. — Neu-Guinea
impressus Kuw. l. c. p. 69 und 84. — Malay.-Arch.
incertus Kuw. l. c. p. 74 und 96. — Neu-Guinea
indicus Cast. in Silb. Rev. IV, 1836, p. 49. — Spin. Clérites I, 1844, p. 175, t. 13, f. 1. — Chenu, Encycl. d'Hist. Nat. Col. II, 1860, f. 214. — Gorh. Ann. Soc. Ent. Belg. XXXIX, 1895, p. 276; l. c. XLVII, 1903, p. 336. — Malacca, Bengalen, Sumatra, Java
prolixus Kl. Clerii 1842, p. 287. — Kuw. Ann. Soc. Ent. Belg. XXXVIII, 1894, p. 67. — Gorh. l. c. p. 276.
javanus Kuw. l. c. p. 72 und 88. — Perak
Jordani Kuw. l. c. p. 76 und 95. — Neu-Guinea
kamelianus White, Cat. Clerid. 1849, p. 53. — Kuw. l. c. p. 73. — Aru, Philippinen
laciniatus Schklg. Ann. Mus. Genova (2) XX, 1899, p. 156. — Neu-Guinea
lanceolatus Kuw. Ann. Soc. Ent. Belg. XXXVIII, 1894, p. 70 und 86. — Malay.-Arch.
latifrons Kuw. l. c. 76 und 92. — Neu-Guinea
lividipes Fairm. Ann. Soc. Ent. Fr. (6) I, 1881, p. 275. — Kuw. l. c. p. 71. — Viti
longulus Schklg. Deutsche Ent. Zeitschr. 1906, p. 295. — Borneo
maculiceps Kuw. Ann. Soc. Ent. Belg. XXXVIII, 1894, p. 67 und 82. — Malay.-Arch.
maculosus Kuw. l. c. p. 65 und 79. — Batchian
malaiorum Kuw. l. c. p. 76 und 94. — Malay.-Arch.
marginicollis Schklg. Ann. Mus. Genova (2) XX, 1899, p. 151. — Neu-Guinea
mediofasciatus Westw. Proc. Zool. Soc. Lond. 1852, p. 44, t. 26, f. 1. — Kuw. Ann. Soc. Ent. Belg. XXXVIII, 1894, p. 80. — Gorh. Proc. Ent. Soc. Lond. 1894, p. 43. — Birma, Darjeeling, Cambodja
latifascia Kuw. l. c. p. 79. — Schklg. Deutsche Ent. Zeitschr. 1906, p. 296.
nigropunctatus Chevr. Rev. Mag. Zool. 1874, p. 318. — Gorh. Cist. Ent. II, 1875—82 (1876), p. 101. — Kuw. l. c. p. 66.

mediopunctatus Schklg. Deutsche Ent. Zeitschr. 1908, p. 483.	Nilgiri Hills
minutus Schklg. Ann. Mus. Genova (2) XX, 1899, p. 161; Deutsche Ent. Zeitschr. 1906, p. 298.	Neu-Guinea
mucronatus Kirsch, Mitteil. Mus. Dresden II, 1877, p. 144.	,,
marginatus Schklg. Ann. Mus. Genova (2) XX, 1899, p. 150.	
muscosus Schklg. Deutsche Ent. Zeitschr. 1906, p.297.	Sumatra
nigriceps Kuw. Ann. Soc. Ent. Belg. XXXVIII, 1894, p. 66 und 81.	Malay.-Arch.
nigromaculatus Lewis, Ann. Mag. Nat. Hist. (6) X, 1892, p. 187.	Japan
nilgirensis Schklg. Deutsche Ent. Zeitschr. 1908, p. 484.	Nilgiri Hills
nimbifer Gorh. Cist. Ent. II, 1875—82 (1876), p. 102.	Philippinen
nitidus Schklg. Deutsche Ent. Zeitschr. 1898, p. 366.	Ceram
notatus Gorh. Cist. Ent. II, 1875—82 (1876), p. 103; Proc. Ent. Soc. Lond. 1894, p. 43.	Sumatra, Mindanao
var. Gorh. l. c. p. 103.	Ternate, Siam
novaeguinensis Chevr. Rev. Mag. Zool. 1874, p. 319. — Kuw. Ann. Soc. Ent. Belg. XXXVIII, 1894, p. 63.	Neu-Guinea
occipitalis Schklg. Deutsche Ent. Zeitschr. 1908, p. 486.	Queensland
olivaceus Westw. Proc. Zool. Soc. Lond. 1852, p. 44, t. 26, f. 3. — Kuw. l. c. p. 75.	Neu-Guinea Pr. Wales Ins.
omissus Schklg. Deutsche Ent. Zeitschr. 1906, p. 295, t. 2, f. 10.	Celebes
ommadiodes Gorh. Cist. Ent. II, 1875—82 (1876), p. 96.	Aru, Dorey
omoplatarum Chevr. Mém. Clér. 1876, p. 27.	Malay.-Arch.
pallifrons Schklg. Ann. Mus. Genova (2) XX, 1899, p. 147.	Neu-Guinea
papua Kuw. Ann. Soc. Ent. Belg. XXXVIII, 1894, p. 76 und 93.	,,
parviceps Gorh. Ann. Mus. Genova (2) XII, 1892, p. 741.	Birma
pictipes Chevr. Rev. Mag. Zool. 1874, p. 319.— Kuw. l. c. p. 68.	Neu-Guinea
planicollis Chevr. Mém. Clér. 1876, p. 45.	Ost-Indien
posticalis Gorh. Cist. Ent. II, 1875—82 (1876), p. 105.	Philippinen
prasinus Westw. Proc. Zool. Soc. Lond. 1852, p. 53, t. 26, f. 2. — Kuw. Ann. Soc. Ent. Belg. XXXVIII, 1894, p. 65.	Australien, Neu-Guinea
prioceroides J. Thoms. Mus. scient. II, 1860, p. 59.	Ost-Asien
pulcherrimus Schklg. Ann. Mus. Genova (2) XX, 1899, p. 338.	Sumatra
radulifer Gorh. Cist. Ent. II, 1875—82 (1876), p. 104.	Celebes
rugicollis Kuw. Ann. Soc. Ent. Belg. XXXVIII, 1894, p. 71 und 87.	
ramosus Schklg. Ann. Mus. Genova (2) XX, 1899, p. 146.	Neu-Guinea
Roepstorfi Kuw. Ann. Soc. Ent. Belg. XXXVIII, 1894, p. 68 und 83.	Andamanen
ruficrus Schklg. Ann. Mus Genova (2) XX, 1899, p. 340.	Engano
rufofasciatus Schklg. Stett. Ent. Zeit. LXIII, 1902, p. 369.	Sumatra
semicarinatus Chevr. Rev. Mag. Zool. 1874, p. 317. — Kuw. Ann. Soc. Ent. Belg. XXXVIII, 1894, p. 64. — Schklg. Ann. Mus. Genova (2) XX, 1899, p. 146.	Molukken, Neu-Guinea, Aru
var. *subcarinatus* Kuw. l. c. p. 64.	Amboina, Batchian

seticornis Westw. Proc. Zool. Soc. Lond. 1855, p. 25, t. 38, f. 11. — Kuw. l. c. p. 65. — Kraatz, Ann. Soc. Ent. Belg. XLIII, 1899, p. 215. — Sumatra, Borneo, Singapore, Malacca
rectitaeniatus Kuw. l. c. p. 65.
signatipes Kuw. l. c. p. 74 und 90. — Neu-Guinea
signatus Kuw. l. c. p. 70 und 86. — Malay.-Arch.
signiceps Kuw. l. c. p. 67 und 81. — Batchian
similis Kuw. l. c. p. 72 und 89. — Perak
smaragdinus Schklg. Ann. Mus. Genova (2) XX, 1899, p. 152. — Neu-Guinea
socius Schklg. l. c. p. 157. — „
substriatus Schklg. l. c. p. 160. — „
ternatensis Schklg. l. c. p. 158. — Ternate
tricinctus Gorh. Ann. Mus. Genova (2) XII, 1892, p. 742. — Birma
tricostatus Kuw. Ann. Soc. Ent. Belg. XXXVIII, 1894, p. 69 und 95. — Neu-Guinea
trifasciatus Cast. in Silb. Rev. IV, 1836, p. 49. — Spin. Clérites I, 1844, p. 176, t. 13, f. 3. — Kuw. l. c. p. 72 und 73. — Java, Sumatra, Borneo, Perak
modestus Kl. Clerii 1842, p. 288, t. 1, f. 2.
undatus Schklg. Ann. Mus. Genova (2) XX, 1899, p. 343. — Sumatra
ustulatus Gorh. Trans. Ent. Soc. Lond. 1878, p. 165. — Borneo, Sumatra, Java
tricolor Schklg. Deutsche Ent. Zeitschr. 1902, p. 158.
vespiformis Gorh. Cist. Ent. II, 1875—82 (1876), p. 103. — Waterh. Aid Ins. II, 1883, t. 126, f. 7. — Philippinen
vicinus Schklg. Ann. Mus. Genova (2) XX, 1899, p. 341. — Mentawei
vigilans Westw. Proc. Zool. Soc. Lond. 1855, p. 25, t. 38, f. 10. — Kuw. Ann. Soc. Ent. Belg. XXXVIII, 1894, p. 68. — Malacca, Sumatra, Java
var. *acutipennis* Kuw. l. c. p. 68. — Perak
viridis Kuw. l. c. p. 67 und 94. — Schklg. Ann. Mus. Genova (2) XX, 1899, p. 147. — „ Neu-Guinea
Wallacei Kuw. l. c. p. 63 und 94. — „
wokanensis Schklg. Ann. Mus. Genova (2) XX, 1899, p. 148. — Aru
yorkensis Kuw. Ann. Soc. Ent. Belg. XXXVIII, 1894, p. 67 und 82. — Australien
zebratus Westw. Proc. Zool. Soc. Lond. 1852, p. 43, t. 26, f. 11. — Gorh. Cist. Ent. II, 1875—82 (1876), p. 77. — Ost-Indien

114

Corynommadius Schklg.

Schklg. Ann. Mus. Genova (2) XX, 1899, p. 163; Gen. Ins. Cler. 1903, p. 85.

speciosus Schklg. l. c. p. 163. — Neu-Guinea

1

Graptoclerus Gorh.

Gorh. Ann. Mag. Nat. Hist. (7) VII, 1901, p. 351. — Schklg. Deutsche Ent. Zeitschr. 1906, p. 270.

amoenulus Boh. Ins. Caffr. 1, 1851, p. 479. — Schklg. Deutsche Ent. Zeitschr. 1906, p. 270; l. c. 1909, p. 796. — Port Natal

equestris Boh. l. c. p. 498. — Gorh. Ann. Mag. Nat. Hist. (7) VII, 1901, p. 353. — Oranjefluss, Mashonaland
ludicrus Boh. l. c. p. 493. — Schklg. Deutsche Ent. Zeitschr. 1909, p. 796. — Limpopo
quadrioculatus Boh. l. c. p. 500. — Schklg. l. c. p. 796. — Oranjefluss
quadripunctatus Gorh. Ann. Mag. Nat. Hist. (7) VII, 1901, p. 353. — Natal
signatus Gorh. l. c. p. 352. — Mashonaland
6

Blaesiophthalmus Schklg.

Schklg. Deutsche Ent. Zeitschr. 1903, p. 14; Gen. Ins. Cler. 1903, p. **47.**
Metabasis Gorh. Cist. Ent. II, 1875—82 (1876), p. 75.

accinctus Newm. Entomol. 1842, p. 364. — Australien
inanis Germ. Linn. Ent. III, 1848, p. 187. — Chevr. Mém. Clér. 1876, p. 7. — Gorh. l. c. p. 75.
xanthozona Chevr. Rev. Mag. Zool. 1874, p. 321; Mém. Clér. 1876, p. 7.
var. *Frenchi* Schklg. Deutsche Ent. Zeitschr. 1908, p. 479. — Australien
var. *medianus* Westw. in White, Cat. Clerid. 1849, p. 55. — Gorh. Cist. Ent. II, 1875—82 (1876), p. 75. — Tasmania
var. *viduus* Westw. l. c. p. 55. — „
variegatus Blackb. Trans. Roy. Soc. South Austral. XIV, 1891, p. 304. — Süd-Australien
2

Myrmecomaea Fairm.

Fairm. Ann. Soc. Ent. Fr. (6) VI, 1886, p. 44. — Schklg. Deutsche Ent.-Zeitschr. 1903, p. 13; Gen. Ins. Cler. 1903, p. 47.

apicata Fairm. Ann. Soc. Ent. Fr. LXXI, 1902, p. 537. — Madagascar
aspericollis Fairm. l. c. p. 535. — „
biconigera Fairm. Ann. Soc. Ent. Fr. (6) VI, 1886, p. 52; l. c. LXXI, 1902, p. 536. — „
bicristata Fairm. l. c. LXXI, 1902, p. 536. — „
bigibbula Fairm. l. c. p. 536. — „
densaticollis Fairm. l. c. p. 535. — „
fulvosellata Fairm. l. c. p. 537. — „
insignita Fairm. l. c. p. 537. — „
latesellata Fairm. Ann. Soc. Ent. Belg. XXXVII, 1893, p. 377. — „
parumstricta Fairm. Ann. Soc. Ent. Fr. LXXI, 1902, p. 534. — „
Perroti Fairm. Bull. Soc. Ent. Fr. 1896, p. 295. — „
Raffrayi Fairm. Ann. Soc. Ent. Fr. (6) VI, 1886, p. 45, t. 2, f. 4. — „
? **simplicipes** Fairm. l. c. p. 46. — „
strangulata Fairm. l. c. p. 45. — „
tenuecincta Fairm. l. c. LXXI, 1902, p. 535. — „
15

Allonyx Jacq. du Val.

Jacq. du Val, Gen. Col. d'Eur. III, 1861, p. 196. — Kiesw. Naturgesch. Ins. Deutschl. IV, 1863, p. 686. — Reitt. Verh. Nat. Ver. Brünn XXXII, 1893 (1894), p. 49; Best.-Tab. 1894, p. 16. — Schklg. Gen. Ins. Cler. 1903, p. 52.

quadrimaculatus Schall. Abh. Nat. Ges. Halle I, 1783, p. 288. — F. Syst. Eleuth. I, 1801, p. 281. — Sturm, Deutschl. Fauna, Käf. XI, 1837, p. 36. — Kl. Clerii 1842, p. 308. — Spin. Clérites I, 1844, p. 192, t. 15, f. 3. — Bach, Käferfauna Nord- und Mitteldeutschl. II, 1854, p. 91. — Jacq. du Val, Gen. Col. d'Eur. III, 1861, t. 48, f. 240. — Kiesw. Naturgesch. Ins. Deutschl. IV, 1863, p. 686. — Muls. Angust. 1863, p. 56. — Seidlitz, Fauna Balt. ed. II, 1891, p. 493; Fauna Transsylv. 1891, p. 526. — Reitt. Verh. Nat. Ver. Brünn XXXII, 1893 (1894), p. 50; Best.-Tab. 1894, p. 17. — Houlbert et Bétis, Trav. scient. Univ. Rennes IV, 1905, p. 128 und 130, f. 33. — Mitteleuropa, Südeuropa, Cypern

Biologie: Perris, Ann. Soc. Ent. Fr. (3) II, 1854, p. 607, t. 18, f. 276. — Fleischer, Wien. Ent. Zeit. X, 1891, p. 229. — Formanek, l. c. XVIII, 1899, p. 47. — Houlbert et Bétis, l. c. p. 130. — Xambeu, Naturaliste XXX, 1908, p. 141.

1

Cleromorpha Gorh.

Gorh. Cist. Ent. II, 1875—82 (1876), p. 83. — Blackb. Trans. Roy. Soc. S. Austral. XIV, 1900, p. 122. — Schklg. Gen. Ins. Cler. 1903, p. 53.

novemguttata Westw. Proc. Zool. Soc. Lond. 1852, p. 49, t. 27, f. 9. — Gorh. l. c. p. 83. — Australien

novempunctata Chevr. Mém. Clér. 1876, p. 5.

1

Anthicoclerus Schklg.

Schklg. Deutsche Ent. Zeitschr. 1906, p. 264.

anthicoides Westw. in White, Cat. Clerid. 1849, p. 59; Proc. Zool. Soc. Lond. 1852, p. 43, t. 27, f. 8. — Gorh. Cist. Ent. II, 1875—82 (1876), p. 73. — Schklg. Ann. Mus. Genova (2) XX, 1899—1901 (1899), p. 138; Stett. Ent. Zeit. LXIII, 1902, p. 367. — Ostindien, Ceylon, Sumatra, Neu-Guinea

var. *bimaculatus* Schklg. Ann. Mus. Genova (2) XX, 1899—1901 (1899), p. 336. — „

pallipes Gorh. Trans. Ent. Soc. Lond. 1878, p. 182. — Philippinen

2

Thaneroclerus Lef.

Lefebvre, Bull. Soc. Ent. Fr. VII, 1838, p. 13. — Spin. Rev. Zool. 1841, p. 73. — Kl. Clerii 1842, p. 309. — Spin. Clérites I, 1844, p. 205. — J. Lec. Ann. Lyc. Nat. Hist. N. York V, 1852, p. 19. — Lacord. Gen. Col. IV,

1857, p. 449. — J. Lec. and Horn, Classif. Col. N. Amer. ed. II, 1883, p. 218. — Schklg. Gen. Ins. Cler. 1903, p. 53. — Gahan, Ann. Mag. Nat. Hist. (8) V, 1910, p. 63.

Isoclerus Lewis, Ann. Mag. Nat. Hist. (6) X, 1892, p. 191.
Thaneclerus Chenu, Encycl. d'Hist. Nat. Col. II, 1860, p. 247.
Thanateroclerus Gemm. et Harold, Cat. Col. VI, 1869, p. 1739.

aino Lewis, Ann. Mag. Nat. Hist. (6) X, 1892, p. 190. — Japan
Buquet Lef. Ann. Soc. Ent. Fr. IV, 1835, p. 577, t. 16, f. 4. — Chenu, Encycl. d'Hist. Nat. Col. II, 1860, p. 247. — Ost-Indien, Sumatra
Buqueti Westw. Bull. Soc. Ent. Fr. VIII, 1838, p. 13. — Kl. Clerii 1842, p. 310. — Spin. Clérites I, 1844, p. 207. — Gorh. in Ritsema, Midden-Sumatra IV, 6, Col. 1887, p. 78. — Gahan, Ann. Mag. Nat. Hist. (8) V, 1910, p. 63.
Biologie: Lef. l. c. p. 577, t. 16, f. 1. — Westw. Bull. Soc. Ent. Fr. VIII, 1838, p. 13; Introd. Class. Ins. I, 1839, p. 264, fig. 29, nr. 13. — Chenu, l. c. p. 247.
var. *pondicherryanus* Spin. Clérites I, 1844, p. 208, t. 17, f. 3. — Pondicherry
dermestoides Kl. Clerii 1842, p. 310. — Arabien, Sinai
elongatus Schklg. Deutsche Ent. Zeitschr. 1906, p. 278. — Yünnan
Girodi Chevr. Bull. Soc. Ent. Fr. (5) X, 1880, p. 31. — Wolcott, Publ. Field Mus. Chicago VII, 1910, p. 363. — Cuba
pictus Lewis, Ann. Mag. Nat. Hist. (6) X, 1892, p. 191. — Japan
6

Lyctosoma Lewis.

Lewis, Ann. Mag. Nat. Hist. (6) X, 1892, p. 192. — Schklg. Gen. Ins. Cler. 1903, p. 54.

parallelum Lewis, l. c. p. 192. — Japan
1

Neoclerus Lewis.

Lewis, Ann. Mag. Nat. Hist. (6) X, 1892, p. 190. — Schklg. Gen. Ins. Cler. 1903, p. 54. — Gahan, Ann. Mag. Nat. Hist. (8) V, 1910, p. 63.

nanus Schklg. Ann. Soc. Ent. Belg. LXV, 1901, p. 106; Deutsche Ent. Zeitschr. 1906, p. 279. — Sumatra
ornatulus Lewis, l. c. p. 190. — Japan
quinquemaculatus Gorh. Ann. Mus. Genova (2) XII, 1892, p. 738. — Schklg. Deutsche Ent. Zeitschr. 1906, p. 279. — Birma
tuberculatus Schklg. l. c. p. 278. — Gorh. l. c. p. 739. — Ceylon
4

Platyclerus Spin.

Spin. Rev. Zool. 1841, p. 75. — Kl. Clerii 1842, p. 326. — Spin. Clérites I, 1844, p. 332. — Lacord. Gen. Col. IV, 1857, p. 450. — Chenu, Encycl. d'Hist. Nat. Col. II, 1860, p. 258. — Schklg. Gen. Ins. Cler. 1903, p. 54.

communimacula Fairm. Ann. Soc. Ent. Fr. (6) VI, 1886, p. 68. — Nossi Bé

elongatus Spin. Clérites II, 1844, p. 145, t. 46, f. 2. — Fairm. l. c. p. 66. — Madagascar
metallinus Fairm. l. c. p. 68. — „
pallidopictus Fairm. Ann. Soc. Ent. Belg. XXXVII, 1893, p. 393. — „
planatus Cast. in Silberm. Revue IV, 1836, p. 46. — Kl. Clerii 1842, p. 326. — Spin. Clérites I, 1844, p. 334, t. 28, f. 4. — „
Raffrayi Fairm. Ann. Soc. Ent. Fr. (6) VI, 1886, p. 67. — „
semirufus Fairm. Bull. Mus. Paris VIII, 1902, p. 314. — „

7

Lissaulicus Waterh.

Waterh. Cist. Ent. II, 1875—82 (1879), p. 532. — Schklg. Bull. Mus. Paris VIII, 1902, p. 326; Gen. Ins. Cler. 1903, p. 57.

compressicollis Fairm. Compt. rend. Soc. Ent. Belg. XXXIII, 1889, p. 92. — Madagascar
confossicollis Fairm. Ann. Soc. Ent. Belg. XXXVII, 1893, p. 389.
geniculatus Fairm. Compt. rend. Soc. Ent. Belg. XXXIII, 1889, p. 92. — „
laevis Waterh. Cist. Ent. II, 1875—82 (1879), p. 532. — Fairm. Ann. Soc. Ent. Fr. (6) VI, 1886, p. 69. — „

3

Balcus Sharp.

Sharp, Ent. Monthly Mag. XIV, 1877, p. 7. — Broun, Man. N. Zealand Col. I, 1880, p. 332. — Schklg. Gen. Ins. Cler. 1903, p. 44.

niger Sharp, l. c. p. 7. — Broun, l. c. p. 333. — Neu-Seeland
signatus Broun, l. c. p. 333. — „

2

Aulicus Spin.

Spin. Rev. Zool. 1841, p. 74; Clérites I, 1844, p. 328. — Lacord. Gen. Col. IV, 1857, p. 451. — Chenu, Encycl. d'Hist. Nat. Col. II, 1860, p. 257. — Gorh. Cist. Ent. II, 1875—82 (1876), p. 83; Biol. Centr.-Amer. III, 2, 1882, p. 146. — J. Lec. and Horn, Classif. Col. N. America, ed. II, 1883, p. 218. — Schklg. Gen. Ins. Cler. 1903, p. 55. — Wolcott, Canad. Entomol. XLII, 1910, p. 245.

alboguttulatus Chevr. Rev. Mag. Zool. 1874, p. 299. — Cuba
basicollis Chevr. l. c. p. 299. — „
bilineatus Chevr. l. c. p. 300. — „
Coffini White, Cat. Clerid. 1849, p. 53. — Gorh. Cist. Ent. II, 1875—82 (1876), p. 72 und 86. — Chevr. Mém. Clér. 1876, p. 5. — Gorh. Biol. Centr.-Amer. III, 2, 1882, p. 146. — Schklg. Deutsche Ent. Zeitschr. 1907, p. 305. — Mexico
monticola Gorh. Biol. Centr.-Amer. III, 2, 1882, p. 146, t. 8, f. 18. — Schklg. l. c. p. 306. — Wolcott, Publ. Field Mus. Chicago VII, 1910, p. 364. — Mexico, Texas

Nero Spin. Clérites I, 1844, p. 330, t. 27, f. 5. — Chenu, Encycl. d'Hist. Nat. Col. II, 1860, f. 180. — Schklg. Bull. Mus. Paris VIII, 1902, p. 325. — Wolcott, l. c. p. 365. — Mexico, Neu-Mexico, Texas, Arizona, California

? **suturatus** Fairm. Ann. Soc. Ent. Fr. LXXI, 1902, p. 562. — Madagascar

thoracicus Schklg. Deutsche Ent. Zeitschr. 1907, p. 305. — Mexico

8

Muisca Spin.

Spin. Clérites II, 1844, p. 147. — Chenu, Encycl. d'Hist. Nat. Col. II, 1860, p. 258. — Gorh. Cist. Ent. II, 1875—82 (1876), p. 84. — Schklg. Gen. Ins. Cler. 1903, p. 55. — Wolcott, Canad. Entomol. XLII, 1910, p. 246.

bitaeniata Spin. l. c. p. 148, t. 46, f. 4. — Chenu, l. c. t. 20, f. 5. — Gorh. l. c. p. 84. — Columbia

1

Phlogistus Gorh.

Gorh. Cist. Ent. II, 1875—82 (1876), p. 84. — Blackb. Trans. Roy. Soc. South Austral. XXIV, 1900, p. 122 und 128. — Schklg. Gen. Ins. Cler. 1903, p. 56. — Hintz, Deutsche Ent. Zeitschr. 1908, p. 708.

Aulicus Spin. (pars) Rev. Zool. 1841, p. 74; Clérites I, 1844, p. 328.

amabilis Blackb. Trans. Roy. Soc. South Austral. XXIV, 1900, p. 133. — Hintz, Deutsche Ent. Zeitschr. 1908, p. 711. — Victoria

Blackburni Hintz, l. c. p. 711 und 714. — ,,

chrysurus Chevr. Rev. Mag. Zool. 1874, p. 299. — Gorh. Trans. Ent. Soc. Lond. 1878, p. 164. — Hintz, l. c. p. 709 und 711. — Australien

rufimanus Gorh. Cist. Ent. II, 1875—82 (1876), p. 74; Trans. Ent. Soc. Lond. 1878, p. 164.

corallipes Chevr. l. c. p. 298. — Schklg. Ann. Mus. Genova (2) XX, 1899—1901 (1899), p. 336. — Blackb. Trans. Roy. Soc. South Austral. XXIV, 1900, p. 124. — Hintz, Deutsche Ent. Zeitschr. 1908, p. 711. — Tasmania

cribratus Blackb. l. c. p. 134. — Hintz, l. c. p. 709 und 711. — Süd-Austral.

delicatulus Boh. Res. Eugen. 1858, p. 84. — Blackb. l. c. p. 132. — Sydney

viridissimus Pasc. Journ. of Ent. I, 1860, p. 47. — M'Leay, Trans. Ent. Soc. N. S. Wales II, 1869—73 (1872), p. 272.

dives Blackb. l. c. p. 128. — Süd-Austral.

elongatus Hintz, Deutsche Ent. Zeitschr. 1908, p. 710 und 713. — N. S. Wales

episcopalis Spin. Clérites I, 1844, p. 332. — Blackb. l. c. p. 130. — Hintz, l. c. p. 712. — Australien

eremita Blackb. l. c. p. 133. — Hintz, l. c. p. 711. — Victoria

foveicollis M'Leay, Trans. Ent. Soc. N. S. Wales II, 1869—73 (1872), p. 272. — Schklg. Ann. Mus. — Queensland

Genova (2) XX, 1899—1901 (1899), p. 336. — Blackb. l. c. p. 124.

imperialis Gorh. Cist. Ent. II, 1875—82 (1876), p. 84. — Hintz, l. c. p. 709 und 711. — Queensland

instabilis Newm. Entomol. 1840, p. 15. — Kl. Clerii 1842, p. 341. — Spin. Clérites I, 1844, p. 331, t. 28, f. 1. — Blackb. l. c. 129. — Hintz, l. c. p. 712. — Australien

castanipes Westw. in White, Cat. Clerid. 1849, p. 60.

tibialis Westw. l. c. p. 60.

Kolbei Hintz, l. c. p. 710 und 714. — Cap York

laetus Chevr. Mém. Clér. 1876, p. 16. — Australien

mellinipes Chevr. l. c. p. 16. — „

modestus Blackb. Trans. Roy. Soc. South Austral. XXIV, 1900, p. 135. — Hintz, Deutsche Ent. Zeitschr. 1908, p. 712. — „

funestus Schklg. Ann. Soc. Ent. Belg. XLV, 1901, p. 107.

mundus Blackb. l. c. p. 131. — Süd-Austral.

niger Hintz, Deutsche Ent. Zeitschr. 1908, p. 710 und 712. — Queensland

nigrohirtus Blackb. l. c. p. 129. — Süd-Austral.

parvulus Blackb. Trans. Roy. Soc. South Austral. XVII, 1893, p. 131; l. c. XXIV, 1900, p. 127. — Victoria

plutus Chevr. Rev. Mag. Zool. 1874, p. 298. — Blackb. Trans. Roy. Soc. South Austral. XXIV, 1900, p. 126. — Hintz, Deutsche Ent. Zeitschr. 1908, p. 711. — Australien

punctatus Hintz, l. c. p. 710 und 713. — Queensland

robustus Blackb. l. c. p. 131. — Hintz, l. c. p. 709. — N. S. Wales

rotundopunctatus Hintz, l. c. p. 711 und 714. — Queensland

rufipes M'Leay, Trans. Ent. Soc. N. S. Wales II, 1869—73 (1872), p. 272. — Blackb. Trans. Roy. Soc. S. Austral. XXIV, 1900, p. 126. — „

var. *lemoides* Pascoe, Journ. of Ent. I, 1860, p. 47. — Blackb. l. c. p. 125. — Sydney

rutilicornis Chevr. Mém. Clér. 1876, p. 17. — Fauv. Rev. d'Ent. XXIII, 1904, p. 144. — Neu-Caledonien

Schenklingi Hintz, Deutsche Ent. Zeitschr. 1908, p. 712 und 715. — N. S. Wales

Schulzi Hintz, l. c. p. 710 und 712. — Australien

sculptus M'Leay, Trans. Ent. Soc. N. S. Wales II, 1869—73 (1872), p. 271. — Gorh. Cist. Ent. II, 1875—82 (1876), p. 84. — Blackb. Trans. Roy. Soc. S. Austral. XXIV, 1900, p. 125. — Schklg. Deutsche Ent. Zeitschr. 1906, p. 280. — Hintz, Deutsche Ent. Zeitschr. 1908, p. 710. — Queensland

multicolor Chevr. Mém. Clér. 1876, p. 16.

splendidus Chevr. l. c. p. 15.

varicolor Chevr. l. c. p. 16.

smaragdinus Gorh. Cist. Ent. II, 1875—82 (1876), p. 85. — Blackb. Trans. Roy. Soc. South Austral. XXIV, 1900, p. 126. — Hintz, Deutsche Ent. Zeitschr. 1908, p. 709 und 710. — „

affinis Gorh. l. c. p. 86.

speciosus Hintz, Deutsche Ent. Zeitschr. 1908, p. 710 und 713. — „

Phlogistomorpha Hintz.

Hintz, Deutsche Ent. Zeitschr. 1908, p. 715.

apicalis M'Leay, Trans. Ent. Soc. N. S. Wales II, 1869—73 (1872), p. 271. — Blackb. Trans. Roy. Soc. South Austral. XXIV, 1900, p. 125. — Hintz, l. c. p. 715.	Queensland
albofasciatus Gorh. Cist. Ent. II, 1875—82 (1876), p. 85.	
ochrurus Chevr. Mém. Clér. 1876, p. 16. — Gorh. Trans. Ent. Soc. Lond. 1878, p. 164.	
Blackburni Schklg. Deutsche Ent. Zeitschr. 1906, p. 279. — Hintz, l. c. p. 715.	Australien
Croesus Blackb. Trans. Roy. Soc. South Austral. XXIV, 1900, p. 127. — Hintz, l. c. p. 715.	Süd-Austral.
Mastersi M'Leay, Trans. Ent. Soc. N. S. Wales II, 1869—73 (1872), p. 271. — Blackb. Trans. Roy. Soc. South Austral. XXIV, 1900, p. 125. — Hintz, l. c. p. 715.	Queensland

4

Trogodendron Guér.

Guér. Ic. Règne anim. Ins. 1829—38, p. 53. — Spin. Rev. Zool. 1841, p. 73. — Kl. Clerii 1842, p. 326. — Spin. Clérites I, 1844, p. 209. — Lacord. Gen. Col. IV, 1857, p. 453. — Chenu, Encycl. d'Hist. Nat. Col. II, 1860, p. 248. — Schklg. Gen. Ins. Cler. 1903, p. 59. — Wolcott, Publ. Field Mus. Chicago VII, 1910, p. 366.

Dyslophocera Schklg. Mitteil. Mus. Hamburg XVII, 1900, p. 19; Deutsche Ent. Zeitschr. 1902, p. 158.
Xanthoceros Newm. (pars) Entomol. 1842, p. 363.

aurotomentosum Schklg. Stett. Ent. Zeit. LXIV, 1903, p. 17.	Victoria
ephippium Boisd. Voy. Astrol. Ent. 1835, p. 139, t. 6, f. 15.	Australien
ephippiger White, Cat. Clerid. 1849, p. 57.	
fasciculatum Schreib. Trans. Linn. Soc. Lond. VI, 1802, p. 195, t. 20, f. 6. — Kl. Clerii 1842, p. 326. — Newm. Entomologist 1842, p. 363. — Spin. Clérites I, 1844, p. 212, t. 18, f. 1. — Germar, Linn. Ent. III, 1848, p. 186. — Chenu, Encycl. d'Hist. Nat. Col. II, 1860, t. 17, f. 3.	„
var. *honestum* Newm. Entomol. 1840, p. 16. — Kl. Clerii 1842, p. 389. — Lacord. Gen. Col. IV, 1857, p. 454.	Känguruh-Insel
mirabilis Schklg. Mitteil. Mus. Hamburg XVII, 1900, p. 20; Deutsche Ent. Zeitschr. 1902, p. 158.	Australien
monstrosum Gorh. Cist. Ent. II, 1875—82 (1876), p. 87. — Schklg. Deutsche Ent. Zeitschr. 1898, p. 365.	„

5

Scrobiger Spin.

Spin. Rev. Zool. 1841, p. 74; Clérites I, 1844, p. 230. — Lacord. Gen. Col. IV, 1857, p. 454. — Chenu, Encycl. d'Hist. Nat. Col. II, 1860, p. 250.

— Blackb. Trans. Roy. Soc. South Austral. XXIV, 1900, p. 136. — Schklg. Gen. Ins. Cler. 1903, p. 61.

Xanthoceros Newm. (pars) Entomol. 1842, p. 363.

albocinctus Pasc. Journ. of Ent. I, 1860, p. 46. — Schklg. Ann. Mus. Genova (2) XX, 1899—1901 (1899), p. 337. Australien
cribrum Chevr. Mém. Clér. 1876, p. 17. — Fauv. Rev. d'Ent. XXIII, 1904, p. 145. „
eximius Perroud, Ann. Soc. Linn. Lyon 1864, p. 108. „
idoneus Newm. Entomol. 1842, p. 363. „
splendidus Newm. Entomol. 1840, p. 15; l. c. 1842, p. 363. — Germar, Linn. Ent. III, 1848, p. 186. „
Reichei Spin. Clérites I, 1844, p. 232, t. 14, f. 1. — Chenu, Encycl. d'Hist. Nat. Col. II, 1860, f. 172.
5

Neoscrobiger Blackb.

Blackb. Trans. Roy. Soc. South Austral. XXIV, 1900, p. 136. — Schklg. Gen. Ins. Cler. 1903, p. 61.

patricius Kl. Clerii 1842, p. 325. Tasmania
sexnotatus Westw. in White, Cat. Clerid. 1849, p. 57; Proc. Zool. Soc. Lond. 1852, p. 51, t. 26, f. 7.
var. *pulcher* White, Cat. Clerid. 1849, p. 58. „
rauciceps Blackb. Trans. Roy. Soc. South Austral. XXIV, 1900, p. 137. Australien
2

Olesterus Spin.

Spin. Rev. Zool. 1841, p. 74; Clérites I, 1844, p. 266. — Lacord. Gen. Col. IV, 1857, p. 455. — Chenu, Encycl. d'Hist. Nat. Col. II, 1860, p. 250. — Blackb. Trans. Roy. Soc. South Austral. XXIV, 1900, p. 117. — Schklg. Gen. Ins. Cler. 1903, p. 62.

australis Spin. Clérites I, 1844, p. 229, t. 20, f. 2. — Chenu, Encycl. d'Hist. Nat. Col. II, 1860, t. 20, f. 3. Australien
Biologie: Chenu, l. c. p. 250.
cruentatus Chevr. Rev. Mag. Zool. 1874, p. 300. — Schklg. Deutsche Ent. Zeitschr. 1902, p. 158. „
gracilis Gorh. Cist. Ent. II, 1875—82 (1876), p. 87. — Waterh. Aid Ins. II, 1882, t. 123. „
ventralis Westw. Proc. Zool. Soc. Lond. 1852, p. 51. „
4

Zenithicola Spin.

Spin. Rev. Zool. 1841, p. 74; Clérites I, 1884, p. 284. — Lacord. Gen. Col. IV, 1857, p. 457. — Chenu, Encycl. d'Hist. Nat. Col. II, 1860, p. 254. — Gorh. Cist. Ent. II, 1875—82 (1876), p. 88. — Blackb. Trans. Roy. Soc. South Austral. XXIV, 1900, p. 117. — Schklg. Gen. Ins. Cler. 1903, p. 63.

australis Boisd. Voy. Astrol. Col. 1832—35, p. 142. — Spin. Clérites I, 1844, p. 286, t. 28, f. 2. — Lacord. Australien

Gen. Col. Atlas 1857, t. 46, f. 3. — Chenu, Encycl. d'Hist. Nat. Col. II, 1860, p. 254, f. 176 (Figur falsch!).

crassus Newm. The Entomol. 1840, p. 15. — Kl. Clerii 1842, p. 387. — Blackb. Trans. Roy. Soc. South Austral. XIV, 1891, 2, p. 303. — Australien

obesus White, Stoke's Voy. App. t. 1, f. 9. — Blackb. l. c. p. 303.

obesulus White, Cat. Clerid. 1849, p. 26. — Lohde, Stett. Ent. Zeit. LXI, 1900, p. 55.

funestus Chevr. Rev. Mag. Zool. 1874, p. 300. — „

socius Chevr. l. c. p. 301. — Schklg. Deutsche Ent. Zeitschr. 1906, p. 282.

? **scrobiculatus** Spin. Clérites I, 1844, p. 156, — Gorh. Cist. Ent. II, 1875—82 (1876), p. 89. — Blackb. Trans. Roy. Soc. South Austral. XXIV, 1900, p. 123. — „

foveolatus Spin. l. c. t. 15, f. 4.

4

Eburiphora Spin.

Spin. Rev. Zool. 1841, p. 74; Clérites I, 1844, p. 290. — Lacord. Gen. Col. IV, 1857, p. 456. — Chenu, Encycl. d'Hist. Nat. Col. II, 1860, p. 255. — Blackb. Trans. Roy. Soc. South Austral. XXIV, 1900, p. 138. — Schklg. Gen. Ins. Cler. 1903, p. 62.

Eburifera Gemminger et Harold, Cat. Col. VI, 1869, p. 1741.

amoena Fairm. Ann. Soc. Ent. Fr. LXXI, 1902, p. 559. — Madagascar

analis Kuw. Soc. Ent. VIII, 1893—94 (1893), p. 66. — Schklg. Deutsche Ent. Zeitschr. 1906, p. 282. — „

apicalis Fairm. Ann. Soc. Ent. Belg. XXXVII, 1893, p. 394. — „

basicrus Fairm. l. c. p. 395. — „

biangulata Fairm. Ann. Soc. Ent. Fr. LXXI, 1902, p. 558. — „

biarcuata Fairm. Bull. Mus. Paris VIII, 1902, p. 314. — „

callosa Kl. Clerii 1842, p. 325. — Chenu, Encycl. d'Hist. Nat. Col. II, 1860, t. 20, f. 2. — Fairm. Ann. Soc. Ent. Belg. XXXVII, 1893, p. 395. — Schklg. Bull. Mus. Paris VIII, 1902, p. 327. — „

Reichei Spin. Clérites I, 1844, p. 291, t. 20, f. 3.

coerulea Kuw. Soc. Ent. VIII, 1893—94 (1893), p. 66. — „

dorsata Fairm. Ann. Soc. Ent. Fr. LXXI, 1902, p. 562. — „

elegans Fairm. l. c. p. 561. — „

impunctata Kuw. Soc. Ent. VIII, 1893—94 (1893), p. 66. — „

inclita Waterh. Cist. Ent. II, 1875—82 (1879), p. 533. — Fairm. Ann. Soc. Ent. Fr. (6) VI, 1886, p. 71. — „

janthina Fairm. Ann. Soc. Ent. Fr. LXXI, 1902, p. 559. — „

Klugi Kuw. Soc. Ent. VIII, 1893—94 (1893), p. 66. — Fairm. Ann. Soc. Ent. Fr. LXXI, 1902, p. 560. — „

var. *maculicollis* Fairm. l. c. p. 560. — „

var. *obscuricollis* Fairm. l. c. p. 561. — „

laevicollis Waterh. Cist. Ent. II, 1875—82 (1879), p. 533. — Fairm. Ann. Soc. Ent. Fr. (6) VI, 1886, p. 71. — „

longipennis Fairm. Ann. Soc. Ent. Belg. XXXVII, 1893, p. 393. — „

nigrocaudata Fairm. Ann. Soc. Ent. Fr. LXXI, 1902, p. 561. — „

nitidicollis Fairm. Ann. Soc. Ent. Fr. (6) VI, 1886, p. 70. Madagascar
obscuripes Kuw. Soc. Ent. VIII, 1893—94 (1893), p. 66. ,,
pulchra Schklg. Bull. Mus. Paris VIII, 1902, p. 328. ,,
quadribullata Fairm. Ann. Soc. Ent. Belg. XXXVII, 1893, p. 397. ,,
quadrinotata Fairm. Ann. Soc. Ent. Fr. LXXI, 1902, p. 559. ,,
var. *binotata* Fairm. l. c. p. 560. ,,
quadripunctata Kuw. Soc. Ent. VIII, 1893—94 (1893), p. 66. ,,
rufula Fairm. Ann. Soc. Ent. Fr. LXXI, 1902, p. 560. ,,
russata Fairm. Ann. Soc. Ent. Belg. XXXVII, 1893, p. 394. ,,
semiaurantiaca Fairm. l. c. p. 396. ,,
semivirens Fairm. l. c. p. 396. ,,
sexperlata Fairm. Bull. Mus. Paris VIII, 1902, p. 314. ,,
suturalis Fairm. Ann. Soc. Ent. Belg. XXXVII, 1893, p. 393. ,,
tenuecincta Fairm. Bull. Mus. Paris VIII, 1902, p. 315. ,,
tenuesculpta Fairm. Ann. Soc. Ent. Fr. LXXI, 1902, p. 561. ,,
testacea Fairm. l. c. p. 558. ,,
tetrasticta Fairm. Ann. Soc. Ent. Belg. XXXVII, 1893, p. 394. ,,
transversa Fairm. Ann. Soc. Ent. Fr. LXXI, 1902, p. 558. ,,
tuberculicollis Waterh. Cist. Ent. II, 1875—82 (1879), p. 532. — Fairm. Ann. Soc. Ent. Fr. (6) VI, 1886, p. 70. ,,
unifasciata Kuw. Soc. Ent. VIII, 1893—94 (1893), p. 66. ,,
variegata Kuw. l. c. p. 66. ,,
zonata Fairm. Ann. Soc. Ent. Belg. XXXVII, 1893, p. 397. ,,

38

Erymanthus Kl.

Kl. Clerii 1842, p. 327. — Spin. Clérites II, 1844, p. 55. — Lacord. Gen. Col. IV, 1857, p. 457. — Chenu, Encycl. d'Hist. Nat. Col. II, 1860, p. 269. — Schklg. Gen. Ins. Cler. 1903, p. 64.

Eurymanthus Quedf. Berl. Ent. Zeitschr. XXXII, 1888, p. 182.

ampliatus Hintz, Deutsche Ent. Zeitschr. 1902, p. 402. Südafrika
ater Hintz, Deutsche Ent. Zeitschr. 1905, p. 308. Kamerun
Belzebuth J. Thoms. Rev. Mag. Zool. 1856, p. 113, t. 5, f. 8. Senegambien
dispar Schklg. Bull. Mus. Paris VIII, 1902, p. 325. — Fairm. Ann. Soc. Ent. Fr. LXXI, 1902, p. 563. Madagascar
gemmatus Kl. Clerii 1842, p. 327, t. 1, f. 6. — Spin. Clérites II, 1844, p. 61, t. 41, f. 5. — Imhoff, Einf. Stud. Col. 1856, t. 6, f. 33. — Chenu, Encycl. d'Hist. Nat. Col. II, 1860, t. 18, f. 4. Caffraria
horridus Westw. Proc. Zool. Soc. Lond. 1852, p. 35, t. 24, f. 12. — Quedf. Berl. Ent. Zeitschr. XXXII, 1888, p. 183. Cap Palmas, Congo
var. *purpureoniger* Murray, Ann. Mag. Nat. Hist. (3) XX, 1867, p. 319. Old Calabar

var. *semirufus* Kuw. Ann. Soc. Ent. Belg. XXXVII, 1893, p. 479. — Congo
melanurus Kuw. l. c. p. 479. — ,,
pustulosus Quedf. Berl. Ent. Zeitschr. XXXII, 1888, p. 182. — Central-Afrika
Revoili Fairm. Ann. Soc. Ent. Fr. (6) VII, 1887, p. 163. — Ost-Afrika
variolatus Brême, Ann. Soc. Ent. Fr. (2) II, 1844, p. 294, t. 7, f. 7. — Chenu, Encycl. d'Hist. Nat. Col. II, 1860, f. 192. — Senegal
vesuvioides J. Thoms. Rev. Mag. Zool. 1856, p. 114, t. 5, f. 3—4. — Murray, Ann. Mag. Nat. Hist. (3) XX, 1867, p. 319. — Schklg. Deutsche Ent. Zeitschr. 1906, p. 282.

11

Trichodes Hbst.

Hbst. Käfer IV, 1792, p. 154. — Sturm, Deutschl. Fauna, Käf. XI, 1837, p. 19. — Spin. Rev. Zool. 1841, p. 74. — Kl. Clerii 1842, p. 328. — Spin. Clérites I, 1844, p. 292. — J. Lec. Ann. Lyc. Nat. Hist. N. York V, 1852, p. 17. — Lacord. Gen. Col. IV, 1857, p. 459. — Chenu, Encycl. d'Hist. Nat. Col. II, 1860, p. 255. — J. Lec. Classif. Col. N. Amer. I, 1862, p. 196. — Kiesw. Naturgesch. Ins. Deutschl. IV, 1863, p. 686. — Chevr. Rev. Mag. Zool. 1874, p. 268. — Gorh. Cist. Ent. II, 1875—82 (1876), p. 88. — Horn, Trans. Amer. Ent. Soc. V, 1876, p. 231 (Nord-Amerika). — J. Lec. and Horn, Classif. Col. N. America, ed. II, 1883, p. 218. — Escherich, Verh. zool.-bot. Ges. Wien XLIII, 1893, p. 149. — Kraatz, Deutsche Ent. Zeitschr. 1894, p. 113. — Reitter, Verh. Nat. Ver. Brünn XXXII, 1893 (1894), p. 50; Best.-Tab. 1894, p. 17. — Schklg. Gen. Ins. Cler. 1903, p. 65; Allgem. Zeitschr. Ent. VIII, 1903, p. 202; Deutsche Ent. Zeitschr. 1909, p. 93 (Afrika). — Wolcott, Publ. Field Mus. Chicago VII, 1910, p. 366 (Nord-Amerika); Bull. Ind. Dep. Geol. Nat. I, 1910, p. 851.

Clerus F. Syst. Ent. 1775, p. 158. — Ol. Ent. IV, 1795, nr. 76, p. 7. — Latr. Hist. Nat. IX, 1804, p. 150. — Jacq. du Val, Gen. Col. d'Eur. III, 1861, p. 197. — Muls. Angusticolles 1863, p. 71. — Champenois, Abeille XXX, 1900, p. 1.
Pachyscelis Hope, The Coleopt. Man. III, 1840, p. 139.

A. Paläarktische Arten.

Abeillei Reitt. Verh. Nat. Ver. Brünn XXXII, 1893 (1894), p. 76; Best.-Tab. 1894, p. 43. — Hintz, Deutsche Ent. Zeitschr. 1902, p. 230. — Syrien, Kleinasien
affinis Spin. Clérites I, 1844, p. 302, t. 29, f. 6. — Schaum, Berl. Ent. Zeitschr. V, 1861, p. 215. — Muls. Angusticolles 1863, p. 91. — Kraatz, Berl. Ent. Zeitschr. XVII, 1873, p. 242. — Chevr. Mém. Clér. 1876, p. 6. — Eschrch. Verh. zool.-bot. Ges. Wien XLIII, 1893, p. 180, t. 2, f. 12. — Reitt. l. c. p. 65; p. 32. — Kraatz, Deutsche Ent. Zeitschr. 1894, p. 124. — Champ. Abeille XXIX, 1898, p. 116; l. c. XXX, 1900, p. 14. — Ägypten, Syrien, Palästina, Creta
antiquus Kl. Clerii 1842, p. 332. — Kraatz, Berl. Ent. Zeitschr. XVII, 1873, p. 242.
var. *apicalis* Champ. Abeille XXX, 1900, p. 14. — Syrien
var. *metasternalis* Reitt. l. c. p. 65; p. 32. — ,,
var. *sagittifer* Champ. l. c. p. 15. — ,,
var. *subapicalis* Chevr. Rev. Mag. Zool. 1874, p. 306. — Champ. l. c. p. 15. — ,,

Alberi Eschrch. l. c. p. 198, t. 1, f. 11. — Reitt. l. c. p. 80. — Kleinasien

alvearius F. Ent. Syst. I, 1792, p. 209. — Curtis, Brit. Entomol. I, 1824, t. 44. — Sturm, Deutschl. Fauna, Käf. XI, 1837, p. 23. — Kl. Clerii 1842, p. 334. — Spin. Clérites I, 1844, p. 301, t. 29, f. 5. — Bach, Käferfauna Nord- und Mitteldeutschl. II, 1854, p. 92. — Chenu, Encycl. d'Hist. Nat. Col. II, 1860, p. 257, f. 178. — Kiesw. Naturgesch. Ins. Deutschl. IV, 1863, p. 688. — Muls. Col. Fr. Angusticolles 1863, p. 81. — Chevr. Mém. Clér. 1876, p. 6. — Seidlitz, Fauna Balt. ed. II, 1891, p. 493; Fauna Transsylv. 1891, p. 527. — Eschrch. l. c. p. 179. — Kraatz, Deutsche Ent. Zeitschr. 1894, p. 123. — Reitt. l. c. p. 66; p. 33. — Champ. l. c. p. 12. — Pic, Échange XVII, 1902, p. 61. — Houlbert et Bétis, Trav. scient. Univ. Rennes IV, Suppl. 1905, p. 132, f. 36. — Mittel-Europa, Süd-Europa, Sibirien, Algier

Biologie: Réaumur, Mém. VI, 1738, mém. 3, t. 8, f. 9. — Schaeff. Abh. Mauerbiene 1746, t. 5. — Latr. Hist. Nat. IX, 1804, p. 151. — Westw. Introd. Class. Ins. I, 1839, p. 263, f. 29. — Perris, Ann. Soc. Ent. Fr. (3) II, 1854, p. 611. — Muls. Col. Fr. Angusticolles 1863, p. 85, t. 2, f. 11. — Gaulle, Feuille jeun. nat. IV, 1874, p. 124. — Kittel, Correspondenzbl. zool.-mineral. Ver. Regensburg XXXIV, 1880, p. 72. — Charpent. Bull. Soc. Linn. Nord Fr. VI, 1883, p. 358. — Lampert, Jahresh. Nat. Ver. Württemberg XLII, 1886, p. 99. — Houlbert et Bétis, l. c. p. 132, f. 37. — Xambeu, Naturaliste XXX, 1908, p. 141.

Anatomie: Dufour, Ann. Sc. Nat. III, 1824, p. 227, t. 13, f. 3.

alveolarius Latr. Hist. Nat. Crust. et Ins. IX, 1804, p. 154.

apiarius Müll. Zool. Dan. Prodr. 1776, p. 95.

var. *Dahli* Spin. Clérites I, 1844, p. 300, t. 29, f. 4. — Muls. Col. Fr. Angusticolles 1863, p. 84. — Eschrch. l. c. p. 180. — Reitt. l. c. p. 66; p. 33. — Champ. l. c. p. 12. — Schklg. Deutsche Ent. Zeitschr. 1906, p. 284. — Süd-Europa, Mittel-Europa

var. *interruptus* Kraatz, Deutsche Ent. Zeitschr. 1894, p. 124. — „

var. *Ravouxi* Pic, Échange XIX, 1903, p. 146. — Frankreich

var. *Theresae* Pic, Échange XVIII, 1902, p. 46. — „

ammios F. Mant. Ins. I, 1787, p. 126. — Ol. Ent. IV, 1795, nr. 76, p. 6, t. 1, f. 3. — Kl. Clerii 1842, p. 339. — Spin. Clérites I, 1844, p. 322, t. 32, f. 1. — Chenu, Encycl. d'Hist. Nat. Col. II, 1860, t. 19, f. 5. — Muls. Col. Fr. Angusticolles 1863, p. 95. — Chevr. Rev. Mag. Zool. 1874, p. 309. — Bedel, Ann. Soc. Ent. Fr. (6) VIII, 1888, p. 288. — Heyden, Échange 1892, p. 4. — Eschrch. l. c. p. 195, t. 1, f. 8. — Kraatz, Deutsche Ent. Zeitschr. 1894, p. 133. — Reitt. l. c. p. 80; p. 47. — Champ. l. c. p. 21. — Süd-Europa, Algier, Kleinasien

Biologie: Mayet, Ann. Soc. Ent. Fr. LXIII, 1894, p. 6.

arthriticus Spin. Clérites I, 1844, p. 324, t. 32, f. 1. — Heyd. Échange VIII, 1892, p. 4.
flavicornis Germ. Faun. Ins. XX, 1817, 4. — Chevr. Rev. Mag. Zool. 1874, p. 309. — Eschrch. l. c. p. 196, t. 1, f. 9. — Kraatz, Deutsche Ent. Zeitschr. 1893, p. 79. — Eschrch. Soc. Ent. VIII, 1893, p. 25. — Kraatz, Soc. Ent. VIII, 1893, p. 50; Deutsche Ent. Zeitschr. 1894, p. 133. — Champ. Abeille XXIX, 1898, p. 116.
omoplatus Spin. Clérites I, 1844, p. 325.
sipylus F. Syst. Ent. 1775, p. 158. — Kraatz, Berl. Ent. Zeitschr. XVII, 1873, p. 240.

angustifrons Abeille, Ann. Soc. Ent. Fr. (6) I, 1881, p. 100. — Eschrch. l. c. p. 174, t. 2, f. 24. — Kraatz, Deutsche Ent. Zeitschr. 1894, p. 122. — Reitt. l. c. p. 59; p. 26. — Schklg. in Jägerskiöld, Swedish Zool. Exped. Egypt and White Nile, nr. 10a, 1906, p. 11. — Kleinasien, Syrien, Ägypten, Omdurman
var. *interruptus* Kraatz, l. c. p. 122. — Syrien

apiarius L. Syst. Nat. ed. X, 1758, p. 388. — Geer, Mém. V, 1775, p. 157, t. 5, f. 3. — Ol. Ent. IV, 1795, nr. 76, p. 74, t. 1, f. 4. — Donovan, Nat. Hist. Brit. Ins. VII, 1798, p. 231, f. 1. — Sturm, Deutschl. Fauna, Käf. XI, 1837, p. 24. — Kl. Clerii 1842, p. 130. — Spin. Clérites I, 1844, p. 305, t. 30, f. 2. — Doué, Bull. Soc. Ent. Fr. (2) VI, 1848, p. 15 (Monstros.). — Bach, Käferfauna Nord- und Mitteldeutschl. II, 1854, p. 92. — Chenu, Encycl. d'Hist. Nat. Col. II, 1860, p. 257, f. 179. — Spry and Shuckard, Brit. Ent. 1861, p. 43, t. 52, f. 5. — Kiesw. Naturgesch. Ins. Deutschl. IV, 1863, p. 689. — Muls. Col. Fr. Angusticolles 1863, p. 77, t. 1, f. 9. — Chevr. Mém. Clér. 1876, p. 6. — Seidlitz, Fauna Balt. ed. II, 1891, p. 493; Fauna Transsylv. 1891, p. 527. — Eschrch. l. c. p. 171, t. 1, f. 1. — Kraatz, Deutsche Ent. Zeitschr. 1894, p. 122. — Reitt. l. c. p. 61; p. 28. — Champ. Abeille XXX, 1900, p. 9. — Pic, Échange XVII, 1902, p. 61. — Houlbert et Bétis, Trav. scient. Univ. Rennes IV, 1905, p. 131, f. 35. — Schklg. Deutsche Ent. Zeitschr. 1906, p. 283; l. c. 1909, p. 582. — Europa, Kaukasus, Nord-Afrika

Biologie: Swammerdam, Bibl. Nat. 1737, t. 26, f. 3. — Hbst. Käfer IV, 1792, p. 158. — Gistl, Faunus I, 1832, p. 140. — Sturm, Deutschl. Ins. XI, 1837, p. 25. — Duncan, Nat. Hist. Bees 1840, p. 149, t. 8, f. 1. — Assmus, Stett. Ent. Zeit. XXIV, 1863, p. 397; Parasiten der Honigbiene 1865, p. 8, t. 2, f. 1—2. — Kittel, Correspondenzbl. zool.-mineral. Ver. Regensburg XXXIV, 1880, p. 72. — Lampert, Jahresh. Nat. Ver. Württemberg XLII, 1886, p. 99. — Boise, Bull. Soc. Ent. Fr. (6) X, 1890, p. 35. — Houlbert et Bétis, l. c. p. 131.

Anatomie: Dufour, Ann. Sc. Nat. III, 1824, p. 227. — Eschrch. Verh. zool.-bot. Ges. Wien XLIII, 1893, p. 154. — Kempers, Tijdschr. voor Ent. XLIV, 1901, p. 29.

corallinus Ménétr. Cat. rais. 1832, p. 166.
georgianus Chevr. Rev. Mag. Zool. 1874, p. 306. — Champ. Abeille XXIX, 1898, p. 115. — Reitt. Wien. Ent. Zeit. XVIII, 1899, p. 55. — Champ. Abeille XXX, 1900, p. 9. — Reitt. Wien. Ent. Zeit. XXVII, 1908, p. 64.
var. *angusticolor* Reitt. Verh. Nat. Ver. Brünn XXXII, 1893 (1894), p. 61; Best.-Tab. p. 28. — Spanien
var. *apiarioides* Reitt. l. c. p. 57 und 61; p. 24 und 28. — Champ. Abeille XXIX, 1898, p. 115. — Reitt. Wien. Ent. Zeit. XXVII, 1908, p. 64. — Kaukasus
var. *apicida* Kl. Clerii 1842, p. 331. — Reitt. Verh. Nat. Ver. Brünn XXXII, 1893 (1894), p. 61; Best.-Tab. p. 28. — Champ. Abeille XXX, 1900, p. 9. — Südeuropa, Mitteleuropa
var. *arcuatus* Spin. Clérites I, 1844, p. 307, t. 30, f. 2 B. — Reitt. l. c. p. 61; p. 28. — Champ. l. c. p. 9. — Schklg. Deutsche Ent. Zeitschr. 1906, p. 284. — „
var. *interruptus* Kl. Clerii 1842, p. 331. — Champ. l. c. p. 9. — Schklg. l. c. p. 284. — „
var. *subtrifasciatus* Kl. l. c. p. 331. — Reitt. l. c. p. 61; p. 28. — Champ. l. c. p. 9. — Schklg. l. c. p. 284. — „ Südeuropa
crassipedarius Chevr. Mém. Clér. 1876, p. 6.
var. *taygetanus* Hintz, Deutsche Ent. Zeitschr. 1902, p. 229. — Taygetos
var. *unifasciatus* Kl. l. c. p. 331. — Reitt. l. c. p. 61; p. 28. — Champ. l. c. p. 9. — Schklg. l. c. p. 284. — Italien
elegans Spin. Clérites I, 1844, p. 307, t. 30, f. 2 E. — Reitt. l. c. p. 61; p. 28. — Pic, Échange XXV, 1909, Beilage, p. 3.

armeniacus Baudi, Ann. Mus. Genova IV, 1873, p. 254. — Eschrch. Verh. zool.-bot. Ges. Wien XLIII, 1893, p. 186. — Reitt. l. c. p. 69; p. 36. — Champ. l. c. p. 15. — Armenien, Persien, Kaukasus
caucasicus Chevr. Rev. Mag. Zool. 1874, p. 305. — Champ. Abeille XXIX, 1898, p. 116.
caucasicus Kraatz, Deutsche Ent. Zeitschr. XXVI, 1882, p. 320. — Heyd. l. c. 1888, p. 73 nota.
var. *araxicola* Reitt. l. c. p. 69; p. 36. — Araxes

atticus Chevr. Rev. Mag. Zool. 1874, p. 308. — Eschrch. Wien. Ent. Zeit. XI, 1892, p. 244; Verh. zool.-bot. Ges. Wien XLIII, 1893, p. 192, t. 2, f. 17. — Kraatz, Deutsche Ent. Zeitschr. 1893, p. 78. — Reitt. l. c. p. 75; p. 42. — Champ. Abeille XXIX, 1898, p. 116; l. c. XXX, 1900, p. 26. — Griechenland
viridis Rey, Échange VII, 1891, p. 130. — Reitt. l. c. p. 75; p. 42.

axillaris Fisch. Cat. Col. Karel. 1843, p. 9; Bull. Moscou XVII, 1844, p. 39. — Dsungarei

bitaeniatus Kraatz, Deutsche Ent. Zeitschr. 1894, p. 128, t. 1, f. 5. — Reitt. l. c. p. 74; p. 41. — Persien

communimacula Fairm. Rev. d'Ent. VII, 1888, p. 124. — Peking

crabroniformis F. Mant. Ins. I, 1787, p. 126. — Kl. Clerii 1842, p. 329. — Spin. Clérites I, 1844, p. 309, t. 30, f. 3. — Jacq. du Val, Gen. Col. d'Eur. III, 1861, t. 49, f. 242. — Muls. Col. Fr. Angusti- — Südeuropa, Kleinasien, Syrien colles 1863, p. 74. — Chevr. Rev. Mag. Zool. 1874, p. 303. — Eschrch. Verh. zool.-bot. Ges. XLIII, 1893, p. 173, t. 1, f. 2—3. — Reitt. l. c. p. 59; p. 26. — Champ. Abeille XXX, 1900, p. 30.

gulo Chevr. Rev. Mag. Zool. 1874, p. 304. — Reitt. l. c. p. 59; p. 26. — Champ. Abeille XXIX, 1898, p. 115.

lepidus Brullé, Exp. Mor. III, 1832, p. 154, t. 37, f. 7. — Reitt. l. c. p. 59; p. 26.

zebra Chevr. Rev. Mag. Zool. 1874, p. 303. — Champ. Abeille XXIX, 1898, p. 115.

var. *humeralis* Müller, Wien. Ent. Zeitschr. XXI, 1902, p. 115. — Dalmatien

cyprius Champ. Abeille XXX, 1900, p. 23. — Cypern

Davidi Fairm. Ann. Soc. Ent. Fr. (5) VIII, 1878, p. 119, t. 3, f. 3. — Kraatz, Deutsche Ent. Zeitschr. 1894, p. 117, t. 1, f. 7. — Reitt. l. c. p. 69; p. 36. — China

dilatipennis Reitt. l. c. p. 75; p. 42. — Champ. l. c. p. 25. — Syrien, Persien

ephippiger Chevr. Rev. Mag. Zool. 1874, p. 307; Mém. Clér. 1876, p. 18. — Eschrch. Verh. zool.-bot. Ges. Wien XLIII, 1893, p. 185, t. 2, f. 9—10. — Reitt. l. c. p. 67; p. 34. — Heyd. Deutsche Ent. Zeitschr. 1888, p. 73; l. c. 1894, p. 89. — Champ. Abeille XXIX, 1898, p. 116; l. c. XXX, 1900, p. 16. — Schklg. Deutsche Ent. Zeitschr. 1906, p. 285. — Armenien, Persien, Kleinasien

var. *jactans* Reitt. Deutsche Ent. Zeitschr. 1899, p. 276. — Champ. Abeille XXX, 1900, p. 17. — ,,

var. *leucippus* Reitt. l. c. p. 276. — Champ. l. c. p. 37. — ,,

var. *Theophilei* Chevr. Mém. Clér. 1876, p. 18. — Reitt. Verh. Nat. Ver. Brünn XXXII, 1893 (1894), p. 67; Best.-Tab. 1894, p. 34. — Champ. l. c. p. 16. — ,, Mesopotamien

erratus Champ. Abeille XXIX, 1898, p. 115 nota; l. c. XXX, 1900, p. 17. — Kleinasien, Syrien

sexpustulatus Eschrch. (nec Chevr.) Verh. zool.-bot. Ges. Wien XLIII, 1893, p. 187.

Escherichi Reitt. Wien. Ent. Zeit. XII, 1893, p. 303; Verh. Nat. Ver. Brünn XXXII, 1893 (1894), p. 56; Best.-Tab. 1894, p. 23. — Champ. l. c. p. 4. — Turkestan, Buchara

var. *kulabensis* Reitt. l. c. p. 56; p. 23. — Turkestan

favarius Ill. Mag. Ins. I, 1802, p. 80. — Germ. Faun. Ins. X, 1824, t. 2. — Sturm, Deutschl. Fauna, Käf. XI, 1837, p. 26, t. 230. — Brullé, Exp. Morée III, 1832, p. 155, t. 37, f. 8. — Kl. Clerii 1842, p. 332. — Spin. Clérites I, 1844, p. 313, t. 31, f. 1 a. — Kiesw. Naturgesch. Ins. Deutschl. IV, 1863, p. 687. — Muls. Col. Fr. Angusticolles 1863, p. 88. — Seidlitz, Fauna Transsylv. 1891, p. 527. — Eschrch. Verh. zool.-bot. Ges. Wien XLIII, 1893, p. 181. — Reitt. l. c. p. 63; p. 30. — Kraatz, Deutsche Ent. Zeitschr. 1894, p. 124. — Champ. Abeille XXX, 1900, p. 12. — Mitteleuropa, Südeuropa

elegantulus Spin. l. c. p. 316.

hispanicus Spin. l. c. p. 315.

var. *axillaris* Spin. l. c. p. 315. — Kraatz, Deutsche Ent. Zeitschr. 1894, p. 125. — Reitt. l. c. p. 64; p. 31.	Kleinasien
var. *bosphoranus* Champ. l. c. p. 14.	Bosporus
var. *insignis* Fisch. Bull. Moscou I, 1829, p. 68, t. 2, f. 2. — Férussac, Bull. Sc. Nat. XXVI, 1831, p. 100. — Cast. Hist. Nat. Col. I, 1837, p. 288. — Kl. Clerii 1842, p. 334. — Reitt. l. c. p. 64; p. 31.	Ägypten, Syrien, Kleinasien, Griechenland, Süd-Russland
affinis Chevr. Ann. Soc. Ent. Fr. (2) I, 1843, p. 38; Rev. Mag. Zool. 1874, p. 306; Mém. Clér. 1876, p. 6. — Kraatz, Berl. Ent. Zeitschr. XVII, 1873, p. 241. — Reitt. l. c. p. 64; p. 31.	
illepidus Walk. List Col. coll. Lord 1871, p. 14. — Champ. Abeille XXIX, 1898, p. 116.	
illustris Spin. Clérites I, 1844, p. 315. — Kraatz, Deutsche Ent. Zeitschr. 1894, p. 125.	
viridifasciatus Chevr. Ann. Soc. Ent. Fr. (2) I, 1843, p. 40. — Baudi, Berl. Ent. Zeitschr. XVII, 1873, p. 323. — Chevr. Rev. Mag. Zool. 1874, p. 305. — Champ. Abeille XXIX, 1898, p. 116.	
var. *nigratus* Heyd. Deutsche Ent. Zeitschr. 1894, p. 88. — Reitt. l. c. p. 64; p. 31.	Kleinasien
var. *obliquatus* Brullé, Exp. Morée III, 1832, p. 155, t. 37, f. 9. — Kraatz, Deutsche Ent. Zeitschr. 1894, p. 125. — Reitt. l. c. p. 63; p. 30.	Griechenland
var. *phedinus* Spin. Clérites I, 1844, p. 313, t. 31, f. 1 D. — Kraatz, Deutsche Ent. Zeitschr. 1894, p. 125. — Reitt. l. c. p. 64; p. 31.	Süd-Russland
var. *punctatus* Fisch. Bull. Moscou I, 1829, p. 68, t. 2, f. 3. — Kraatz, Deutsche Ent. Zeitschr. 1894, p. 126. — Reitt. l. c. p. 64; p. 31.	Griechenland, Türkei
var. *senilis* Kl. Clerii 1842, p. 333. — Kraatz, l. c. p. 125. — Reitt. l. c. p. 63; p. 30.	Corfu, Türkei
Lafertei Chevr. Ann. Soc. Ent. Fr. (2) I, 1843, p. 39; Rev. Mag. Zool. 1874, p. 304. — Kraatz, l. c. p. 124. — Reitt. l. c. p. 63; p. 30. — Champ. Abeille XXIX, 1898, p. 116.	
var. *viridanus* Kraatz, l. c. p. 126. — Reitt. l. c. p. 64; p. 31.	Kleinasien
flavocinctus Spin. Clérites I, 1844, p. 324, t. 32, f. 1. — Kraatz, l. c. p. 133. — Reitt. l. c. p. 80; p. 47. — Champ. Abeille XXX, 1900, p. 22.	Spanien, Algier
var. *dauci* Spin. l. c. p. 324, t. 32, f. 1 B. — Reitt. l. c. p. 80; p. 47. — Champ. l. c. p. 40.	Südeuropa, Algier
x-littera Chevr. Rev. Mag. Zool. 1874, p. 309. — Reitt. l. c. p. 80; p. 47. — Champ. Abeille XXIX, 1898, p. 116; l. c. XXX, 1900, p. 22.	
var. *podagricus* Chevr. Mém. Clér. 1876, p. 18. — Reitt. l. c. p. 80 nota; p. 47 nota. — Champ. l. c. p. 22.	Algier, Spanien
hispanus Chevr. l. c. p. 19. — Reitt. l. c. p. 80 nota; p. 47 nota. — Kraatz, Deutsche Ent. Zeitschr. 1894, p. 134. — Champ. Abeille XXIX, 1898, p. 116; l. c. XXX, 1900, p. 22.	
frater Kraatz, Deutsche Ent. Zeitschr. 1893, p. 80. — Eschrch. Verh. zool.-bot. Ges. Wien XLIII, 1893, p. 194. — Reitt. l. c. p. 75; p. 42. — Champ. l. c. p. 25.	Kleinasien

galbula Reitt. Wien. Ent. Zeit. XIII, 1894, p. 252.	Transcaspien
Ganglbaueri Eschrch. l. c. p. 166, t. 2, f. 11 und 21. — Reitt. l. c. p. 58 und 75; p. 25 und 42. — Champ. l. c. p. 6.	Kleinasien
Hauseri Eschrch. l. c. p. 192. — Reitt. Wien. Ent. Zeit. XIII, 1894, p. 251. — Eschrch. Deutsche Ent. Zeitschr. 1894, p. 46, f. 2. — Reitt. Verh. Nat. Ver. Brünn XXXII, 1893 (1894), p. 73; Best.-Tab. p. 40. — Champ. l. c. p. 20.	Transcaspien, Turkestan
var. *bimaculatus* Kraatz, Deutsche Ent. Zeitschr. 1894, p. 131 und 132, t. 1, f. 10. — Reitt. l. c. p. 73; p. 40.	„
var. *latefasciatus* Kraatz, l. c. p. 131, t. 1, f. 11. — Reitt. l. c. p. 73; p. 40. — Champ. l. c. p. 39.	„
var. *maculifer* Champ. l. c. p. 20.	„
var. *proximus* Champ. l. c. p. 20.	„
var. *quadrimaculatus* Kraatz, l. c. p. 135. — Reitt. l. c. p. 73; p. 40. — Champ. l. c. p. 39.	„
trinominatus Pic, Échange XI, 1895, p. 114. — Champ. l. c. p. 39.	
var. *semilimbatus* Champ. l. c. p. 20.	„
Heydeni Eschrch. Wien. Ent. Zeit. XI, 1892, p. 230; Verh. zool.-bot. Ges. Wien XLIII, 1893, p. 198, t. 1, f. 7. — Kraatz, Deutsche Ent. Zeitschr. 1894, p. 135. — Reitt. l. c. p. 78; p. 45. — Champ. l. c. p. 22.	Kleinasien, Kaukasus
var. *anatolicus* Reitt. l. c. p. 78; p. 45. — Champ. l. c. p. 22.	Kleinasien
Holtzi Hintz, Deutsche Ent. Zeitschr. 1902, p. 230.	Cilic. Taurus
inermis Reitt. l. c. p. 76; p. 43. — Champ. l. c. p. 24.	Türkei
var. *imitator* Reitt. Deutsche Ent. Zeitschr. 1899, p. 276.	Kleinasien
femininus Champ. l. c. p. 25.	
irkutensis Laxm. Nov. Comment. Acad. Petrop. XIV, 1770, p. 595, t. 24, f. 4. — Stussiner, Deutsche Ent. Zeitschr. XXV, 1881, p. 99. — Seidlitz, Fauna Transsylv. 1891, p. 527. — Eschrch. l. c. p. 199. — Kraatz, Deutsche Ent. Zeitschr. 1894, p. 135. — Reitt. l. c. p. 62; p. 29. — Champ. l. c. 27.	Sibirien, Mongolei, Bayr. Alpen, Istrien, Siebenbürgen, Galizien
bifasciatus F. Spec. Ins. I, 1781, p. 202. — Kl. Clerii 1842, p. 337. — Spin. Clérites I, 1844, p. 325, t. 32, f. 2. — Kiesw. Naturgesch. Ins. Deutschl. IV, 1863, p. 690. — Muls. Col. Fr. Angusticolles 1863, p. 100.	
var. *Bangi* Reitt. l. c. p. 62; p. 29.	Sibirien
var. *humeralis* Kraatz, Deutsche Ent. Zeitschr. 1894, p. 135. — Reitt. l. c. p. 62; p. 29.	„
Klugi Kraatz, Berl. Ent. Zeitschr. XVII, 1873, p. 242. — Eschrch. l. c. p. 162, t. 2, f. 2. — Kraatz, Deutsche Ent. Zeitschr. 1894, p. 117. — Reitt. l. c. p. 56; p. 23. — Champ. l. c. p. 3.	Armenien, Syrien, Arabien
Kindermanni Chevr. Rev. Mag. Zool. 1874, p. 307. — Heyd. Deutsche Ent. Zeitschr. 1888, p. 73. — Kraatz, l. c. p. 117. — Champ. Abeille XXIX, 1898, p. 115. — Reitt. Wien. Ent. Zeit. XVIII, 1899, p. 55.	
Olivieri Kl. Clerii 1842, p. 336. — Schaum, Berl. Ent. Zeitschr. V, 1861, p. 214. — Kraatz, l. c.	

XVII, 1873, p. 242. — Eschrch. Soc. Ent. VII, 1892, p. 24.
var. *imitator* Reitt. Verh. Nat. Ver. Brünn XXXII, 1893 (1894), p. 56; Best.-Tab. 1894, p. 23. — Champ. Abeille XXX, 1900, p. 3.

Korbianus Ganglb. Ann. Wien. Hofmus. XX, 1906, p. 274. — Kleinasien

Kraatzi Reitt. Wien. Ent. Zeit. XIII, 1894, p. 252. — Champ. l. c. p. 19. — Hintz, Deutsche Ent. Zeitschr. 1904, p. 420. — Reitt. Wien. Ent. Zeit. XXIII, 1904, p. 259. — Turkestan
turkestanicus Kraatz, Deutsche Ent. Zeitschr. 1882, p. 320; l. c. 1894, p. 130, t. 1, f. 14. — Eschrch. l. c. 1894, p. 47. — Reitt. l. c. p. 251.
turkestanicus Reitt. Verh. Nat. Ver. Brünn XXXII, 1893 (1894), p. 72; Best.-Tab. 1894, p. 39.
var. *deliquus* Reitt. l. c. p. 72; p. 39. — Champ. l. c. p. 20. — Alexandergebirge, Transkaspien
apicalis Brancs. Ann. Soc. Hist. Nat. Trencsén XXI—XXII, 1899, p. 99, t. 4, f. 3a.
violaceus Heyd. Deutsche Ent. Zeitschr. 1892, p. 103. — Eschrch. Deutsche Ent. Zeitschr. 1894, p. 47. — Reitt. l. c. p. 72; p. 39.
var. *humeralis* Hintz, Deutsche Ent. Zeitschr. 1904, p. 222. — Reitt. Wien. Ent. Zeit. XXIII, 1904, p. 260. — Buchara
var. *immarginatus* Hintz, l. c. p. 422. — Reitt. l. c. p. 260. — „
var. *interruptus* Hintz, l. c. p. 422. — Reitt. l. c. p. 260. — „
var. *jucundus* Reitt. Verh. Nat. Ver. Brünn XXXII, 1893 (1894), p. 72; Best.-Tab. 1894, p. 39.
var. *nobiliformis* Reitt. l. c. p. 72; p. 39. — Merw
var. *sanguineosignatus* Eschrch. Verh. zool.-bot. Ges. Wien XLIII, 1893, p. 191; Deutsche Ent. Zeitschr. 1894, p. 47, f. 3. — Reitt. l. c. p. 72; p. 39. — Turkestan, Kaukasus

laminatus Chevr. Ann. Soc. Ent. Fr. (2) I, 1843, p. 40. — Schaum, Berl. Ent. Zeitschr. V, 1861, p. 214. — Chevr. Rev. Mag. Zool. 1874, p. 308. — Eschrch. l. c. p. 197, t. 1, f. 6. — Kraatz, Deutsche Ent. Zeitschr. 1894, p. 134. — Reitt. l. c. p. 78; p. 45. — Champ. l. c. p. 23. — Griechenland, Kleinasien, Syrien
angustus Chevr. Ann. Soc. Ent. Fr. (2) I, 1843, p. 41. — Schaum, l. c. p. 215. — Chevr. Rev. Mag. Zool. 1874, p. 41.
difficilis Eschrch. l. c. p. 199, t. 2, f. 20; t. 1, f. 10. — Reitt. l. c. p. 79; p. 46. — Champ. Abeille XXIX, 1898, p. 116.
flavocinctus Chevr. Mém. Clér. 1876, p. 19. — Kraatz, Deutsche Ent. Zeitschr. 1894, p. 134. — Reitt. l. c. p. 78; p. 45.
smyrnensis Spin. Clérites I, 1844, p. 324.
var. *cyprius* Reitt. l. c. p. 77; p. 44. — Champ. l. c. p. 23. — Cypern
var. *dorsolimbatus* Champ. l. c. p. 23. — Kleinasien

var. *fallax* Eschrch. l. c. p. 189 und 197. — Reitt. l. c. p. 77 und 78; p. 44 und 45. — Champ. l. c. p. 23. — Griechenland, Türkei, Syrien

var. *quadriguttulus* Eschrch. Wien. Ent. Zeit. XI, 1892, p. 244; Soc. Ent. VIII, 1893, p. 25. — Kraatz, Soc. Ent. VIII, 1893, p. 50. — Syrien

var. *religatus* Champ. l. c. p. 23. — Kleinasien

var. *visnagae* Spin. Clérites I, 1844, p. 325, t. 32, f. 1 E. — Baudi, Berl. Ent. Zeitschr. XVII, 1873, p. 324. — Eschrch. l. c. p. 197. — Kraatz, Deutsche Ent. Zeitschr. 1894, p. 134. — Reitt. l. c. p. 78; p. 45. — Champ. l. c. p. 23. — Türkei, Cypern

leucopsideus Ol. Ent. IV, 1795, nr. 76, p. 8, t. 1, f. 6. — Kl. Clerii 1842, p. 337. — Spin. Clérites I, 1844, p. 318, t. 31, f. 3. — Muls. Col. Fr. Angusticolles 1863, p. 92. — Chevr. Rev. Mag. Zool. 1874, p. 302. — Eschrch. l. c. p. 168, t. 2, f. 15 und 22. — Kraatz, Deutsche Ent. Zeitschr. 1894, p. 121. — Reitt. l. c. p. 58; p. 25. — Spanien, Portugal, Algier, Tunis

hypocrita Chevr. Rev. Mag. Zool. 1861, p. 151. — Kraatz, Berl. Ent. Zeitschr. XVII, 1873, p. 242. — Chevr. Rev. Mag. Zool. 1874, p. 302. — Champ. Abeille XXIX, 1898, p. 115.

sanguinosus Chevr. Rev. Mag. Zool. 1861, p. 150. — Kraatz, l. c. p. 242. — Chevr. Rev. Mag. Zool. 1874, p. 302. — Quedf. Ent. Nachr. XI, 1885, p. 76. — Kraatz, Ent. Nachr. XI, 1885, p. 185. — Champ. Abeille XXIX, 1898, p. 115; l. c. XXX, 1900, p. 5.

xanthoceros Champ. Abeille XXX, 1900, p. 5.

longissimus Abeille, Ann. Soc Ent. Fr. (6) I, 1881, p. 99. — Reitt. l. c. p. 61; p. 28. — Syrien

var. *discedens* Champ. Abeille XXX, 1900, p. 8. — Kleinasien

Martini Fairm. Bull. Soc. Ent. Fr. 1896, p. 223. — Arabien

maximus Eschrch. Wien. Ent. Zeit. XI, 1892, p. 229; Verh. zool.-bot. Ges. Wien XLIII, 1893, p. 163, t. 1, f. 4 und 5; t. 2, f. 1. — Kraatz, Deutsche Ent. Zeitschr. 1894, p. 46. — Reitt. l. c. p. 55; p. 22. — Champ. Abeille XXX, 1900, p. 3. — Kleinasien, Syrien

nobilis Kl. Clerii 1842, p. 335. — Muls. Col. Fr. Angusticolles 1863, p. 91. — Eschrch. Verh. zool.-bot. Ges. Wien XLIII, 1893, p. 190, t. 2, f. 5. — Kraatz, l. c. p. 128. — Reitt. l. c. p. 70; p. 37. — Champ. l. c. p. 18. — Griechenland, Türkei, Kleinasien, Syrien

var. *guttifer* Reitt. Wien. Ent. Zeit. XII, 1893, p. 258; Verh. Nat. Ver. Brünn XXXII, 1893 (1894), p. 70; Best.-Tab. 1894, p. 37. — Kraatz, l. c. p. 130. — Champ. l. c. p. 18. — Turkmenien

var. *nobilis* Eschrch. l. c. p. 190, t. 2, f. 5. — Kl. Clerii 1842, p. 336. — Türkei

var. *normalis* Reitt. Verh. Nat. Ver. Brünn XXXII, 1893 (1894), p. 70; Best.-Tab. 1894, p. 37. — Champ. l. c. p. 18. — Transcaspien

var. *quadrilineolatus* Kraatz, l. c. p. 128. — Reitt. l. c. p. 70; p. 37. — Champ. l. c. p. 18. — Kleinasien

var. *ruber* Eschrch. Stett. Ent. Zeit. LVIII, 1897, p. 30. — ,, var. *variabilis* Spin. Clérites I, 1844, p. 313, t. 30, f. 5 D. — Reitt. l. c. p. 70; p. 37. — Champ. l. c . p. 18. — Kleinasien

Oberthüri Champ. Abeille XXX, 1900, p. 16. — Syrien

octopunctatus F. Mant. Ins. I, 1787, p. 126. — Kl. Clerii 1842, p. 336. — Spin. Clérites I, 1844, p. 297, t. 29, f. 2. — Muls. Col. Fr. Angusticolles 1863, p. 72. — Kraatz, Deutsche Ent. Zeitschr. 1894, p. 117. — Reitt. l. c. p. 66; p. 33. — Champ. l. c. p. 10. — Südeuropa

Biologie: Licht. Bull. Soc. Ent. Fr. (5) VII, 1877, p. 32.

octomaculatus Villers, Ent. I, 1789, p. 222, t. 1, f. 26.

var. *fasciatus* Champ. Abeille XXX, 1900, p. 10. — Süd-Frankreich

var. *quadrimaculatus* Kraatz, Deutsche Ent. Zeitschr. 1894, p. 117. — Reitt. l. c. p. 67; p. 34. — Andalusien

var. *sexmaculatus* Kraatz, l. c. p. 177. — Reitt. l. c. p. 66; p. 33. — Spanien

var. *suturifer* Champ. l. c. p. 11. — Süd-Frankreich

Olivieri Chevr. in Guér. Ic. Règne anim. Ins. 1829—38, p. 54, t. 15, f. 16; Ann. Soc. Ent. Fr. (2) I, 1843, p. 38. — Baudi, Berl. Ent. Zeitschr. XVII, 1873, p. 323; Ann. Mus. Genova IV, 1873, p. 252. — Chevr. Rev. Mag. Zool. 1874, p. 303. — Eschrch. Verh. zool.-bot. Ges. Wien XLIII, 1893, p. 176. — Kraatz, Deutsche Ent. Zeitschr. 1894, p. 123. — Reitt. l. c. p. 60; p. 27. — Champ. l. c. p. 7. — Persien

bipunctatus Reitt. l. c. p. 60; p. 27.

Doriae Baudi, l. c. p. 323. — Reitt. l. c. p. 60; p. 27.

persicus Kraatz, l. c. p. 126. — Reitt. l. c. p. 64; p. 31. — Champ. l. c. p. 13. — Persien, Armenien, Kaukasien

quadriguttatus Adams, Mém. Moscou V, 1817, p. 313. — Fisch. Bull. Moscou I, 1829, p. 68, t. 2, f. 4. — Férussac, Bull. Sc. Nat. XXVI, 1831, p. 100. — Cast. Hist. Nat. Col. I, 1840, p. 288. — Kl. Clerii 1842, p. 338. — Kraatz, Berl. Ent. Zeitschr. XVII, 1873, p. 241. — Eschrch. l. c. p. 194, t. 2, f. 18. — Kraatz, Deutsche Ent. Zeitschr. 1894, p. 241. — Reitt. l. c. p. 74; p. 41. — Champ. Abeille XXX, 1900, p. 26. — Türkei, Griechenland, Kleinasien, Syrien, Persien

quadripunctatus Spin. Clérites I, 1844, p. 325, t. 32, f. 1 I.

quadripustulatus Brullé, Exp. Morée III, 1832, p. 156, t. 37, f. 10. — Kraatz, l. c. p. 241.

rectilinea Reitt. l. c. p. 71; p. 38. — Champ. l. c. p. 17. — Transcaspien

Escherichi Kraatz, Deutsche Ent. Zeitschr. 1894, p. 132, t. 1, f. 12 b. — Reitt. l. c. p. 71 nota; p. 38 nota.

var. *signum* Reitt. l. c. p. 71; p. 38. — „

Reichei Muls. Col. Fr. Angusticolles 1863, p. 95. — Eschrch. Soc. Ent. VII, 1892, p. 124; Verh. zool.-bot. Ges. Wien XLIII, 1893, p. 164, t. 2, f. 4. — Kraatz, l. c. p. 119, t. 1, f. 15. — Champ. Abeille XXIX, 1898, p. 115; l. c. XXX, 1900, p. 3. — Syrien, Armenien

conjunctus Eschrch. Wien. Ent. Zeit. XI, 1892, p. 229. — Kraatz, l. c. p. 120. — Reitt. l. c. p. 55; p. 22 — Champ. Abeille XXIX, 1898, p. 115.

syriacus Eschrch. Wien. Ent. Zeit. XI, 1892, p. 223; Verh. zool.-bot. Ges. Wien XLIII, 1893, p. 165, t. 2, f. 3; Soc. Ent. VIII, 1893, p. 26. — Kraatz, Soc. Ent. VIII, 1893, p. 50. — Reitt. l. c. p. 55; p. 22.

var. *minimus* Kraatz, Deutsche Ent. Zeitschr. 1894, p. 121, t. 1, f. 9. — Reitt. l. c. p. 55; p. 22. — Champ. Abeille XXX, 1900, p. 28. — Syrien

Reitteri Champ. Abeille XXX, 1900, p. 19. — Armenien

rubrolimbatus Chevr. Mém. Clér. 1876, p. 20. — Kraatz, Deutsche Ent. Zeitschr. 1894, p. 134. — Champ. Abeille XXX, 1900, p. 21. — Syrien

sanguineosignatus Spin. Clérites I, 1844, p. 311, t. 30, f. 5. — Kraatz, l. c. p. 129. — Reitt. l. c. p. 70; p. 37. — Brancsik, Ann. Soc. Hist. Nat. Trencsén XXI—XXII, 1899, p. 99, t. 4, f. 3 b. — Champ. l. c. p. 18. — Griechenland, Türkei, Kleinasien, Armenien, Persien, Kaukasus

Carceli Chevr. Ann. Soc. Ent. Fr. (2) I, 1843, p. 39. — Schaum, Berl. Ent. Zeitschr. V, 1861, p. 215. — Chevr. Rev. Mag. Zool. 1874, p. 304. — Abeille, Ann. Soc. Ent. Fr. (6) I, 1881, p. 101. — Kraatz, l. c. p. 130. — Reitt. l. c. p. 70; p. 37. — Champ. Abeille XXIX, 1898, p. 116.

consanguineus Kraatz, l. c. p. 130. — Lohde, Stett. Ent. Zeit. LXI, 1900, p. 66.

var. *suturangulus* Reitt. Wien. Ent. Zeit. XII, 1893, p. 258; Verh. Nat. Ver. Brünn XXXII, 1893 (1894), p. 70; Best.-Tab. 1894, p. 37. — Champ. Abeille XXX, 1900, p. 19. — Armenien

sexpustulatus Chevr. Rev. Mag. Zool. 1874, p. 306. — Eschrch. Verh. zool.-bot. Ges. Wien XLIII, 1893, p. 187. — Kraatz, l. c. p. 127. — Reitt. l. c. p. 68; p. 35. — Champ. Abeille XXIX, 1898, p. 115; l. c. XXX, 1900, p. 13. — Hintz, Deutsche Ent. Zeitschr. 1902, p. 230. — Syrien, Armenien, Persien, Mesopotam.

var. *immarginatus* Kraatz, l. c. p. 127. — Reitt. l. c. p. 68; p. 35. — Champ. Abeille XXX, 1900, p. 38. — Armenien

var. *pulcherrimus* Eschrch. Wien. Ent. Zeit. XI, 1892, p. 227; Verh. zool.-bot. Ges. Wien XLIII, 1893, p. 187, t. 2, f. 7. — Kraatz, Deutsche Ent. Zeitschr. 1894, p. 127. — Reitt. l. c. p. 68; p. 35. — Persien, Armenien

var. *quadrimaculatus* Eschrch. Verh. zool.-bot. Ges. Wien XLIII, 1893, p. 188, t. 2, f. 8. — Kraatz, l. c. p. 127. — Reitt. l. c. p. 68; p. 35. — ,,

var. *triangulus* Reitt. l. c. p. 68; p. 35. — Persien

var. *varifasciatus* Kraatz, l. c. p. 127, t. 1, f. 6. — Reitt. l. c. p. 68; p. 35. — Armenien

similis Kraatz, l. c. p. 124. — Reitt. l. c. p. 64; p. 30. — Champ. l. c. p. 14. — Griechenland

sinae Chevr. Rev. Mag. Zool. 1874, p. 303. — Kraatz, l. c. p. 122, t. 1, f. 8. — Reitt. l. c. p. 60; p. 27. — Champ. l. c. p. 8. — China, Korea

Spinolai Kolbe, Archiv Naturgesch. LII, 1886, p. 199, t. 11, f. 32. — Fairm. Compt. rend. Soc. Ent. Belg. XXXV, 1891, p. 210. — Kraatz, l. c. p. 122. — Reitt. l. c. p. 60; p. 27.

var. *Frivaldszkyi* Reitt. l. c. p. 61; p. 28. — Champ. l. c. p. 8. — Nord-China

var. *interruptus* Kraatz, l. c. p. 122. — Reitt. l. c. p. 61; p. 28. — Mongolei

pekinensis Pic, Échange XI, 1895, p. 88. — Champ. l. c. p. 8.

var. *thibetanus* Kraatz, l. c. p. 122. — Reitt. l. c. p. 60; p. 27. — Champ. l. c. p. 8. — Thibet

sipylus L. Syst. Nat. ed. X, 1758, p. 387. — Ol. Ent. IV, 1795, nr. 76, p. 8, t. 1, f. 7. — Kl. Clerii 1842, p. 339. — Heyden, Échange 1892, p. 4. — Eschrch. Wien. Ent. Zeit. XI, 1892, p. 244; Verh. zool.-bot. Ges. Wien XLIII, 1893, p. 193, t. 2, f. 16. — Champ. l. c. p. 25. — Schklg. Deutsche Ent. Zeitschr. 1906, p. 285. — Kleinasien, Trans-Kaukasien, Kaukasus, Süd-Rußland

ammios var. G Spin. Clérites I, 1844, p. 325, t. 32, f. 1 G. — Champ. l. c. p. 42.

subfasciatus Kraatz, Berl. Ent. Zeitschr. XVII, 1873, p. 239. — Eschrch. Wien. Ent. Zeit. XI, 1892, p. 244; Soc. Ent. VIII, 1893, p. 25. — Kraatz, Soc. Ent. VIII, 1893, p. 50; Deutsche Ent. Zeitschr. 1894, p. 133. — Reitt. l. c. p. 76; p. 43.

spectabilis Kraatz, Deutsche Ent. Zeitschr. XXVII, 1883, p. 346. — Eschrch. Soc. Ent. VII, 1892, p. 124; Verh. zool.-bot. Ges. Wien XLIII, 1893, p. 167, t. 2, f. 13; Deutsche Ent. Zeitschr. 1894, p. 46. — Reitt. l. c. p. 56; p. 23. — Champ. l. c. p. 4. — Turkestan

var. *Brancsiki* Reitt. Deutsche Ent. Zeitschr. 1899, p. 276. — Champ. l. c. p. 4. — „

var. *Kuwerti* Reitt. Wien. Ent. Zeit. XII, 1893, p. 303; Verh. Nat. Ver. Brünn XXXII, 1893 (1894), p. 57; Best.-Tab. 1894, p. 24. — Champ. l. c. p. 4. — „

var. *subvittatus* Champ. l. c. p. 4.

suspectus Eschrch. Wien. Ent. Zeit. XI, 1892, p. 226; Verh. zool.-bot. Ges. Wien XLIII, 1893, p. 184, t. 2, f. 25. — Kraatz, Deutsche Ent. Zeitschr. 1894, p. 126. — Reitt. l. c. p. 63; p. 30. — Champ. Abeille XXIX, 1898, p. 115; l. c. XXX, 1900, p. 13. — Kleinasien, Syrien

suturalis Seidlitz, Fauna Transsylvan. 1891, p. 527. — Eschrch. Verh. zool.-bot. Ges. Wien XLIII, 1893, p. 178. — Reitt. l. c. p. 63; p. 30. — Spanien

apiarius Baudi, Berl. Ent. Zeitschr. XVII, 1873, p. 323.

syriacus Spin. Clérites I, 1844, p. 316; l. c. II, 1844, p. 147. — Muls. Col. Fr. Angusticolles 1863, p. 94. — Abeille, Ann. Soc. Ent. Fr. (6) I, 1881, p. 101. — Eschrch. Soc. Ent. VII, 1892, p. 124; Wien. Ent. Zeit. XI, 1892, p. 228. — Kraatz, Deutsche Ent. Zeitschr. 1893, p. 79; l. c. 1894, p. 118, t. 1, f. 16. — Reitt. l. c. p. 55; p. 22. — Champ. Abeille XXX, 1900, p. 3. — Syrien

Olivieri Spin. Clérites 1844, t. 30, f. 6.

var. *Reichei* Reitt. (nec Muls.) l. c. p. 55; p. 22. — Champ. Abeille XXIX, 1898, p. 115. — Reitt. Wien. Ent. Zeit. XVIII, 1899, p. 55.
Syrien

turkestanicus Kraatz, Deutsche Ent. Zeitschr. XXVI, 1882, p. 113. — Eschrch. Verh. zool.-bot. Ges. Wien XLIII, 1893, p. 191; Deutsche Ent. Zeitschr. 1894, p. 46, f. 1. — Reitt. Wien. Ent. Zeit. XIII, 1894, p. 251. — Hintz, Deutsche Ent. Zeitschr. 1904, p. 420. — Reitt. Wien. Ent. Zeit. XXIII, 1904, p. 259. — Champ. l. c. p. 19.
Hauseri Kraatz, Deutsche Ent. Zeitschr. 1894, p. 131 und 132, t. 1, f. 12 a. — Reitt. Verh. Nat. Ver. Brünn XXXII, 1893 (1894), p. 73; Best.-Tab. 1894, p. 40; Wien. Ent. Zeit. XIII, 1894, p. 251.
Turkestan, Kleinasien, Türkei, Kaukasus

umbellatarum Ol. Ent. IV, 1795, nr. 76, p. 5, t. 1, f. 2. — Kl. Clerii 1842, p. 336. — Spin. Clérites I, 1844, p. 298, t. 29, f. 3. — Muls. Col. Fr. Angusticolles 1863, p. 75. — Eschrch. Verh. zool.-bot. Ges. Wien XLIII, 1893, p. 178. — Kraatz, Deutsche Ent. Zeitschr. 1894, p. 123. — Reitt. Verh. Nat. Ver. Brünn XXXII, 1893 (1894), p. 66; Best.-Tab. 1894, p. 33. — Champ. p. 11.
Spanien, Algier, Tunis, Tripolis

Biologie: Cros, Bull. Mus. Paris XIV, 1908, p. 215.
umbellatarius Schönh. Syn. Ins. 1, 2, 1806, p. 49.
var. *maroccanus* Kraatz, Deutsche Ent. Zeitschr. 1894, p. 123. — Reitt. l. c. p. 66; p. 33. — Fairm. Bull. Soc. Ent. Fr. 1896, p. 296. — Kraatz, Bull. Soc. Ent. Fr. 1896, p. 343.
Marocco

vicinus Spin. Clérites I, 1844, p. 313, t. 31, f. 1 F. — Reitt. l. c. p. 65; p. 32.
illustris Kl. Clerii 1842, p. 333. — Kraatz, l. c. p. 125. — Reitt. l. c. p. 64 und 65; p. 31 und 32.
Türkei, Kleinasien, Syrien, Cypern

viridiaureus Abeille, Ann. Soc. Ent. Fr. (6) I, 1881, p. 101. — Eschrch. Verh. zool.-bot. Ges. Wien XLIII, 1893, p. 197. — Reitt. l. c. p. 79; p. 46.
Palästina

zaharae Chevr. Rev. Mag. Zool. 1861, p. 152. — Kraatz, Berl. Ent. Zeitschr. XVII, 1873, p. 242. — Chevr. Rev. Mag. Zool. 1874, p. 302. — Eschrch. l. c. p. 169, t. 2, f. 14 und 23. — Reitt. l. c. p. 58; p. 25. — Champ. l. c. p. 5.
Algier

var. *punctonotus* Pic, Échange XI, 1895, p. 88. — Champ. l. c. p. 5.
Sahara

zebra Falderm. Nouv. Mém. Moscou IV, 1835, p. 207, t. 7, f. 3. — Spin. Clérites I, 1844, p. 304, t. 30, f. 1. — Baudi, Berl. Ent. Zeitschr. XVII, 1873, p. 323; Ann. Mus. Genova IV, 1873, p. 253. — Heyd. Deutsche Ent. Zeitschr. 1888, p. 73. — Eschrch. l. c. p. 175. — Kraatz, Deutsche Ent. Zeitschr. 1894, p. 123. — Reitt. l. c. p. 60; p. 27. — Champ. l. c. p. 7.
rufitarsis Chevr. Rev. Mag. Zool. 1874, p. 302 und 303. — Reitt. l. c. p. 60; p. 27.
Persien, Kaukasus, Transkaukas.

B. Äthiopische Arten.

aulicus Kl. Clerii 1842, p. 338. — Spin. Clérites I, 1844, p. 320, t. 31, f. 4. — Chevr. Rev. Mag. Zool. 1874,
Cap, Caffraria,

p. 267 nota. — Schklg. Deutsche Ent. Zeitschr. 1907, p. 514; l. c. 1909, p. 96. — Südwest-Afrika

var. *Dregei* Chevr. Rev. Mag. Zool. 1874, p. 301. — Schklg. Deutsche Ent. Zeitschr. 1907, p. 514; l. c. 1909, p. 96. — Süd-Afrika

gemma Ancey, Naturaliste III, 1881, p. 461. — Fairm. Ann. Soc. Ent. Fr. (6) VII, 1887, p. 162. — Schklg. Deutsche Ent. Zeitschr. 1909, p. 97. — Ost-Afrika

lepidus Walk. List Col. coll. Lord 1871, p. 14. — Waterh. Aid. Ins. I, 1881, t. 76. — Fairm. Ann. Soc. Ent. Fr. (6) V, 1885, p. 446. — Champ. Abeille XXX, 1900, p. 27. — Gorh. Ann. Mag. Nat. Hist. (7) V, 1900, p. 73. — Schklg. l. c. p. 95. — „

var. *Revoili* Champ. l. c. p. 27. — Schklg. l. c. p. 95. — Somali

penicillatus Schklg. l. c. p. 94. — Deutsch-Ostafrika

pretiosus Gorh. Ann. Mus. Genova XVIII, 1883, p. 601. — Schklg. Gen. Ins. Cler. 1903, p. 8; Deutsche Ent. Zeitschr. 1909, p. 95. — Abessinien, Britisch-Ostafrika

tugelanus Gorh. Ann. Mag. Nat. Hist. (7) V, 1900, p. 72. — Schklg. Deutsche Ent. Zeitschr. 1909, p. 96. — Natal

C. Amerikanische Arten.

apivorus Germ. Ins. spec. nov. I, 1824, p. 81. — Kl. Clerii 1842, p. 332. — Spin. Clérites I, 1844, p. 307, t. 30, f. 4. — J. Lec. Ann. Lyc. Nat. Hist. N. York V, 1852, p. 18. — Horn, Trans. Amer. Ent. Soc. V, 1874—76 (1876), p. 231. — Wickham, Canad. Ent. XXVII, 1895, p. 249. — Wolcott, Publ. Field Mus. Chicago VII, 1910, p. 367 und 375, t. 6, f. 30. — Nord-Amerika

Biologie: Chittenden, Ent. Amer. VI, 1890, p. 54.

Nutalli Say, Boston Journ. I, 1835, p. 164.

var. *interruptus* J. Lec. l. c. p. 18. — Wolcott, l. c. p. 370.

bibalteatus J. Lec. Journ. Acad. Philad. IV, 1858—60, p. 18. — Horn, l. c. p. 231, t. 1, f. 28. — Wolcott, l. c. p. 367 und 371, t. 6, f. 25. — Texas, Arizona

bimaculatus J. Lec. Trans. Amer. Ent. Soc. V, 1874—76 (1874), p. 63. — Wolcott, l. c. p. 367 und 374. — California, Oregon

bisignatus Horn, Trans. Amer. Ent. Soc. V, 1874—76 (1876), p. 231; Ent. News II, 1891, p. 7. — Wolcott, l. c. p. 374, t. 6, f. 28.

illustris Horn, Trans. Amer. Ent. Soc. V, 1874—76 (1876), p. 231, fig. — Schklg. Deutsche Ent. Zeitschr. 1906, p. 286. — J. Schaeff. Journ. N. York Ent. Soc. XVI, 1908, p. 131. — Wolcott, l. c. p. 367 und 369, t. 6, f. 23. — Arizona, Mexico

nexus Wolcott, l. c. p. 367 und 372, t. 5, f. 5; t. 6, f. 26. — California

Nutalli Kirby, Trans. Linn. Soc. Lond. XII, 1818, p. 394. — Kl. Clerii 1842, p. 337. — J. Lec. Ann. Lyc. Nat. Hist. N. York V, 1852, p. 18. — Horn, l. c. p. 231. — Nord-Amerika

Nuthalli Spin. Clérites I, 1844, p. 317, t. 31, f. 2.

Nuttalli Wickham, Canad. Ent. XXIV, 1892, p. 141 (Monstr.); l. c. XXVII, 1895, p. 249, f. 17.

— Wolcott, l. c. p. 367 und 374, t. 6, f. 29; Bull. Ind. Dep. Geol. Nat. I, 1910, p. 852, f. 333.

oresterus Wolcott, Publ. Field Mus. Chicago VII, 1910, p. 367 und 368, t. 5, f. 4; t. 6, f. 21. — Texas

ornatus Say, Journ. Acad. Philad. III, 1823, p. 189. — Kl. Clerii 1842, p. 340. — Spin. Clérites I, 1844, p. 327, t. 31, f. 5. — J. Lec. Ann. Lyc. Nat. Hist. V, 1852, p. 18. — Chenu, Encycl. d'Hist. Nat. Col. II, 1860, t. 19, f. 2. — Horn, Trans. Amer. Ent. Soc. V, 1874—76 (1876), p. 231; Ent. News II, 1891, p. 6. — Cockerell, Trans. Amer. Ent. Soc. XX, 1893, p. 329. — Wickham, Canad. Ent. XXVII, 1895, p. 249. — Schklg. Deutsche Ent. Zeitschr. 1906, p. 286. — Wolcott, Bull. Wisconsin Nat. Hist. Soc. VII, 1909, p. 99; Publ. Field Mus. Chicago VII, 1910, p. 367 und 372, t. 6, f. 27. — Nord-Amerika, Vancouver

Douglasianus White, Cat. Clerid. 1849, p. 60. — Cockerell, l. c. p. 329. — Schklg. l. c. p. 286.

Hartwegianus White, l. c. p. 60. — Cockerell, l. c. p. 329. — Schklg. l c. p. 286.

tenellus J. Lec. Proc. Acad. Philad. 1858, p. 72. — Horn, Ent. News II, 1891, p. 6. — Schklg. l. c. p. 286. — Wolcott, Publ. Field Mus. Chicago VII, 1910, p. 373.

peninsularis Horn, Proc. Calif. Acad. (2) IV, 1894, p. 382, t. 8, f. 7. — Wolcott, l. c. p. 367 und 369, t. 6, f. 22. — California

simulator Horn, Trans. Amer. Ent. Soc. VIII, 1880, p. 149. — Schklg. Gen. Ins. (Wytsman) Cler. 1903, t. 2, f. 4. — Wolcott, l. c. p. 367 und 370, t. 6, f. 24. — Arizona, Neu-Mexico, Wyoming

flavescens Ckll. Bull. XXVIII New Mexico Exper. Stat. 1898, p. 155. — Wolcott, l. c. p. 370.

78

Dieropsis Gah.

Gahan, Ann. Mag. Nat. Hist. (8) I, 1908, p. 95.

quadriplagiata Gah. l. c. p. 96. — Britisch Central-afrika

1

Cleropiëstus Fairm.

Fairm. Compt. rend. Soc. Ent Belg. XXXIII, 1889, p. 92; Ann. Soc. Ent. Belg. XXXVII, 1893, p. 397. — Schklg. Gen. Ins. Cler. 1903, p. 89. — Gahan, Ann. Mag. Nat. Hist. (8) V, 1910, p. 64.

Oberthüri Fairm. Compt. rend. Soc. Ent. Belg. XXXIII, 1899, p. 92. — Madagascar

1

Calendyma Lacord.

Lacord Gen. Col. IV, 1857, p. 460. — Gorh. Cist. Ent. II, 1875—82 (1876), p. 89. — Schklg. Gen. Ins. Cler. 1903, p 69.

Polycaon Cast. Hist. Nat. Col. I, 1840, p. 282. — Spin. in Gay Hist. Chile IV, 1849, p. 381.

aequipunctata Spin. l. c. p. 386. Chile
chiliensis Cast. l. c. p. 283. — Spin. l. c. p. 384, t. 9, f. 1. — Lacord. Gen. Col. Atl. t. 46, f. 6. — Schklg. Deutsche Ent. Zeitschr. 1906, p. 287. „
bizonota Blanch. Voy. d'Orb. 1843, p. 89.
2

Epiclines Chevr.

Chevr. in Guér. Ic. Règne anim. Ins. 1829—38, p. 49. — Blanch. Voy. d'Orb. 1843, p. 95. — Spin. in Gay, Hist. Chile IV, 1849, p. 386. — Lacord. Gen. Col. IV, 1857, p. 463. — Gorh. Cist. Ent. II, 1875—82 (1876), p. 91; Biol. Centr.-Amer. Col. III, 2, 1882, p. 165. — Schklg. Gen. Ins. Cler. 1903, p. 71. — Gahan, Ann. Mag. Nat. Hist. (8) V, 1910, p. 64.

Dereutes Chevr. Mém. Clér. 1876, p. 29.
Eurycranium Blanch. Hist. Ins. II, 1845, p. 87. — Chenu, Encycl. d'Hist. Nat. Col. II, 1860, p. 245.
Eurymetopum Blanch. Voy. d'Orb. 1843, p. 92.
Thereutes Har. Col. Hefte XVI, 1879, p. 250 nota.

acutipennis Spin. in Gay, Hist. Chile IV, 1849, p. 396. Chile
aenea Phil. Stett. Ent. Zeit. XXV, 1864, p. 266. „
analis Phil. l. c. p. 268. „
angusta Phil. l. c. p. 266. „
basalis Blanch. Voy. d'Orb. 1843, p. 96. — Spin. in Gay, Hist. Chile IV, 1849, p. 387, t. 9, f. 2. „
brachialis Chevr. Mém. Clér. 1876, p. 32. „
brevis Chevr. l. c. p. 31. „
centurio Chevr. l. c. p. 31. „
circumflexa Chevr. Rev. Mag. Zool. 1874, p. 223. „
dimidiata Chevr. Mém. Clér. 1876, p. 34. „
dimidiatipennis Chevr. l. c. p. 30. „
eburneocincta Spin. in Gay, Hist. Chile IV, 1849, p. 397. „
var. *nigripes* Schklg. Deutsche Ent. Zeitschr. 1900, p. 397. „
frigida Chevr. Mém. Clér. 1876, p. 35. „
frontalis Chevr. l. c. p. 46. „
fulvipes Blanch. Voy. d'Orb. 1843, p. 93, t. 6, f. 7. „
substriata Spin. in Gay, Hist. Chile IV, 1849, p. 394. — Lesne, Bull. Soc. Ent. Fr. 1909, p. 206.
Gayi Chevr. in Guér. Ic. Règne anim. Ins. 1829—38, p. 50; Mag. Zool. Cl. IX, p. 41, t. 231, f. 1. — Blanch. Voy. d'Orb. 1843, p. 95, t. 6, f. 6. — Gorh. Cist. Ent. II, 1875—82 (1876), p. 91. „
implicata Chevr. Mém. Clér. 1876, p. 33. „
impressa Spin. in Gay, Hist. Chile IV, 1849, p. 393, t. 9, f. 4. — Chevr. Rev. Mag. Zool. 1874, p. 275 nota. „
infuscata Chevr. Mém. Clér. 1876, p. 47. „
Landbecki Phil. Stett. Ent. Zeit. XXV, 1864, p. 269. „
Landkuki Chevr. Mém. Clér. 1876, p. 30.
longula Spin. Clérites II, 1844, p. 138, t. 46, f. 8. — Chevr. Rev. Mag. Zool. 1874, p. 275 nota. — Gorh. Cist. Ent. II, 1875—82 (1876), p. 76. „
luridipennis Chevr. Mém. Clér. 1876, p. 47. „
maculata Blanch. Voy. d'Orb. 1843, p. 92, t. 6, f. 8. — Chevr. Rev. Mag. Zool. 1874, p. 275 nota. „

costicollis Spin. in Gay, Hist. Chile IV, 1849, p. 401, t. 9, f. 6. — Chevr. l. c. — Lesne, Bull. Soc. Ent. Fr. 1909, p. 206. — Chile
maculipennis Chevr. Mém. Clér. 1876, p. 35. — „
modesta Phil. Stett. Ent. Zeit. XXV, 1864, p. 267. — Schklg. Deutsche Ent. Zeitschr. 1900, p. 397. — „
nodicollis Chevr. Mém. Clér. 1876, p. 36. — Schklg. Deutsche Ent. Zeitschr. 1906, p. 287. — „
nudata Spin. in Gay, Hist. Chile IV, 1849, p. 400. — „
obscura Phil. Stett. Ent. Zeit. XXV, 1864, p. 267. — „
ornata Phil. Anal. Univ. Chile 1865, I, p. 656. — „
ornatipennis Chevr. Mém. Clér. 1876, p. 33. — „
pallens Blanch. Voy. d'Orb. 1843, p. 93. — Schklg. Deutsche Ent. Zeitschr. 1906, p. 288. — „
parallela Fairm. et Germ. Col. Chil. II, 1861, p. 3. — „
cinctipennis Chevr. Mém. Clér. 1876, p. 32. — Schklg. Deutsche Ent. Zeitschr. 1900, p. 397.
prasina Spin. in Gay, Hist. Chile IV, 1849, p. 403, t. 9, f. 7. — Chevr. Rev. Mag. Zool. 1874, p. 275 nota. — Schklg. Deutsche Ent. Zeitschr. 1906, p. 287. — „
Proteus Spin. l. c. p. 404. — „
puncticollis Spin. l. c. p. 389. — „
quadrifasciolata Chevr. Mém. Clér. 1876, p. 33. — „
rubida Chevr. l. c. p. 34. — „
ruficollis Phil. Stett. Ent. Zeit. XXV, 1864, p. 267. — „
semifusca Chevr. Mém. Clér. 1876, p. 31. — „
seminigra Chevr. Mém. Clér. 1876, p. 31. — „
semiprasina Chevr. l. c. p. 35. — Schklg. Deutsche Ent. Zeitschr. 1906, p. 287. — „
semirufa Fairm. et Germ. Col. Chil. II, 1862, p. 3. — „
similis Schklg. Deutsche Ent. Zeitschr. 1900, p. 327. — „
Spinolai Gemm. Col. Hefte VI, 1870, p. 121. — Chevr. Rev. Mag. Zool. 1874, p. 275 nota. — „
Gayi Spin. in Gay, Hist. Chile IV, 1849, p. 389, t. 9, f. 5.
trinodosa Chevr. Mém. Clér. 1876, p. 46. — „
tristis Spin. in Gay, Hist. Chile IV, 1849, p. 390. — „
virens Chevr. Mém. Clér. 1876, p. 32. — „
? **viridiaenea** Gorh. Biol. Centr.-Amer. Col. III, 2, 1882, p. 165. — Guatemala
viridis Phil. Stett. Ent. Zeit. XXV, 1864, p. 268. — Schklg. Deutsche Ent. Zeitschr. 1907, p. 313. — Chile
vittula Fairm. et Germ. Col. Chil. II, 1861, p. 3. — „
50

Eleale Newm.

Newm. Entomol. 1841, p. 36. — Lacord. Gen. Col. IV, 1857, p. 461. — Gorh. Cist. Ent. II, 1875—82 (1876), p. 89. — Blackb. Trans. Roy. Soc. S. Austral. XXIV, 1900, p. 117. — Schklg. Gen. Ins. Cler. 1903, p. 70.

Chalciclerus Spin. Clérites I, 1844, p. 278. — Chenu, Encycl. d'Hist. Nat. Col. II, 1860, p. 252.
Xanthoceros (pars) Newm. Entomol. 1840, p. 16. — Kl. Clerii 1842, p. 307.
Xylotretus Guér. Ic. Règne anim. 1829—38, p. 52. — Spin. Rev. Zool. 1841, p. 73; Clérites I, 1844, p. 151. — Chenu, Encycl. d'Hist. Nat. Col. II, 1860, p. 240.

?advena Chevr. Mém. Clér. 1876, p. 22. — Schklg. Gen. Ins. Cler. 1903, p. 70; Deutsche Ent. Zeitschr. 1908, p. 297. — Chile

alboscutellata Chevr. Rev. Mag. Zool. 1874, p. 310. — Australien

anormis Chevr. l. c. p. 311. — „

apicalis M'Leay, Trans. Ent. Soc. N. S. Wales II, 1869—73 (1872), p. 274. — „

venustula Chevr. Mém. Clér. 1876, p. 21. — Schklg. Deutsche Ent. Zeitschr. 1906, p. 288.

aulicodes Gorh. Cist. Ent. II, 1875—82 (1876), p. 90. — „

basicornis Chevr. Mém. Clér. 1876, p. 20. — „

brevicornis Chevr. Rev. Mag. Zool. 1874, p. 312. — „

brevis Gorh. Cist. Ent. II, 1875—82 (1876), p. 90. — „

chloris Chevr. Mém. Clér. 1876, p. 21. — „

chrysidea Westw. Proc. Zool. Soc. Lond. 1852, p. 50. — „

var. *aeruginosa* Westw. l. c. p. 51. — „

var. *atricornis* Westw. l. c. p. 51. — „

disparipes Chevr. Rev. Mag. Zool. 1874, p. 313. — „

elongatula M'Leay, Trans. Ent. Soc. N. S. Wales II, 1869—73 (1872), p. 274. — „

excavata Westw. Proc. Zool. Soc. Lond. 1852, p. 46, t. 24, f. 10. — Chevr. Mém. Clér. 1876, p. 22. — „

fasciata M'Leay, Trans. Ent. Soc. N. S. Wales II, 1869—73 (1872), p. 273. — „

latefasciata Gorh. Cist. Ent. II, 1875—82 (1876), p. 90.

flavicornis Boh. Res. Eugen. 1858, p. 85. — „

herbacea Chevr. Rev. Mag. Zool. 1874, p. 310. — „

intricata Kl. Clerii 1842, p. 307. — Spin. Clérites II, 1844, p. 141, t. 15, f. 5. — „

lanata Chevr. Rev. Mag. Zool. 1874, p. 312. — Gorh. Cist. Ent. II, 1875—82 (1876), p. 89. — „

latecincta Chevr. l. c. p. 313. — „

lepida Pasc. Journ. of Ent. I, 1860, p. 45. — Schklg. Deutsche Ent. Zeitschr. 1906, p. 288; l. c. 1908, p. 481.

var. *simulans* Pasc. l. c. p. 45. — Gorh. Cist. Ent. II, 1875—82 (1876), p. 89. — „

obscura Newm. Entomol. 1840, p. 16; l. c. 1842, p. 364. — Kl. Clerii 1842, p. 388. — Germ. Linn. Ent. III, 1848, p. 185. — „

pantomelas Boisd. Voy. Astrol. Ent. II, 1835, p. 138, t. 6, f. 14. — White and Butler, Voy. Ereb. Terror, Ins. 1846—74, p. 8. — Chevr. Rev. Mag. Zool. 1874, p. 271. — Broun, Man. New Zeal. Col. I, 1880, p. 335. — Lesne, Bull. Soc. Ent. Fr. 1909, p. 206. — Neu-Seeland

pulchra Newm. Entomol. 1840, p. 16; l. c. 1842, p. 364. — Kl. Clerii 1842, p. 388. — Gorh. Cist. Ent. II, 1875—82 (1876), p. 89. — Chevr. Mém. Clér. 1876, p. 5. — Schklg. Deutsche Ent. Zeitschr. 1906, p. 288. — Australien

bimaculata Spin. Clérites I, 1844, p. 281, t. 20, f. 1. — Chenu, Encycl. d'Hist. Nat. Col. II, 1860, f. 174. — Gorh. l. c. p. 89. — Chevr. l. c. p. 5. — Schklg. l. c. p. 288.

fulgens Chevr. Ann. Soc. Ent. Fr. (2) I, 1843, p. 41; Mém. Clér. 1876, p. 5.

Reichei Spin. Clérites I, 1844, p. 155, t. 7, f. 3. Australien
sellata Pascoe, Journ. of Ent. I, 1860, p. 45. „
semichrysea Chevr. Rev. Mag. Zool. 1874, p. 311. „
simplex Newm. Entomol. 1840, p. 16; l. c. 1842, p. 363. — Kl. Clerii 1842, p. 388. „
leucaspis Germ. Linn. Ent. III, 1848, p. 186.
smaragdina Chevr. Mém. Clér. 1876, p. 21. „
speculum Chevr. Rev. Mag. Zool. 1874, p. 309. Tasmania
tasmaniae Chevr. l. c. p. 310. „
unicolor Spin. Clérites I, 1844, p. 279, t. 21, f. 5. — Blanch. Voy. Pole Sud IV, 1853, p. 63. Australien
herbacea Blanch. l. c. Atl. t. 5, f. 1.
viridicollis M'Leay, Trans. Ent. Soc. N. S. Wales II, 1869—73 (1872), p. 274. „
viridis Guér. Ic. Règne anim. 1829—38, p. 52. — Spin. Clérites I, 1844, p. 153, t. 6, f. 2. — Chenu, Encycl. d'Hist. Nat. Col. II, 1860, p. 241, f. 168. — Gorh. Cist. Ent. II, 1875—82 (1876), p. 89. „
aspera Newm. Entom. 1841, p. 36. — Kl. Clerii 1842, p. 391. — Gorh. l. c. p. 89.
rugosa Newm. l. c. 1842, p. 364.
33

Sikorius Kuw.

Kuw. Soc. Ent. VIII, 1893—94 (1893), p. 67; Ann. Soc. Ent. Belg. XXXVIII, 1894, p. 5. — Schklg. Deutsche Ent. Zeitschr. 1903, p. 15; Gen. Ins. Cler. 1903, p. 86.

Sikorae Kuw. Soc. Ent. VIII, 1893—94 (1893), p. 67. Madagascar
1

Micropterus Chevr.

Chevr. Rev. Mag. Zool. 1843, p. 277 (ohne Diagnose). — Schklg. Gen. Ins. Cler. 1903, p. 86.

brevipennis Chevr. l. c. p. 277. Cap
1

3. Hydnocerini.

Clairones Hybrides Spin. Rev. Zool. 1841, p. 71.
Clérites Hydnoceroides (pars) Spin. Clérites I, 1844, p. 48 c.
Hydnocérides Lacord. Gen. Col. IV, 1857, p. 422 und 469.
Hydnoceridae (pars) Chenu, Encycl. d'Hist. Nat. Col. II, 1860, p. 263.
Hydnocerides Gorh. Cist. Ent. II, 1875—82 (1876), p. 59; Trans. Ent. Soc. Lond. 1877, p. 249.
Hydnocerini Lohde, Stett. Ent. Zeit. LXI, 1900, p. 89. — Schklg. Gen. Ins. Cler. 1903, p. 3 und 88. — Gahan, Ann. Mag. Nat. Hist. (8) V, 1910, p. 65.
Hydnocerinae Schklg. Deutsche Ent. Zeitschr. 1906, p. 299.

Hydnocera Newm.

Newm. Ent. Mag. V, 1838, p. 379. — Spin. Rev. Zool. 1841, p. 75. — Kl. Clerii 1842, p. 311. — Spin. Clérites II, 1844, p. 39. — J. Lec. Ann. Lyc.

Nat. Hist. New York V, 1852, p. 26. — Lacord. Gen. Col. IV, 1857, p. 471. — Chenu, Encycl. d'Hist. Nat. Col. II, 1860, p. 268. — J. Lec. Classif. Col. N. Amer. I, 1862, p. 196. — Gorh. Trans. Ent. Soc. Lond. 1877, p. 260; Biol. Centr.-Amer. Col. III, 2, 1883, p. 168. — J. Lec. and Horn, Classif. Col. N. Amer. ed. II, 1883, p. 218. — Schklg. Gen. Ins. Cler. 1903, p. 92. — Wolcott, Bull. Ind. Dep. Geol. Nat. I, 1910, p. 855.

aegra Newm. Mag. Nat. Hist. (2) IV, 1840, p. 36. — Kl. Clerii 1842, p. 391. — J. Lec. Ann. Lyc. Nat. Hist. N. York V, 1852, p. 29. — Florida
aeneicollis Schklg. Deutsche Ent. Zeitschr. 1907, p. 306. — Mexico
affiliata Fall, Canad. Entomol. XXXVIII, 1906, p. 117. — Californien
albocincta Horn, Trans. Amer. Ent. Soc. III, 1871, p. 342. — Texas
albofasciata H. Luc. Cast. Voy. 1857, p. 93, t. 4, f. a—b. — Brasilien
arizonica Schaeff. Journ. N. York Ent. Soc. XVI, 1908, p. 132. — Arizona
aspera Wolcott, Publ. Field Mus. Chicago VII, 1910, p. 379. — Mexico
attenuata Kl. Clerii 1842, p. 312, t. 1, f. 4. — Brasilien
azurea Spin. Clérites II, 1844, p. 52, t. 40, f. 3. — Columbien
basalis Kl. Clerii 1842, p. 312. — Venezuela
bicarinata Spin. Clérites II, 1844, p. 43, t. 39, f. 1. — Brasilien
bicolor J. Lec. Ann. Lyc. Nat. Hist. N. York V, 1852, p. 213. — Californien
bimaculata Wolcott, Canad. Ent. XL, 1908, p. 232. — „
bituberculata Chevr. Rev. Mag. Zool. 1874, p. 322. — Gorh. Biol. Centr.-Amer. Col. III, 2, 1883, p. 176; l. c. Suppl. 1886, p. 343. — Mexico, Guatemala
var. A, B Chevr. l. c. p. 322. — „
bonariensis Steinh. Atti Soc. Ital. Sc. Nat. XV, 1873, p. 573. — Argentinien
brevipennis Spin. Clérites II, 1844, p. 46, t. 39, f. 3. — Columbien
Bruchi Schklg. Deutsche Ent. Zeitschr. 1908, p. 701. — Argentinien
calleidiformis Chevr. Mém. Clér. 1876, p. 28. — Columbien
chalybeata Gorh. Biol. Centr.-Amer. Col. III, 2, 1883, p. 170. — Mexico, Guatemala
cincta Spin. Clérites II, 1844, p. 48, t. 39, f. 5. — Gorh. l. c. p. 175, t. 9, f. 8. — Centr.-Amer., Cayenne, Amazon
clavata Gorh. l. c. p. 172. — Mexico
coeruleipennis Wolcott, Canad. Ent. XL, 1908, p. 229. — Arizona
corticina Gorh. Biol. Centr.-Amer. Col. III, 2, 1883, p. 173, t. 9, f. 6. — Guatemala, Mexico
cribripennis Fall, Canad. Ent. XXXVIII, 1906, p. 116. — Schaeff. Journ. N. York Ent. Soc. XVI, 1908, p. 138. — Texas
cruciata Chevr. Ann. Soc. Ent. Fr. (2) I, 1843, p. 33. — Columbien
cryptocerina Gorh. Biol. Centr.-Amer. Col. III, 2, 1883, p. 175. — Guatemala
cyanipennis Gorh. l. c. p. 175. — „
cyanitincta Fall, Canad. Ent. XXXVIII, 1906, p. 116. — Neu-Mexico
cylindricollis Gorh. Biol. Centr.-Amer. Col. III, 2, Suppl. 1886, p. 343, t. 13, f. 16. — Nicaragua, Panama, Mexico, Guatemala
bituberculata Gorh. (pars) l. c. 1883, p. 176.
discoidea J. Lec. Ann. Lyc. Nat. Hist. N. York V, 1852, p. 213. — Californien, Mexico
furcata Gorh. Biol. Centr.-Amer. Col. III, 2, Suppl. 1886, p. 342, t. 13, f. 14. — Horn, Proc. Calif.

Acad. (2) IV, 1894, p. 384. — Schklg. Deutsche Ent. Zeitschr. 1906, p. 304.

fallax Wolcott, Canad. Ent. XL, 1908, p. 230. — Colorado

femoralis Chevr. Mém. Clér. 1876, p. 29. — Brasilien

var. Schklg. Deutsche Ent. Zeitschr. 1908, p. 702. — „

flavofemorata Gorh. Trans. Ent. Soc. Lond. 1877, p. 261. — Amazon

Fuchsi Schaeff. Journ. N. York Ent. Soc. XVI, 1908, p. 132. — Arizona

fulvipennis Schklg. Deutsche Ent. Zeitschr. 1898, p. 366. — Guatemala

Gahani Wolcott, Publ. Field Mus. Chicago VII, 1910, p. 379. — Texas

Gerhardi Wolcott, Ent. News XXI, 1910, p. 323. — Arizona

Gorhami Wolcott, Publ. Field Mus. Chicago VII, 1910, p. 378, t. 5, f. 8. — Mexico

guatemalae Gorh. Trans. Ent. Soc. Lond. 1877, p. 261; Biol. Centr.-Amer. Col. III, 2, 1883, p. 168, t. 9, f. 3. — Guatemala

haematica Gorh. Biol. Centr.-Amer. Col. III, 2, 1883, p. 172. — Wolcott, Publ. Field Mus. Chicago VII, 1901, p. 377, t. 5, f. 7. — Mexico

hamata J. Lec. in Wheeler's Ann. Rep. Geogr. Surv. 1876, p. 297. — Neu-Mexico

humeralis Say, Journ. Acad. Philad. III, 1823, p. 192. — Germ. Ins. spec. nov. 1824, p. 80. — Kl. Clerii 1842, p. 312. — Spin. Clérites II, 1844, p. 44, t. 39, f. 2. — J. Lec. Ann. Lyc. Nat. Hist. N. York V, 1852, p. 27. — Wickham, Canad. Entomol. XXVII, 1895, p. 251. — Wolcott, Bull. Wisconsin Nat. Hist. Soc. VII, 1909, p. 99; Bull. Ind. Dep. Geol. Nat. I, 1910, p. 856. — Nord-Amerika

Biologie: Chittenden, Ent. Amer. VI, 1890, p. 155.

var. *cyanescens* J. Lec. l. c. p. 28. — Wickham, l. c. p. 251. — „

var. *difficilis* J. Lec. l. c. p. 27. — Wickham, l. c. p. 251. — Wolcott, l. c. p. 99; p. 856. — „

var. *rufipes* Newm. Mag. Nat. Hist. (2) IV, 1840, p. 363. — Kl. Clerii 1842, p. 390. — J. Lec. l. c. p. 27. — Chevr. Rev. Mag. Zool. 1874, p. 274. — Florida

impressa Gorh. Biol. Centr.-Amer. Col. III, 2, 1883, p. 176, t. 9, f. 7. — Panama

var. Gorh. l. c. p. 176. — Mexico

intricata Gorh. l. c. p. 174. — Guatemala

ischion Chevr. Mém. Clér. 1876, p. 29. — Brasilien

Knausi Wickh. Canad. Ent. XXXVII, 1905, p. 168. — Kansas

lateralis Gorh. Biol. Centr.-Amer. Col. III, 2, 1883, p. 169. — Schaeff. Bull. Mus. Brooklyn I, 1901—1910 (1905), p. 157. — Panama

livida Kl. Clerii 1842, p. 313. — Brasilien

lividipes Chevr. Mém. Clér. 1876, p. 28. — Columbia

longa J. Lec. Trans. Amer. Ent. Soc. XII, 1884, p. 22. — Arizona

longicollis Ziegl. Proc. Acad. Philad. II, 1844, p. 44. — J. Lec. Ann. Lyc. Nat. Hist. N. York V, 1852, p. 30. — Wickham, Canad. Entomol. XXVII, 1895, p. 252. — Wolcott, Bull. Ind. Geol. Nat. I, 1910, p. 857. — Nord-Amerika

Biologie: Chittenden, Ent. Amer. VI, 1890, p. 155. — Baker, Ent. News VI, 1895, p. 28.

marginata Gorh. Trans. Ent. Soc. Lond. 1877, p. 260. — Guatemala

maritima Wolcott, Ent. News XXI, 1810, p. 321. — Massachusetts

mirifica Schklg. Deutsche Ent. Zeitschr. 1907, p. 307. Mexico
nigrescens Schaeff. Bull. Mus. Brooklyn I, 1901—10 (1909), p. 381. Arizona
nigrina Schaeff. Journ. N. York Ent. Soc. XVI, 1908, p. 134. „
nigroaenea Gorh. Biol. Centr.-Amer. Col. III, 2, 1883, p. 174. Mexico
nitidicollis Chevr. Rev. Mag. Zool. 1874, p. 322. — Gorh. l. c. p. 171, t. 9, f. 9. — Schklg. Deutsche Ent. Zeitschr. 1907, p. 307. „
niveifascia Schaeff. Bull. Mus. Brooklyn I, 1899—1910 (1905), p. 156. — Wolcott, Publ. Field Mus. Chicago VII, 1910, p. 377. Arizona, Mexico
Nunenmacheri Schaeff. Journ. N. York Ent. Soc. XVI, 1908, p. 133. Arizona
obscura Gorh. Biol. Centr.-Amer. Col. III, 2, 1883, p. 172. Guatemala, Panama
olivacea Gorh. Trans. Ent. Soc. Lond. 1877, p. 262. Parana
var. Gorh. l. c. p. 263. „
omogera Horn, Proc. Calif. Acad. IV, 1894, p. 383. — Schaeff. Journ. N. York Ent. Soc. XII, 1904, p. 219. Californien
ornata Wolcott, Canad. Ent. XL, 1908, p. 233. Arizona
pallipennis Say, Journ. Acad. Philad. V, 1825, p. 176. — Kl. Clerii 1842, p. 390. — J. Lec. Ann. Lyc. Nat. Hist. N. York V, 1852, p. 28. — Wickham, Canad. Entomol. XXVII, 1895, p. 251, f. 19. — Wolcott, Bull. Ind. Dep. Geol. Nat. I, 1910, p. 856. Nord-Amerika
Biologie: Chittenden, Ent. Amer. VI, 1890, p. 155.
serrata Newm. Ent. Mag. V, 1838, p. 379, fig. — Kl. Clerii 1842, p. 390. — Spin. Clérites II, 1844, p. 47, t. 39, f. 4.
pallipes Gorh. Trans. Ent. Soc. Lond. 1877, p. 261. Amazon
parviceps Schaeff. Journ. N. York Ent. Soc. XVI, 1908, p. 134. Arizona
pedalis J. Lec. New spec. Col. 1865, p. 97. — Wolcott, Bull. Ind. Dep. Geol. Nat. I, 1910, p. 856. Illinois, Ohio
plagifera Fall, Canad. Ent. XXXVIII, 1906, p. 115. Californien
pubescens J. Lec. Ann. Lyc. Nat. Hist. N. York V, 1852, p. 28. — Wolcott, Bull. Ind. Dep. Geol. Nat. I, 1910, p. 856. Missouri, Illinois
pulchella Gorh. Biol. Centr.-Amer. Col. III, 2, 1883, p. 171. Panama
var. Gorh. l. c. p. 171. Guatemala
pusilla Schaeff. Bull. Mus. Brooklyn I, 1901—10 (1909), p. 381. Arizona
quadrilineata Chevr. Rev. Mag. Zool. 1874, p. 322. Guatemala, Yucatan
robusta Horn, Trans. Amer. Ent. Soc. II, 1867, p. 135. Californien
rudis Gorh. Biol. Centr.-Amer. Col. III, 2, Suppl. 1886, p. 342. Mexico
rufithorax Gorh. Trans. Ent. Soc. Lond. 1877, p. 262. Amazon
scabra J. Lec. Ann. Lyc. Nat. Hist. N. York V, 1852, p. 213. Californien
Biologie: Coquillett, Insect Life IV, 1892, p. 260.
funebris Chevr. Rev. Mag. Zool. 1874, p. 321. — Horn, Trans. Amer. Ent. Soc. V, 1875, p. 149.

scapularis Gorh. Biol. Centr.-Amer. Col. III, 2, 1883, p. 170. — Panama
Schusteri J. Lec. New spec. Col. 1865, p. 97. — Wolcott, Bull. Ind. Dep. Geol. Nat. I, 1910, p. 857. — Illinois
simulans Schaeff. Journ. N. York Ent. Soc. XVI, 1908, p. 133. — Arizona
sobrina Fall, Canad. Ent. XXXVIII, 1906, p. 117. — „
sordida Gorh. Biol. Centr.-Amer. Col. III, 2, 1883, p. 173. — Mexico
var. Gorh. l. c. p. 173. — „
Spinolai Wolcott, Publ. Field Mus. Chicago VII, 1910, p. 380. — „
stenitormis Kl. Clerii 1842, p. 314. — Brasilien
subaenea Spin. Clérites II, 1844, p. 51. — J. Lec. Ann. Lyc. Nat. Hist. N. York V, 1852, p. 26. — Pennsylvan.
steniformis Spin. l. c. p. 144, t. 40, f. 2. — J. Lec. l. c. p. 26.
subfasciata J. Lec. New spec. Col. 1865, p. 97. — Nebraska
subulata Gorh. Biol. Centr.-Amer. Col. III, 2, 1883, p. 169, t. 9, f. 4. — Panama, Guatemala
subvittata Gorh. l. c. p. 170. — „
var. Gorh. l. c. p. 170. — „
suturalis Kl. Clerii 1842, p. 313. — J. Lec. Ann. Lyc. Nat. Hist. N. York V, 1852, p. 29. — Gorh. l. c. Suppl. 1886, p. 341, t. 13, f. 16. — Nord-Amerika, Mexico
limbata Spin. Clérites II, 1844, p. 49, t. 39, f. 6.
marginata var. Gorh. l. c. 1882, p. 168; l. c. Suppl. 1886, p. 341.
var. *aequinoctialis* Spin. l. c. p. 50.
tabida J. Lec. Ann. Lyc. Nat. Hist. N. York V, 1852, p. 29. — Wickham, Canad. Entomol. XXVII, 1895, p. 251. — Wolcott, Bull. Ind. Dep. Geol. Nat. I, 1910, p. 857. — Nord-Amerika
tenella Kl. Clerii 1842, p. 314. — Mexico
testacea Gorh. Biol. Centr.-Amer. Col. III, 2, 1883, p. 169. — Central-Amerika
tibialis Wolcott, Ent. News XXI, 1910, p. 322. — Nebraska
trichroa Gorh. l. c. p. 171, t. 9, f. 5. — Guatemala
tricolor Schaeff. Journ. N. York Ent. Soc. XII, 1904, p. 219. — Texas
tricondylae J. Lec. Ann. Lyc. Nat. Hist. V, 1852, p. 26. — Wolcott, Bull. Wisconsin Nat. Hist. Soc. VII, 1909, p. 100; Bull. Ind. Dep. Geol. Nat. I, 1910, p. 857. — Mississippi, Illinois
tristis Schaeff. Bull. Mus. Brooklyn I, 1901—10 (1909), p. 381. — Arizona
unifasciata Say, Journ. Acad. Philad. V, 1825, p. 176. — Kl. Clerii 1842, p. 390. — J. Lec. Ann. Lyc. Nat. Hist. N. York V, 1852, p. 27. — Wickham, Canad. Entomol. XXVII, 1895, p. 251. — Schaeff. Journ. N. York Ent. Soc. XVI, 1908, p. 131. — Wolcott, Bull. Ind. Dep. Geol. Nat. I, 1910, p. 856, f. 337. — Nord-Amerika
Biologie: Chittenden, Ent. Amer. VI, 1890, p. 155.
punctata Spin. Clérites II, 1844, p. 54, t. 40, f. 4. — Chenu, Encycl. d'Hist. Nat. Col. II, 1860, f. 191.
verticalis Say, Boston Journ. I, 1835, p. 164. — Kl. Clerii 1842, p. 389. — J. Lec. Ann. Lyc. Nat. Hist. N. York V, 1852, p. 29. — Wolcott, Bull. Wis- — „

consin Nat. Hist. Soc. VII, 1909, p. 99; Bull. Ind. Dep. Geol. Nat. I, 1910, p. 857.
Biologie: Osten-Sacken, Proc. Ent. Soc. Philad. I, 1861, p. 68 und 71. — Chittenden, Ent. Amer. VI, 1890, p. 155.
brachyptera Kl. Clerii 1842, p. 313. — Chenu, Encycl. d'Hist. Nat. Col. II, 1860, t. 33, f. 3. — Gemm. et Har. Cat. Col. VI, 1869, p. 1750.
curtipennis Newm. Mag. Nat. Hist. (2) IV, 1840, p. 364. — J. Lec. l. c. p. 29.
lineatocollis Spin. Clérites II, 1844, p. 51, t. 40, f. 1.
tenella Say, Boston Journ. I, 1835, p. 164.
villosa Schklg. Deutsche Ent. Zeitschr. 1908, p. 702. Mexico
virescens Gorh. Trans. Ent. Soc. Lond. 1877, p. 262. Brasilien
vitrina Gorh. Biol. Centr.-Amer. Col. III, 2, Suppl. 1886, p. 343, t. 13, f. 15. Mexico, Panama
Wickhami Wolcott, Canad. Ent. XL, 1908, p. 231. Arizona
103

Isolemidia Gorh.

Gorh. Trans. Ent. Soc. Lond. 1877, p. 257; Biol. Centr.-Amer. Col. III, 2, 1883, p. 177. — Schklg. Gen. Ins. Cler. 1903, p. 92.

apicalis Gorh. Trans. Ent. Soc. Lond. 1877, p. 259. Amazon
Batesi Gorh. l. c. p. 259. „
bipunctata Schklg. Deutsche Ent. Zeitschr. 1900, p. 399. Goyaz
cariniceps Wolcott, Publ. Field Mus. Chicago VII, 1910, p. 376. Nicaragua
pulchella Gorh. Trans. Ent. Soc. Lond. 1877, p. 258. — Schklg. l. c. p. 399. Amazon
subtilis Gorh. l. c. p. 259. Rio Janeiro
subviridis Gorh. Biol. Centr.-Amer. Col. III, 2, 1883, p. 177. Panama
7

Neohydnus Gorh.

Gorh. Ann. Mus. Genova (2) XII, 1892, p. 742. — Schklg. Gen. Ins. Cler. 1903, p. 94.

basalis Gorh. Proc. Zool. Soc. Lond. 1893, p. 578. Assam
caviceps Kraatz, Ann. Soc. Ent. Belg. XLIII, 1899, p. 216. Sumatra
cinerascens Gorh. Proc. Zool. Soc. Lond. 1893, p. 579. Tenasserim
despectus Gorh. Ann. Mus. Genova (2) XII, 1892, p. 743. Birma
flavipennis Kraatz, Ann. Soc. Ent. Belg. XLIII, 1899, p. 216. Sumatra
lugubris Gorh. Proc. Zool. Soc. Lond. 1893, p. 579. Manipur
pallipes Kraatz, Ann. Soc. Ent. Belg. XLIII, 1899, p. 215. — Schklg. Ann. Mus. Genova (2) XX, 1899—1901 (1899), p. 344. Sumatra
relucens Gorh. Proc. Zool. Soc. Lond. 1893, p. 578. Siam
scaber Motsch. Bull. Moscou XXXIV, 1861, I, p. 127. — Gorh. Trans. Ent. Soc. Lond. 1877, p. 260. Ceylon
scabripennis Gemm. Col. Hefte VI, 1870, p. 121.
sordidus Gorh. Proc. Zool. Soc. Lond. 1893, p. 573. Tenasserim
10

Lemidia Spin.

Spin. Rev. Zool. 1841, p. 75. — Kl. Clerii 1842, p. 311. — Spin. Clérites II, 1844, p. 32. — Lacord. Gen. Col. IV, 1857, p. 470. — Chenu, Encycl. d'Hist. Nat. Col. II, 1860, p. 267. — Gorh. Trans. Ent. Soc. Lond. **1877**, p. 249. — Schklg. Deutsche Ent. Zeitschr. 1898, p. 169; Gen. Ins. Cler. **1903**, p. 90. — Lea, Ann. Soc. Ent. Belg. LI, 1907, p. 331.

Eumede Pasc. Ann. Mag. Nat. Hist. (4) XVII, 1876, p. 50.
*Hoplocleru*s White, Cat. Clerid. 1849, p. 40 (ohne Diagnose!). — Westw. Proc. Zool. Soc. Lond. 1852, p. 52.

aeraria Pasc. Ann. Mag. Nat. Hist. (4) XVII, 1876, p. 50. — Gorh. Trans. Ent. Soc. Lond. 1877, p. 254. — Broun, Man. New Zealand Col. I, 1880, p. 331. — Schklg. Gen. Ins. Cler. 1903, p. 91.	Neu-Seeland
albolineata Schklg. Deutsche Ent. Zeitschr. 1906, p. 302.	Queensland
alternata Lea, Ann. Soc. Ent. Belg. LI, 1907, p. 334 und 357, t. 2, f. 12.	N. S. Wales
angustula Blackb. Trans. Roy. Soc. South Austral. XV, 1892, p. 224.	Australia
atriceps Lea, Ann. Soc. Ent. Belg. LI, 1907, p. 334 und 342, t. 3, f. 38.	Tasmania
australiae Lea, l. c. p. 333 und 346, t. 2, f. 27—29.	N. S. Wales
bella Westw. Proc. Zool. Soc. Lond. 1852, p. 47, t. 27, f. 2. — Gorh. Trans. Ent. Soc. Lond. 1877, p. 260. — Schklg. Deutsche Ent. Zeitschr. 1898, p. 180. — Lea, l. c. p. 333 und 341, t. 2, f. 11.	Süd-Australien, Victoria, Tasmania
biaculeata Westw. in White, Cat. Clerid. 1849, p. 61; Proc. Zool. Soc. Lond. 1852, p. 52, t. 25, f. 1. — Lacord. Gen. Col. IV, 1857, p. 471 nota. — Schklg. l. c. p. 174.	Süd-Australien, Queensland
bicolor Schklg. Deutsche Ent. Zeitschr. 1906, p. 301.	Australien
bifurcata Gorh. Trans. Ent. Soc. Lond. 1877, p. 256. — Schklg. Deutsche Ent. Zeitschr. 1898, p. 181.	West-Australien
bilineatra Lea, Ann. Soc. Ent. Belg. LI, 1907, p. 334 und 353, t. 3, f. 40—41.	Victoria
brevicollis Lea, l. c. p. 333 und 347.	West-Australien
brevis Lea, l. c. p. 334 und 355.	N. S. Wales
carissima Pasc. Journ. of Ent. I, 1860, p. 48. — Gorh. Trans. Ent. Soc. Lond. 1877, p. 250. — Schklg. Deutsche Ent. Zeitschr. 1898, p. 171. — Lea, l. c. p. 333 und 341, t. 2, f. 26.	Queensland
cicatricosa Lea, l. c. p. 334 und 344.	Tasmania, Victoria, N. S. Wales
circumcincta Schklg. Deutsche Ent. Zeitschr. 1906, p. 302.	Queensland
concinna Gorh. Trans. Ent. Soc. Lond. 1877, p. 255. — Schklg. Deutsche Ent. Zeitschr. 1898, p. 177. — Lea, l. c. p. 334 und 340, t. 3, f. 52.	N. S. Wales
conferta Newm. Entomol. 1842, p. 365. — Lacord. Gen. Col. IV, 1857, p. 471 nota. — Schklg. l. c. p. 178.	Australien
dia Gorh. Trans. Ent. Soc. Lond. 1877, p. 252. — Schklg. l. c. p. 173. — Lea, l. c. p. 333 und 341, t. 2, f. 25.	West-Australien
elongata Gorh. l. c. p. 253. — Schklg. l. c. p. 180. — Lea, l. c. p. 334 und 340.	Süd-Australien

exilis Westw. Proc. Zool. Soc. Lond. 1852, p. 48, t. 27, f. 4. — Schklg. l. c. p. 179; l. c. 1906, p. 301. — Lea, l. c. p. 334 und 341. — N. S. Wales, Victoria, Tasmania

festiva Westw. l. c. p. 47, t. 25, f. 3. — Schklg. l. c. p. 172. — West-Australien

flavifrons Lea, Ann. Soc. Ent. Belg. LI, 1907, p. 334 und 341, t. 2, f. 24. — N. S. Wales

flavipes Lea, l. c. p. 333 und 356, t. 3, f. 39. — „

flavolineata Westw. in White, Cat. Clerid. 1849, p. 62; Proc. Zool. Soc. Lond. 1852, p. 48, t. 27, f. 1. — Schklg. Deutsche Ent. Zeitschr. 1898, p. 172. — Lea, l. c. p. 332 und 336, t. 3, f. 55. — Australien

flavovaria Westw. l. c. p. 62; l. c. p. 49, t. 27, f. 3. — Schklg. l. c. p. 179. — Lea, l. c. p. 333 und 335, t. 2, f. 20—21. — „

Frenchi Lea, l. c. p. 333, 335 und 358, t. 3, f. 35—36. — Victoria

Gorhami Schklg. Deutsche Ent. Zeitschr. 1898, p. 174. — Australien

gracilis Schklg. l. c. p. 178. — Lea, l. c. p. 334 und 336. — Tasmania

Griffithi Lea, l. c. p. 333 und 359, t. 3, f. 34. — S.-Australien

Hackeri Lea, l. c. p. 334 und 356. — Queensland

hieroglyphica Lea, l. c. p. 332 und 343, t. 2, f. 9—10. — N. S. Wales

hilaris Newm. Zoologist 1843, p. 119. — Gorh. Trans. Ent. Soc. Lond. 1877, p. 250. — Schklg. Deutsche Ent. Zeitschr. 1898, p. 175; Ann. Mus. Hung. I, 1903, p. 399. — Lea, l. c. p. 334 und 340, t. 3, f. 48. — Victoria, Süd-Australien, Tasmania
  corallipennis Westw. Proc. Zool. Soc. Lond. 1852, p. 47, t. 25, f. 2.

interrupta Gorh. l. c. p. 256. — Schklg. l. c. p. 182. — W.-Australien

kingensis Lea, Ann. Soc. Ent. Belg. LI, 1907, p. 335 und 360, t. 3, f. 37. — King Island

labiata Gorh. Trans. Ent. Soc. Lond. 1877, p. 256. — Schklg. l. c. p. 177. — Lea, Proc. Linn. Soc. N. S. Wales XXVI, 1901, p. 485; Ann. Soc. Ent. Belg. LI, 1907, p. 332, 333 und 341, t. 2, f. 17—19. — W.-Australien

laticeps Lea, l. c. p. 333 und 353, t. 3, f. 47. — Queensland

leoparda Blackb. Trans. Roy. Soc. South Austral. XV, 1892, p. 224. — Lea, l. c. 333 und 341. — Victoria, N. S. Wales

maculata Schklg. Deutsche Ent. Zeitschr. 1902, p. 160. — Victoria

maculicollis Gorh. Trans. Ent. Soc. Lond. 1877, p. 252. — Schklg. Deutsche Ent. Zeitschr. 1898, p. 181. — Australien
  var. *apicalis* Gorh. l. c. p. 253. — Schklg. l. c. p. 181. — „

malthinus Newm. Entomol. 1841, p. 37. — Kl. Clerii 1842, p. 389. — Schklg. l. c. p. 177; Ann. Mus. Hung. I, 1903, p. 399. — Lea, Ann. Soc. Ent. Belg. LI, 1907, p. 334 und 340, t. 3, f. 54. — Tasmania, Victoria

Mastersi Lea, l. c. p. 333 und 352, t. 3, f. 45—46. — Queensland

meridionalis Lea, l. c. p. 335 und 359, t. 3, f. 33. — S.-Australien

militaris Schklg. Deutsche Ent. Zeitschr. 1902, p. 159. — Lea, l. c. p. 335 und 337, t. 2, f. 22. — Victoria, N. S. Wales

munda Blackb. Trans. Roy. Soc. South Austral. XV, 1892, p. 223. — Lea, l. c. p. 333 und 341. — „ Süd-Australien

nigrolateralis Lea, l. c. p. 333 und 351, t. 2, f. 15. — N. S. Wales

nigrovaria Lea, l. c. p. 332 und 345, t. 3, f. 42—43. — King Island
  var. Lea, l. c. p. 346. — Tasmania

nitens Newm. Entomol. 1841, p. 36. — Kl. Clerii 1842, p. 311, t. 2, f. 8. — Spin. Clérites II, 1844, p. 34, t. 38, f. 1. — Chenu, Encycl. d'Hist. — Tasmania, N. S. Wales,

Nat. Col. II, 1860, f. 189. — Schklg. Deutsche Ent. Zeitschr. 1898, p. 171. — Lea, l. c. p. 334 und 340, t. 3, f. 49. — Victoria

obliquefasciata Gorh. Trans. Ent. Soc. Lond. 1877, p. 251. — Waterh. Aid. Ins. I, 1881, t. 14. — Schklg. l. c. p. 173. — Lea, Proc. Linn. Soc. N. S. Wales XXVI, 1901, p. 484; Ann. Soc. Ent. Belg. LI, 1907, p. 333, 334, 335 und 341, t. 2, f. 30; t. 3, f. 31—32. — W.-Australien

var. A—H Lea, Proc. Linn. Soc. N. S. Wales XXVI, 1901, p. 485. — „

pallida Lea, Ann. Soc. Ent. Belg. LI, 1907, p. 334 und 348. — N. S. Wales

pallidipennis Lea, l. c. p. 332 und 346. — Tasmania

pectoralis Westw. in White, Cat. Clerid. 1849, p. 61; Proc. Zool. Soc. Lond. 1852, p. 49, t. 27, f. 6. — Schklg. Deutsche Ent. Zeitschr. 1898, p. 174. — S.-Australien

picta White, Cat. Clerid. 1849, p. 62. — Schklg. l. c. p. 171. — Lea, l. c. p. 334 und 341, t. 3, f. 59. — N. S. Wales

pictipes Blackb. Trans. Roy. Soc. South Austral. XV, 1892, p. 222. — Lea, l. c. p. 334 und 340. — „

pilosa Gorh. Trans. Ent. Soc. Lond. 1877, p. 255. — Schklg. Deutsche Ent. Zeitschr. 1898, p. 176. — Lea, l. c. p. 332 und 339. — Australien

plumbea Gorh. l. c. p. 257. — Schklg. l. c. p. 176. — Lea, l. c. p. 340. — S.-Australien

pulchella Blackb. Trans. Roy. Soc. South Austral. XV, 1892, p. 223. — Lea, l. c. p. 334. — Australien

purpurea Lea, l. c. p. 332 und 341. — Queensland

pusilla Schklg. Deutsche Ent. Zeitschr. 1906, p. 303. — „

quadricolor Lea, Ann. Soc. Ent. Belg. LI, 1907, p. 333 und 354, t. 3, f. 44. — N. S. Wales

rufa Gorh. Trans. Ent. Soc. Lond. 1877, p. 251. — Schklg. Deutsche Ent. Zeitschr. 1898, p. 172. — S.-Australien

sexmaculata Lea, l. c. p. 333 und 354, t. 3, f. 51. — N. S. Wales

sexspilota Lea, l. c. p. 343, t. 2, f. 23. — „

Simsoni Lea, l. c. p. 333 und 349, t. 3, f. 58. — Tasmania

simulans Blackb. Trans. Roy. Soc. South Austral. XV, 1892, p. 222. — Lea, l. c. p. 334 und 340, t. 2, f. 6—8. — Tasmania, N. S. Wales, Victoria

soror Blackb. l. c. p. 223. — Lea, l. c. p. 334 und 341, t. 3, f. 53. — Australien

spinipennis Lea, l. c. p. 334 und 355, t. 3, f. 60. — N. S. Wales

subaenea Gorh. Trans. Ent. Soc. Lond. 1877, p. 254. — Schklg. Deutsche Ent. Zeitschr. 1898, p. 175. — Lea, Proc. Linn. Soc. N. S. Wales XXVI, 1901, p. 485; Ann. Soc. Ent. Belg. LI, 1907, p. 332 und 337. — Australien

var. *filiformis* Gorh. l. c. p. 254. — Schklg. l. c. p. 176. — Lea, l. c. p. 337. — Queensland, West-Australien

subsuturalis Lea, l. c. p. 333 und 349. — N. S. Wales, Tasmania

suturalis Gorh. Trans. Ent. Soc. Lond. 1877, p. 255. — Schklg. Deutsche Ent. Zeitschr. 1898, p. 180. — Lea, l. c. p. 332 und 341, t. 2, f. 16. — W.-Australien

tasmanica White, Cat. Clerid. 1849, p. 62. — Schklg. l. c. p. 173. — Lea, l. c. p. 333 und 336, t. 2, f. 4—5. — Tasmania, N. S. Wales

var. *apicalis* Schklg. Deutsche Ent. Zeitschr. 1902, p. 159. — Lea, l. c. p. 336.	Tasmania, N. S. Wales
variicollis Lea, l. c. p. 332, 333 und 351, t. 2, f. 13—14.	S.-Australien
villosa Lea, l. c. p. 335 und 357, t. 2, f. 2—3.	Victoria
virgata Lea, l. c. p. 332 und 350, t. 3, f. 56—57.	N. S. Wales, Victoria, Tasmania
V-reversa Westw. Proc. Zool. Soc. Lond. 1852, p. 48, t. 27, f. 5. — Schklg. Deutsche Ent. Zeitschr. 1898, p. 179.	Adelaide

75

Evenus Cast.

Cast. in Silb. Rev. IV, 1836, p. 41. — Spin. Rev. Zool. 1841, p. 75. — Kl. Clerii 1842, p. 315. — Spin. Clérites II, 1844, p. 28. — Lacord. Gen. Col. IV, 1857, p. 469. — Chenu, Encycl. d'Hist. Nat. Col. II, 1860, p. 266. — Schklg. Gen. Ins. Cler. 1903, p. 89; Deutsche Ent. Zeitschr. 1906, p. 300.

Cupido Alluaud, Bull. Soc. Ent. Fr. 1895, p. 359, fig.	Madagascar
fasciicollis Schklg. Deutsche Ent. Zeitschr. 1906, p. 299, t. 2, f. 11.	„
filiformis Cast. in Silb. Rev. d'Ent. IV, 1836, p. 42. — Kl. Clerii 1842, p. 315, t. 2, f. 9. — Spin. Clérites II, 1844, p. 30, t. 38, f. 2. — Chenu, Encycl. d'Hist. Nat. Col. II, 1860, f. 188.	„
marginicollis Fairm. Ann. Soc. Ent. Fr. LXXI, 1902, p. 567.	„
Perrieri Fairm. Ann. Soc. Ent. Belg. XLIII, 1899, p. 531.	„
polyzonus Fairm. Ann. Soc. Ent. Fr. LXXI, 1902, p. 566.	„

6

Cephaloclerus Kuw.

Kuw. Ann. Soc. Ent. Belg. XXXVII, 1893, p. 486. — Kraatz, Deutsche Ent. Zeitschr. 1899, p. 105. — Schklg. Gen. Ins. Cler. 1903, p. 90.

annulipes Schklg. Deutsche Ent. Zeitschr. 1906, p. 300.	Ostafrika
basipes Schklg. Bull. Mus. Paris VIII, 1902, p. 330.	Abessinien, Kilimandjaro
var. *ruficollis* Schklg. l. c. p. 330.	Abessinien
bimaculatus Kraatz, Deutsche Ent. Zeitschr. 1899, p. 87.	Kamerun
corynetoides Kuw. Ann. Soc. Ent. Belg. XXXVII, 1893, p. 487. — Kraatz, Deutsche Ent. Zeitschr. 1899, p. 106.	Sierra Leone
cyanescens Kraatz, l. c. p. 106.	Togo, Gabun
flavipes Hintz, Deutsche Ent. Zeitschr. 1905, p. 312.	Fernando Po
punctipennis Boh. Ins. Caffr. I, 2, 1851, p. 511. — Kraatz, Deutsche Ent. Zeitschr. 1899, p. 106. — Gorh. Ann. Mag. Nat. Hist. (7) VII, 1901, p. 355.	Caffraria, Mashonaland
rufofemoratus Kraatz, l. c. p. 106.	Togo
tibialis Hintz, Deutsche Ent. Zeitschr. 1905, p. 311.	Kamerun

9

Paupris Sharp.

Sharp, Ent. Monthly Mag. XIII, 1877, p. 271. — Gorh. Trans. Ent. Soc. Lond. 1877, p. 263. — Schklg. Gen. Ins. Cler. 1903, p. 95. — Gahan, Ann. Mag. Nat. Hist. (8) V, 1910, p. 65.

aptera Sharp, l. c. p. 271. — Gorh. l. c. p. 263. — Broun, Man. New Zealand Col. I, 1880, p. 331. — Neu-Seeland
1

Abrosius Fairm.

Fairm. Bull. Mus. Paris VIII, 1902, p. 315. — Schklg. Gen. Ins. Cler. 1903, p. 96.

cyaneorufus Fairm. l. c. p. 315. — Madagascar
1

Emmepus Motsch.

Motsch. Bull. Moscou XVIII, 1845, p. 41. — Lacord. Gen. Col. IV, 1857, p. 494. — Chenu, Encycl. d'Hist. Nat. Col. II, 1860, p. 82 (sub Staphylin.) et p. 266. — Reitt. Verh. Nat. Ver. Brünn XXXII, 1893 (1894), p. 39; Best.-Tab. 1894, p. 6. — Wien. Ent. Zeit. XV, 1896, p. 283. — Schklg. Gen. Ins. Cler. 1903, p. 96.

Brachyclerus Fairm. Compt. rend. Soc. Ent. Belg. XXVII, 1883, p. 157. — Bedel, Ann. Soc. Ent. Fr. (6) VII, 1887, p. 197.

arundinis Motsch. l. c. p. 42, t. 3, f. 1. — Reitt. l. c. p. 40; p. 7. — Pic, Frelon VIII, 1900, IV, p. 1. — Kaspi-See
Bonnairei Fairm. Compt. rend. Soc. Ent. Belg. XXVII, 1883, p. 157. — Pic, l. c. p. 1. — Süd-Algier
juncicola Abeille, Bull. Soc. Ent. Fr. 1898, p. 255. — Pic, l. c. p. 1.
flavipes Motsch. Bull. Moscou XXXIV, 1861, p. 127. — Ceylon
pallidipennis Pic, Frelon VIII, 1900, IV, p. 1. — Süd-Algier
4

Parmius Sharp.

Sharp, Ent. Monthly Mag. XIII, 1877, p. 272. — Schklg. Gen. Ins. Cler. 1903, p. 96.

debilis Sharp, l. c. p. 272. — Broun, Man. New Zealand Col. I, 1880, p. 332. — Neu-Seeland
longipes Sharp, l. c. p. 272. — Broun, l. c. p. 331. — „
rugosus Broun, Man. New Zealand Col. V, 1893, p. 1148. — „
3

Allelidea Waterh.

Waterh. Trans. Ent. Soc. Lond. II, 1839, p. 193. — Lacord. Gen. Col. IV, 1857, p. 473. — Chenu, Encycl. d'Hist. Nat. Col. II, 1860, p. 266. — Gorh.

Trans. Ent. Soc. Lond. 1877, p. 263. — Blackb. Trans. Roy. Soc. South Austral. XIV, 1891, p. 302. — Schklg. Gen. Ins. Cler. 1903, p. 97.

brevipennis Pasc. Journ. of Ent. I, 1860, p. 48, t. 2, f. 9. Australien
ctenostomoides Waterh. Trans. Ent. Soc. Lond. II, 1839, p. 194, t. 17, f. 1. „
viridis Blackb. Trans. Roy. Soc. South Austral. XIV, 1891, I, p. 302. „
3

Theano Cast.

Cast. Silberm. Rev. IV, 1836, p. 51. — Lacord. Gen. Col. IV, 1857, p. 493. — Chenu, Encycl. d'Hist. Nat. Col. II, 1860, p. 268. — Gorh. Trans. Ent. Soc. Lond. 1877, p. 263. — Schklg. Gen. Ins. Cler. 1903, p. 97.

pusilla Cast. l. c. p. 51. Columbien
1

II. Corynetinae.

Enopliides Lacord. Gen. Col. IV, 1857, p. 422 und 474 (+ *Phyllobénides* l. c. p. 422 und 466).
Corynetini Reitt. Verh. Nat. Ver. Brünn XXXII, 1893 (1894), p. 38 und 81; Best.-Tab. 1894, p. 5 und 48.
Corynetinae Gahan, Ann. Mag. Nat. Hist. (8) V, 1910, p. 67.

4. Phyllobaenini.

Clairones Ichnoides (pars) Spin. Rev. Zool. 1841, p. 71.
Clérites Hydnoceroides (pars) Spin. Clérites I, 1844, p. 48 c.
Phyllobénides Lacord. Gen. Col. IV, 1857, p. 422 und 466.
Hydnoceridae (pars) Chenu, Encycl. d'Hist. Nat. Col. II, 1860, p. 263.
Phyllobenides Gorh. Cist. Ent. II, 1875—82 (1876), p. 59.
Phyllobaenides Gorh. Trans. Ent. Soc. Lond. 1877, p. 246.
Epiphloeini Kuw. Ann. Soc. Ent. Belg. XXXVII, 1893, p. 492.
Phyllobaenini Lohde, Stett. Ent. Zeit. LXI, 1900, p. 87. — Schklg. Gen. Ins. Cler. 1903, p. 3 und 86. — Gahan, Ann. Mag. Nat. Hist. (8) V, 1910, p. 59 und 67.
Phyllobaeninae Schklg. Deutsche Ent. Zeitschr. 1906, p. 298.

Phyllobaenus Spin.

Spin. Clérites II, 1844, p. 1. — J. Lec. Ann. Lyc. Nat. Hist. N. York V, 1852, p. 30. — Lacord. Gen. Col. IV, 1857, p. 466. — Chenu, Encycl. d'Hist. Nat. Col. II, 1860, p. 264. — J. Lec. and Horn, Classif. Col. N. Amer. ed. II, 1883, p. 219. — Kuw. Ann. Soc. Ent. Belg. XXXVII, 1893, p. 492. — Schklg. Gen. Ins. Cler. 1903, p. 86. — Gahan, Ann. Mag. Nat. Hist. (8) V, 1910, p. 59 und 73. — Wolcott, Bull. Ind. Dep. Geol. Nat. I, 1910, p. 858.

capitatus Gorh. Trans. Ent. Soc. Lond. 1877, p. 248. — Gahan, Ann. Mag. Nat. Hist. (8) V, 1910, p. 72. Amazon

dislocatus Say, Journ. Acad. Philad. V, 1825, p. 176. — Kl. Clerii 1842, p. 394. — J. Lec. Ann. Lyc. Nat. Hist. N. York V, 1852, p. 30. — Wickham, Canad. Entomol. XXVII, 1895, p. 252. — Wolcott, Bull. Ind. Dep. Geol. Nat. I, 1910, p. 858, f. 338. — Nord-Amerika
Biologie: Chittenden, Ent. Amer. VI, 1890, p. 155.
distrophus Kl. Clerii 1842, p. 374. — Melsh. Proc. Acad. Philad. II, 1846, p. 306.
transversalis Spin. Clérites II, 1844, p. 4, t. 40, f. 6. — Imhoff, Einf. Stud. Col. 1856, t. 6, f. 30. — Chenu, Encycl. d'Hist. Nat. Col. II, 1860, f. 185.

erythrocephalus Gorh. Biol. Centr.-Amer. Col. III, 2, 1882, p. 167, t. 7, f. 25. — Gahan, Ann. Mag. Nat. Hist. (8) V, 1910, p. 72. — Central-Amerika

linearis Gorh. l. c. p. 182. — Gahan, l. c. p. 73 und 74. — Panama

Merkeli Horn, Proc. Calif. Acad. (2) VI, 1896, p. 374. — Arizona

nitidus Gorh. Trans. Ent. Soc. Lond. 1877, p. 248. — Gahan, Ann. Mag. Nat. Hist. (8) V, 1910, p. 72. — Brasilien

punctatus Gorh. Biol. Centr.-Amer. Col. III, 2, 1882, p. 167. — Gahan, l. c. p. 72. — Guatemala, Mexico

7

Ellipotoma Spin.

Spin. Clérites II, 1844, p. 36. — Lacord. Gen. Col. IV, 1857, p. 472. — Chenu, Encycl. d'Hist. Nat. Col. II, 1860, p. 267. — Gorh. Trans. Ent. Soc. Lond. 1877, p. 263. — Schklg. Gen. Ins. Cler. 1903, p. 95. — Gahan, Ann. Mag. Nat. Hist. (8) V, 1910, p. 73.

chiriquiana Gorh. Biol. Centr.-Amer. Col. III, 2, 1883, p. 182. — Gahan, Ann. Mag. Nat. Hist. (8) V, 1910, p. 74. — Panama

lateralis Kl. Clerii 1842, p. 377, t. 2, f. 13. — Chevr. Mém. Clér. 1876, p. 7. — Brasilien

tenuiformis Spin. Clérites II, 1844, p. 38, t. 40, f. 5. — Chenu, Encycl. d'Hist. Nat. Col. II, 1860, f. 190. — Columbien

trilineata Chevr. Rev. Mag. Zool. 1874, p. 324. — Gorh. Biol. Centr.-Amer. Col. III, 2, 1883, p. 182. — Gahan, Ann. Mag. Nat. Hist. (8) V, 1910, p. 74. — Mexico

4

Pyticeroides Kuw.

Kuw. Ann. Soc. Ent. Belg. XXXVIII, 1894, p. 7. — Schklg. Gen. Ins. Cler. 1903, p. 112. — Gahan, Ann. Mag. Nat. Hist. (8) V, 1910, p. 73.

arrogans Kuw. l. c. p. 9. — Amazon

1

Epiphloeus Spin.

Spin Rev. Zool. 1841, p. 75. — Kl. Clerii 1842, p. 370. — Spin. Clérites II, 1844, p. 5. — Lacord. Gen. Col. IV, 1857, p. 467. — Chenu, Encycl. d'Hist Nat. Col. II, 1860. p. 264. — Gorh. Biol. Centr.-Amer. Col. III,

2, 1882, p. 166. — Kuw. Ann. Soc. Ent. Belg. XXXVII, 1893, p. 492. — Schklg. Gen. Ins. Cler. 1903, p. 87. — Gahan, Ann. Mag. Nat. Hist. (8) V, 1910, p. 71.

balteatus Chevr. Ann. Soc. Ent. Fr. (2) I, 1843, p. 36. Brasilien
Buqueti Spin. Clérites II, 1844, p. 10. Cayenne
byssinus Er. Arch. Naturgesch. XIII, 1847, p. 86. Peru
debilis Kuw. Ann. Soc. Ent. Belg. XXXVII, 1893, p. 493. Amazon
duodecimmaculatus Kl. Clerii 1842, p. 370, t. 1, f. 16. Brasilien, Cayenne
duodecimpunctatus Spin. Clérites II, 1844, p. 167. — Chenu, Encycl. d'Hist. Nat. Col. II, 1860, f. 186.
pantherinus Chevr. Ann. Soc. Ent. Fr. (2) I, 1843, p. 35. — Spin. Clérites II, 1844, p. 8, t. 42, f. 1.
fasciatus Kl. Clerii 1842, p. 371. Brasilien, Amazon
Chevrolati Gorh. Trans. Ent. Soc. Lond. 1877, p. 246. — Gahan, Ann. Mag. Nat. Hist. (8) V, 1910, p. 72.
lividipes Chevr. Rev. Mag. Zool. 1874, p. 320. Venezuela
marginellus Spin. Clérites II, 1844, p. 15, t. 42, f. 2. Cayenne
marginipes Chevr. Rev. Mag. Zool. 1874, p. 320. — Gorh. Biol. Centr.-Amer. Col. III, 2, 1882, p. 166; l. c. Suppl. 1886, p. 341. Centr.-Amer., Brasilien
terzonatus var. B Gorh. Trans. Ent. Soc. Lond. 1877, p. 248.
mucoreus Kl. Clerii 1842, p. 371. „
nebulosus Chevr. Mém. Clér. 1876, p. 28. Cuba
nubilus Kl. Clerii 1842, p. 370, t. 2, f. 15. Brasilien
obscurus Kuw. Ann. Soc. Ent. Belg. XXXVII, 1893, p. 494. Mexico
ornatus Spin. Clérites II, 1844, p. 12. Cayenne
parvulus Schklg. Deutsche Ent. Zeitschr. 1900, p. 398. Goyaz
princeps Gorh. Biol. Centr.-Amer. Col. III, 2, Suppl. 1886, p. 340, t. 12, f. 19. Panama
pulcherrimus Gorh. Trans. Ent. Soc. Lond. 1877, p. 246. Amazon
quadristigma Chevr. Rev. Mag. Zool. 1874, p. 320. Cuba
quattuordecimmaculatus Chevr. Mém. Clér. 1876, p. 27. — Kuw. Ann. Soc. Ent. Belg. XXXVII, 1893, p. 495. Brasilien
setulosus J. Thoms. Mus. scient. II, 1860, p. 60. — Gorh. Biol. Centr.-Amer. Col. III, 2, 1882, t. 8, f. 24. Centr.-Amer., Amazon
sexplagiatus Kuw. Ann. Soc. Ent. Belg. XXXVII, 1893, p. 494. „
simplex Schklg. Deutsche Ent. Zeitschr. 1900, p. 397. Bolivien
speculum Kl. Clerii 1842, p. 372. Brasilien
terzonatus Gorh. Trans. Ent. Soc. Lond. 1877, p. 247. Amazon
var. A Gorh. l. c. p. 248. „
tibialis Kuw. Ann. Soc. Ent. Belg. XXXVII, 1893, p. 495. „
tomentosus Spin. Clérites II, 1844, p. 13, t. 38, f. 3. — Chevr. Mém. Clér. 1876, p. 6. Brasilien, Cayenne
tricolor Kuw. Ann. Soc. Ent. Belg. XXXVII, 1893, p. 493. Amazon
variegatus Kl. Clerii 1842, p. 372. — Chenu, Encycl. d'Hist. Nat. Col. II, 1860, t. 33, f. 2. — Schklg. Deutsche Ent. Zeitschr. 1900, p. 399. Amazon
velutinus Gorh. Trans. Ent. Soc. Lond. 1877, p. 247. — Waterh. Aid. Ins. I, 1880, t. 2. Ega, Para

ruficeps Kuw. Ann. Soc. Ent. Belg. XXXVII, 1893, p. 495. — Gahan, Ann. Mag. Nat. Hist. (8) V, 1910, p. 72.
vitticollis Schklg. Deutsche Ent. Zeitschr. 1906, p. 299. Amazon
30

Plocamocera Spin.

Spin. Clérites II, 1844, p. 17. — Lacord. Gen. Col. IV, 1857, p. 468. — Chenu, Encycl. d'Hist. Nat. Col. II, 1860, p. 265. — Gorh. Trans. Ent. Soc. Lond. 1877, p. 249; Biol. Centr.-Amer. Col. III, 2, 1882, p. 167. — Kuw. Ann. Soc. Ent. Belg. XXXVII, 1893, p. 492. — Schklg. Gen. Ins. Cler. 1903, p. 88. — Gahan, Ann. Mag. Nat. Hist. (8) V, 1910, p. 73.

Plocamocerus Kuw. Ann. Soc. Ent. Belg. XXXVII, 1893, p. 496.

confrater Kuw. l. c. p. 496. Amazon
var. *sericelloides* Kuw. l. c. p. 497. „
var. *similis* Kuw. l. c. p. 497. „
sericella Spin. Clérites II, 1844, p. 19, t. 38, f. 4. — Chenu, Encycl. d'Hist. Nat. Col. II, 1860, f. 187. — Gorh. Biol. Centr.-Amer. Col. III, 2, 1882, p. 168. Guatemala, Panama, Columbien, Brasilien
2

5. Enopliini.

Clairones Notoxoides (pars) et *Ichnoides* (pars) Spin. Rev. Zool. 1841, p. 71.
Clérites Cléroides et *Platynopteroides* Spin. Clérites I, 1844, p. 48.
Énopliides vrais Lacord. Gen. Col. IV, 1857, p. 475.
Hydnoceridae (pars) + *Platynopteridae* (pars) + *Corynetidae* (pars) Chenu, Encycl. d'Hist. Nat. Col. II, 1860, p. 263, 269, 270.
Enopliides Gorh. Cist. Ent. II, 1875—82 (1876), p. 59.
Enoplina Reitt. Verh. Nat. Ver. Brünn XXXII, 1893 (1894), p. 38 und 81; Best.-Tab. 1894, p. 5 und 48.
Enopliini Lohde, Stett. Ent. Zeitschr. LXI, 1900, p. 97. — Schklg. Gen. Ins. Cler. 1903, p. 3 und 97; Gahan, Ann. Mag. Nat. Hist. (8) V, 1910, p. 68.
Enopliinae Schklg. Deutsche Ent. Zeitschr. 1906, p. 305.

Allochotes Westw.

Westw. Trans. Ent. Soc. Lond. 1875, p. 241. — Schklg. Gen. Ins. Cler. 1903, p. 98. — Gahan, Ann. Mag. Nat. Hist. (8) V, 1910, p. 69.

Sisyrnophorus Waterh. Ent. Monthly Mag. XIII, 1876, p. 125. — Lewis, l. c. XXVII, 1891, p. 210. — Gorh. Proc. Zool. Soc. Lond. 1893, p. 580. — Lewis, Ann. Mag. Nat. Hist. (6) XVI, 1895, p. 122. — Gorh. Ann. Soc. Ent. Belg. XLVII, 1903, p. 337.

apicalis Westw. Trans. Ent. Soc. Lond. 1875, p. 242. Neu-Guinea
bicolor Westw. l. c. p. 241, t. 9, f. 1. Macassar, Neu-Guinea
var. *mortica* Westw. l. c. p. 242. Morty

birmanica Gorh. Proc. Zool. Soc. Lond. 1893, p. 580.	Birma
Bowringi Waterh. Ent. Monthly Mag. XIII, 1876, p. 126.	Penang
chrysomelina Westw. Trans. Ent. Soc. Lond. 1875, p. 242. — Gorh. Proc. Zool. Soc. Lond. 1893, p. 581.	Dorey, Birma
coccinella Westw. l. c. p. 242.	Ceram
dichroa Lewis, Ent. Monthly Mag. XXVII, 1891, p. 210. *bicolor* Lewis, Ann. Mag. Nat. Hist. (6) XIV, 1895, p. 122.	Japan
cubrioides Westw. Trans. Ent. Soc. Lond. 1875, p. 242.	Sumatra
Fryi Gorh. Proc. Zool. Soc. Lond. 1893, p. 581.	Birma
fulvescens Westw. Trans. Ent. Soc. Lond. 1875, p. 242.	Batchian
maculata Waterh. Ent. Monthly Mag. XIII, 1876, p. 126.	Philippinen
scymnoides Westw. Trans. Ent. Soc. Lond. 1875, p. 242.	Singapore
variabilis Gorh. Ann. Soc. Ent. Belg. XLVII, 1903, p. 337.	Bengalen
yunnensis Schklg. Deutsche Ent. Zeitschr. 1908, p. 702.	Yunnan

14

Spinolarius Kuw.

Kuw. Soc. Ent. VIII, 1893—94 (1893), p. 67; Ann. Soc. Ent. Belg. XXXVIII, 1894, p. 5. — Schklg. Gen. Ins. Cler. 1903, p. 99.

bizonatus Kuw. l. c. p. 67.	Madagascar

1

Tenerus Cast.

Cast. in Silberm. Rev. IV, 1836, p. 43. — Spin. Rev. Zool. 1841, p. 73; Clérites I, 1844, p. 161. — Lacord. Gen. Col. IV, 1857, p. 475. — Chenu, Encycl. d'Hist. Nat. Col. II, 1860, p. 241. — Gorh. Trans. Ent. Soc. Lond. 1877, p. 402; Ann. Soc. Ent. Belg. XXXIX, 1895, p. 297. — Schklg. Gen. Ins. Cler. 1903, p. 99. — Hintz, Deutsche Ent. Zeitschr. 1905, p. 312.

Cylistus Kl. Clerii 1842, p. 354. — Chenu, l. c. p. 242.
Prionophorus Blanch. Voy. Pole Sud IV, 1853, p. 64.

Subgen. **Tenerus** i. sp.

A. Indo-australische Arten.

abbreviatus White, Cat. Clerid. 1849, p. 52.	Australien
albofemoratus Schklg. Ann. Mus. Genova (2) XX, 1899—1901 (1899), p. 345.	Nias
andamanensis Gorh. Trans. Ent. Soc. Lond. 1877, p. 405.	Andamanen
apicalis Gorh. l. c. p. 408.	Ceylon
batchianus J. Thoms. Mus. scient. II, 1860, p. 64. *signiceps* Kuw. Ann. Soc. Ent. Belg. XXXVII, 1893, p. 486.	Malay. Arch.
belgamensis Gorh. Ann. Soc. Ent. Belg. XXXIX, 1895, p. 297.	Belgaum
bicolor Blanch. Voy. Pole Sud IV, 1853, p. 64.	Neu-Guinea
brunneiceps Schklg. Stett. Ent. Zeit. LXIII, 1902, p. 374.	Sumatra
ceramensis Gorh. Trans. Ent. Soc. Lond. 1877, p. 403.	Ceram
chalybaeus Gorh. l. c. p. 405. — Schklg. Deutsche Ent. Zeitschr. 1902, p. 112.	Singapore
cingalensis White, Cat. Clerid. 1849, p. 52. — Gorh. in Ritsema, Midden-Sumatra IV, 6, Col. 1887, p. 78.	Ceylon, Sumatra

cruentatus Gorh. Trans. Ent. Soc. Lond. 1877, p. 403. Laos
curticollis Schklg. Deutsche Ent. Zeitschr. 1906, p. 305, t. 2, f. 12. Nepal
cyaneus Gorh. Trans. Ent. Soc. Lond. 1877, p. 404. Laos
cyanopterus Spin. Clérites I, 1844, p. 165, t. 8, f. 4. Manila
difficilis Gorh. Trans. Ent. Soc. Lond. 1877, p. 407. Neu-Guinea
discolor Gorh. l. c. p. 406. Malay. Arch.
dispar Kuw. Ann. Soc. Ent. Belg. XXXVII, 1893, p. 485. „
Dohertyanus Gorh. Proc. Zool. Soc. Lond. 1893, p. 581. Perak
doreyanus Gorh. Trans. Ent. Soc. Lond. 1877, p. 405. Neu-Guinea
var.? Schklg. Ann. Mus. Genova (2) XX, 1899—1901 (1899), p. 164. „
flavicollis Gorh. l. c. p. 404. — Waterh. Aid Ins. II, 1882, t. 122. Laos, Birma
frontalis Fairm. Naturaliste III, 1881, p. 389; Ann. Soc. Ent. Belg. XXVII, 1883, p. 22. Neu-Britann.
fuscipennis Gorh. Trans. Ent. Soc. Lond. 1877, p. 406. Ceram
Gorhami Schklg. Deutsche Ent. Zeitschr. 1906, p. 306. Morty
higonius Lewis, Ann. Mag. Nat. Hist. (6) X, 1892, p. 189. Japan
Hilleri Har. Berl. Ent. Zeitschr. XXI, 1877, p. 357. „
hirsutus Schklg. Deutsche Ent. Zeitschr. 1906, p. 306. Sumatra
incertus Gorh. Trans. Ent. Soc. Lond. 1877, p. 408. Aru
var. Schklg. Ann. Mus. Genova (2) XX, 1899—1901 (1899), p. 165. „
javanus Gorh. l. c. p. 404. Java, Birma
laterimaculatus Kraatz, Deutsche Ent. Zeitschr. 1900, p. 192. Ceylon
Lewisi Lohde, Ent. Nachr. XXV, 1899, p. 305. Japan
cyaneus Lewis, Ann. Mag. Nat. Hist. (6) X, 1892, p. 189.
lucidus Schklg. Stett. Ent. Zeitschr. LXIII, 1902, p. 373. Sumatra
maculicollis Lewis, Ann. Mag. Nat. Hist. (6) X, 1892, p. 189. Japan
melanurus Gorh. Trans. Ent. Soc. Lond. 1877, p. 409. Ceylon, Indien
mindanaonicus Gorh. l. c. p. 407. Philippinen
Moorei Waterh. Ann. Mag. Nat. Hist. (6) XIV, 1894, p. 68. Damma
var. Waterh. l. c. p. 68. „
ochraceus Schklg. Ann. Mus. Genova (2) XX, 1899—1901 (1899), p. 164. Neu-Guinea, Australien
Parryanus Gorh. Trans. Ent. Soc. Lond. 1877, p. 402. Malay. Arch.
persimilis Gorh. l. c. p. 408. Neu-Guinea
philippinarum Chevr. Mém. Clér. 1876, p. 37. Philippinen
politus Schklg. Ann. Mus. Genova (2) XX, 1899—1901 (1899), p. 344. Nias
praeustus Cast. in Silberm. Rev. IV, 1836, p. 43. — Kl. Clerii 1842, p. 384. — Spin. Clérites I, 1844, p. 167, t. 11, f. 2. — Gorh. in Ritsema, Midden-Sumatra IV, 6, Col. 1887, p. 79. Java, Birma, Sumatra
proximus Schklg. Deutsche Ent. Zeitschr. 1908, p. 703. Borneo
puncticollis Kraatz, Ann. Soc. Ent. Belg. XLIII, 1899, p. 216. Sumatra
robustus Schklg. Bull. Mus. Paris VIII, 1902, p. 330. Tonking
ruficollis M'Leay, Trans. Ent. Soc. N. S. Wales II, 1872, p. 275. Queensland
sanguineus Schklg. Ann. Mus. Genova (2) XX, 1899—1901 (1899), p. 344; Deutsche Ent. Zeitschr. 1902, p. 112. Sumatra, Nias

siamensis Gorh. Trans. Ent. Soc. Lond. 1877, p. 402. — Schklg. Deutsche Ent. Zeitschr. 1902, p. 111; Stett. Ent. Zeit. 1902, p. 374.	Siam
signaticollis Cast. in Silberm. Rev. IV, 1836, p. 44. — Kl. Clerii 1842, p. 384. — Spin. Clérites I, 1844, p. 168, t. 11, f. 3. — Gorh. Ann. Soc. Ent. Belg. XXXIX, 1895, p. 297. — Schklg. Deutsche Ent. Zeitschr. 1902, p. 111.	Ost-Indien, Java
var. *binotatus* Chevr. Rev. Mag. Zool. 1874, p. 323. — Gorh. Ann. Soc. Ent. Belg. XXXIX, 1895, p. 297.	**Malay. Arch.**
var. *marginipennis* Gestro, Ann. Mus. Genova XVIII, 1882, p. 316. — Gorh. Ann. Mus. Genova (2) XII, 1892, p. 744.	**Birma**
var. Gorh. Ann. Mus. Genova (2) XII, 1892, p. 744.	„
simillimus Schklg. Deutsche Ent. Zeitschr. 1902, p. 112.	Sumatra
telephoroides Pasc. Journ. of Ent. I, 1860, p. 49.	Moreton Bay
viridipennis J. Thoms. Mus. scient. II, 1860, p. 64.	Nord-Indien
vitticollis Kuw. Ann. Soc. Ent. Belg. XXXVII, 1893, p. 485.	Batchian
vittipennis Schklg. Ann. Mus. Nat. Hung. I, 1903, p. 396.	Neu-Guinea

B. Äthiopische Arten.

abdominalis Kraatz, Deutsche Ent. Zeitschr. 1899, p. 101.	Kamerun
adustus Kraatz, l. c. p. 104.	Togo
analis Schklg. Bull. Mus. Paris VIII, 1902, p. 331.	Elfenbeinküste
auratus Hintz, Deutsche Ent. Zeitschr. 1905, p. 313.	Kamerun
bimaculatus Cast. in Silberm. Rev. IV, 1836, p. 44. — Kl. Clerii 1842, p. 384. — Spin. Clérites I, 1844, p. 169, t. 11, f. 1.	Senegal
biplagiatus Fairm. Rev. d'Ent. XI, 1892, p. 104.	Obock
Conradti Lohde, Ent. Nachr. XXV, 1899, p. 305.	Togo
Kolbei Lohde, l. c. p. 305.	
maculiceps Kraatz, Deutsche Ent. Zeitschr. 1899, p. 103.	
vitticollis Kraatz, l. c. p. 103.	
flavangulus Kraatz, l. c. p. 103.	„
grandis Hintz, Deutsche Ent. Zeitschr. 1905, p. 313.	Kamerun
illaesicollis Kraatz, Deutsche Ent. Zeitschr. 1899, p. 101.	„
Kraatzi Lohde, Ent. Nachr. XXV, 1899, p. 305.	„
maculicollis Kraatz, l. c. p. 102.	
lineatocollis Cast. in Silberm. Rev. IV, 1836, p. 36. — Spin. Clérites I, 1844, p. 167, t. 7, f. 4. — Chenu, Encycl. d'Hist. Nat. Col. II, 1860, f. 213.	Senegal
maculiceps Kraatz, Deutsche Ent. Zeitschr. 1899, p. 102.	Kamerun
marginalis Hintz, Deutsche Ent. Zeitschr. 1905, p. 312.	„
miniatus Hintz, l. c. p. 313.	„
nigriceps Kuw. Ann. Soc. Ent. Belg. XXXVII, 1893, p. 478.	Congo
nigrifrons Kraatz, Deutsche Ent. Zeitschr. 1899, p. 104.	Kamerun
nigrocinctus Kuw. Ann. Soc. Ent. Belg. XXXVII, 1893, p. 478. — Kraatz, l. c. p. 101.	„
occidentalis Schklg. Deutsche Ent. Zeitschr. 1906, p. 307.	San Thomé
pictus Cast. in Silberm. Rev. IV, 1836, p. 44. — Kl. Clerii 1842, p. 384.	Senegal
dimidiatus Spin. Clérites I, 1844, p. 166, t. 11, f. 4.	

similis Kraatz, Deutsche Ent. Zeitschr. 1899, p. 102. Aschanti
tibialis Kraatz, l. c. p. 104. — Schklg. Deutsche Ent. Zeitschr. 1908, p. 703. Kamerun
usambaricus Hintz, Deutsche Ent. Zeitschr. 1907, p. 28. Nguelo
variabilis Kl. Clerii 1842, p. 355, t. 1, f. 8. — Schklg. Deutsche Ent. Zeitschr. 1906, p. 308. Cap
bifasciatus Spin. Clérites I, 1844, p. 169, t. 11, f. 5.
terminatus Spin. l. c. p. 165, t. 12, f. 1. — Chenu, Encycl. d'Hist. Nat. Col. II, 1860, p. 242.
virgaticollis Chevr. Mém. Clér. 1876, p. 46. — Schklg. Deutsche Ent. Zeitschr. 1906, p. 307. Gabun
vitticeps Kraatz, Deutsche Ent. Zeitschr. 1899, p. 104. Kamerun
80

Subgen. **Teneroides** Gahan.

Gahan, Ann. Mag. Nat. Hist. (8) V, 1910, p. 69.

subsimilis Schklg. Ann. Mus. Genova (2) XX, 1899—1901 (1899), p. 345. — Gahan, l. c. p. 70. Engano
sulcipennis Gahan, Proc. Zool. Soc. Lond. 1902, II, p. 279. Borneo
tavoyanus Gahan, Ann. Mag. Nat. Hist. (8) V, 1910, p. 70. Tenasserim
3

Teneromimus Gahan.

Gahan, Ann. Mag. Nat. Hist. (8) V, 1910, p. 70.

humeralis Gahan, l. c. p. 71. Salomons-Inseln
vitticollis Gahan, l. c. p. 71. Melbourne
2

Neotenerus Schklg.

Schklg. Deutsche Ent. Zeitschr. 1906, p. 309.

tuberculatus Schklg. l. c. p. 309. Goyaz, Paraguay
1

Orthopleura Spin.

Spin. Clérites II, 1844, p. 80. — J. Lec. Ann. Lyc. Nat. Hist. N. York V, 1852, p. 33. — Lacord. Gen. Col. IV, 1857, p. 482. — Chenu, Encycl. d'Hist. Nat. Col. II, 1860, p. 272. —Jacq. du Val, Gen. Col. d'Eur. III, 1861, p. 200. — J. Lec. Classif. Col. N. Amer. I, 1862, p. 197. — Kiesw. Naturgesch. Ins. Deutschl. IV, 1863, p. 698. — Muls. Col. Fr. Angusticolles 1863, p. 106. — Gorh. Biol. Centr.-Amer. Col. III, 2, 1883, p. 184. — J. Lec. and Horn, Classif. Col. N. Amer. ed. II, 1883, p. 219. — Reitt. Verh. Nat. Ver. Brünn XXII, 1893 (1894), p. 81; Best.-Tab. 1894, p. 48. — Schklg. Gen. Ins. Cler. 1903, p. 109. — Houlbert et Bétis, Trav. scient. Univ. Rennes IV, 1905, p. 124 und 132. — Gahan, Ann. Mag. Nat. Hist. (8) V, 1910, p. 69. — Wolcott, Publ. Field Mus. Chicago VII, 1910, p. 393; Bull. Ind. Dep. Geol. Nat. I, 1910, p. 861.

Dermestoides Schaeff. Icon. Ins. III, 1771, t. 220, f. 4. — Houlbert et Bétis, Trans. scient. Univ. Rennes IV, 1905, p. 124 und 132.

binotata Gorh. Biol. Centr.-Amer. Col. III, 2, 1883, p. 185. — Mexico, Guatemala

damicornis F. Ent. Syst. Suppl. 1798, p. 117. — Spin. Clérites II, 1844, p. 80, t. 24, f. 4. — J. Lec. Ann. Lyc. Nat. Hist. N. York V, 1852, p. 33. — Gorh. Biol. Centr.-Amer. Col. III, 2, Suppl. 1886, p. 345. — Wickham, Canad. Entomol. XXVII, 1895, p. 252. — Schklg. Deutsche Ent. Zeitschr. 1906, p. 317. — Wolcott, Publ. Field Mus. Chicogo VII, 1910, p. 395; Bull. Ind. Dep. Geol. Nat. I, 1910, p. 861, f. 342. — Nord-Amerika, Mexico, Cuba

bimaculata Melsh. Proc. Acad. Philad. II, 1846, p. 307.

nigripennis Spin. Clérites II, 1844, p. 82. — Schklg. Deutsche Ent. Zeitschr. 1906, p. 317.

pennsylvanica Chevr. Rev. Mag. Zool. 1874, p. 325 und 329. — Horn, Trans. Am. Ent. Soc. V, 1875, p. 149. — Schklg. l. c. p. 317. — Wolcott, Bull. Wisconsin Nat. Hist. Soc. VII, 1909, p. 101.

thoracica Say, Journ. Acad. Philad. III, 1823, p. 188; Amer. Ent. III, 1828, t. 41.

var. *texana* Bland, Proc. Ent. Soc. Philad. I, 1863, p. 356. — Schklg. l. c. p. 317. — Wolcott, l. c. p. 102; Publ. Field Mus. Chicago VII, 1910, p. 394 und 396. — Texas

funebris Fairm. Ann. Soc. Ent. Belg. XXXVI, 1892, p. 148. — Syrien

ichnoides Chevr. Rev. Mag. Zool. 1874, p. 324. — Gorh. Biol. Centr.-Amer. Col. III, 2, 1883, p. 186. — Mexico

lepida Kl. Clerii 1842, p. 359. — Chevr. Mém. Clér. 1876, p. 7 und 42. — Cuba

punctatissima Chevr. Ann. Soc. Ent. Fr. (2) I, 1843, p. 34. — J. Lec. Ann. Lyc. Nat. Hist. N. York V, 1852, p. 33. — ,, Nord-Amerika

purpurea Gorh. Biol. Centr.-Amer. Col. III, 2, 1883, p. 186, t. 9, f. 17. — Guatemala

quadraticollis Spin. Clérites II, 1844, p. 167 nota, t. 32, f. 4. — Chevr. Mém. Clér. 1876, p. 7 und 42. — Wolcott, Publ. Field Mus. Chicago VII, 1910, p. 393. — Pennsylvan.

sanguinicollis F. Mant. Ins. 1787, p. 35. — Sturm, Deutschl. Fauna, Käf. XI, 1837, p. 51, t. 233. — Kl. Clerii 1842, p. 357. — Spin. Clérites II, 1844, p. 82. — Bach, Käferfauna Nord- und Mitteldeutschl. II, 1854, p. 94. — Chenu, Encycl. d'Hist. Nat. Col. II, 1860, f. 195. — Jacq. du Val, Gen. Col. d'Eur. III, 1861, t. 50, f. 246. — Kiesw. Naturgesch. Ins. Deutschl. IV, 1863, p. 698. — Muls. Col. Fr. Angusticolles 1863, p. 107. — Seidlitz, Fauna Balt. ed. II, 1891, p. 493; Fauna Transsylv. 1891, p. 527. — Reitt. Verh. Nat. Ver. Brünn XXXII, 1893 (1894), p. 82; Best.-Tab. 1894, p. 49. — Houlbert et Bétis, Trav. scient. Univ. Rennes IV, 1905, p. 124 und 132, f. 14 und 38. — Mittel-Europa, Süd-Europa

cornigera Harrer, Beschr. Ins. Schaeff. 1784, p. 145.

dulcis Ledoux, Ann. Soc. Ent. Fr. II, 1833, p. 474, t. 17, f. D.

Weberi F. Ent. Syst. Suppl. 1794, p. 118. — Latr. Hist. Nat. Crust. et Ins. IX, 1804, p. 147.
suturalis Chevr. Rev. Mag. Zool. 1874, p. 328. — Gorh. Biol. Centr.-Amer. Col. III, 2, 1883, p. 185. — Mexico
teneroides Gorh. l. c. p. 186. — Schklg. Ann. Soc. Ent. Belg. XLV, 1901, p. 108. — Panama
11

Orthopleuroides Kuw.

Kuw. Ann. Soc. Ent. Belg. XXXVII, 1893, p. 489. — Schklg. Gen. Ins. Cler. 1903, p. 112. — Hintz, Deutsche Ent. Zeitschr. 1905, p. 313. — Schklg. Deutsche Ent. Zeitschr. 1906, p. 317. — Gahan, Ann. Mag. Nat. Hist. (8) V, 1910, p. 69.

imitans Schklg. Deutsche Ent. Zeitschr. 1908, p. 706. — Natal
nigerrimus Kuw. Ann. Soc. Ent. Belg. XXXVII, 1893, p. 490. — Congo, Kamerun
niger Kraatz, Deutsche Ent. Zeitschr. 1899, p. 104. — Schklg. Deutsche Ent. Zeitschr. 1903, p. 16; l. c. 1906, p. 318.
2

Ichnea Cast.

Cast. in Silberm. Rev. IV, 1836, p. 55. — Spin. Rev. Zool. 1841, p. 75. — Kl. Clerii 1842, p. 375. — Spin. Clérites II, 1844, p. 20. — J. Lec. Ann. Lyc. Nat. Hist. N. York V, 1852, p. 31. — Lacord. Gen. Col. IV, 1857, p. 476. — Chenu, Encycl. d'Hist. Nat. Col. II, 1860, p. 265. — J. Lec. Classif. Col. N. Amer. I, 1862, p. 197. — Chevr. Mém. Clér. 1876, p. 7. — Gorh. Trans. Ent. Soc. Lond. 1877, p. 409; Biol. Centr.-Amer. Col. III, 2, 1883, p. 178. — J. Lec. and Horn, Classif. Col. N. Amer. ed. II, 1883, p. 219. — Schklg. Deutsche Ent. Zeitschr. 1903, p. 16; Gen. Ins. Cler. 1903, p. 101. — Gahan, Ann. Mag. Nat. Hist. (8) V, 1910, p. 68.

Subgen. Ichnea Schklg.

Schklg. Deutsche Ent. Zeitschr. 1900, p. 400; Gen. Ins. Cler. 1903, p. 101.

aequinoctialis Spin. Clérites II, 1844, p. 25, t. 37, f. 4—5. — Chevr. Mém. Clér. 1876, p. 7. — Columbien
aterrima Kl. Clerii 1842, p. 378. — Spin. Clérites II, 1844, p. 162. — Gorh. Biol. Centr.-Amer. Col. III, 2, Suppl. 1886, p. 181. — Mexico
batesiana Gorh. Trans. Ent. Soc. Lond. 1877, p. 412. — Gahan, Ann. Mag. Nat. Hist. (8) V, 1910, p. 68. — Amazon
var. *pelonioides* Gorh. l. c. p. 413. — Gahan, l. c. p. 68. — „
confluens Kuw. Ann. Soc. Ent. Belg. XXXVIII, 1894, p. 12. — „
dimidiatipennis Spin. Clérites II, 1844, p. 162, t. 46, f. 1. — Columbien
disjuncta Gorh. Trans. Ent. Soc. Lond. 1877, p. 411; Biol. Centr.-Amer. Col. III, 2, 1883, t. 9, f. 23. — Amazon, Nicaragua
var. Gorh. l. c. p. 180, t. 9, f. 24. — „
Dugesi Gorh. l. c. p. 181. — Mexico
frenata Er. Arch. für Naturgesch. XIII, 1847, p. 87. — Peru
fumigata Gorh. Trans. Ent. Soc. Lond. 1877, p. 414. — Amazon

funesta Gorh. l. c. p. 410. — Ega
histrio Gorh. Biol. Centr.-Amer. Col. III, 2, 1883, p. 178, t. 10, f. 1. — Panama
histrica Gorh. l. c.
humeralis Spin. Clérites II, 1844, p. 16, t. 38, f. 5. — Chevr. Mém. Clér. 1876, p. 6. — Gorh. Trans. Ent. Soc. Lond. 1877, p. 249. — Gahan, Ann. Mag. Nat. Hist. (8) V, 1910, p. 72. — Cayenne
impressicollis Gorh. Trans. Ent. Soc. Lond. 1877, p. 414. — Brasilien
incerta Gorh. l. c. p. 413. — Amazon
laticornis Say, Boston Journ. I, 1835, p. 164. — Kl. Clerii 1842, p. 394. —J. Lec. Ann. Lyc. Nat. Hist. N. York V, 1852, p. 31. — Wickham, Canad. Entomol. XXVII, 1895, p. 252. — Wolcott, Bull. Ind. Dep. Geol. Nat. I, 1910, p. 859. — Carolina, Ohio, Illinois, New-Jersey
lycoides Cast. in Silberm. Rev. IV, 1836, p. 55. — Kl. Clerii 1842, p. 375.—Spin. Clérites II, 1844, p. 22, t. 37, f. 3. — Chenu, Encycl. d'Hist. Nat. Col. II, 1860, f. 216. — Brasilien
var. *lycoides* Spin. l. c. p. 25, t. 37, f. 6. — Chevr. Mém. Clér. 1876, p. 7. — Columbien
var. *melanura* Kl. Clerii 1842, p. 376, t. 2, f. 12. — Brasilien
marginella Kl. Clerii 1842, p. 376. — „
circumcincta Chevr. Rev. Mag. Zool. 1874, p. 324. — Gorh. Biol. Centr.-Amer. Col. III, 2, 1883, p. 180. — Cayenne, Central-Amerika
enoplioides Spin. Clérites II, 1844, p. 25, t. 37, f. 1. — Gorh. Biol. Centr.-Amer. Col. III, 2, 1883, p. 180, t. 9, f. 22. — Schklg. Deutsche Ent. Zeitschr. 1906, p. 310.
pubescens Spin. l. c. p. 27, t. 37, f. 2.
var. ? Chevr. Rev. Mag. Zool. 1874, p. 324. — Mexico
mexicana J. Thoms. Mus. scient. II, 1860, p. 65. — Chevr. Mém. Clér. 1876, p. 36. — Gorh. Biol. Centr.-Amer. Col. III, 2, 1883, p. 179, t. 9, f. 18—19. — Central-Amerika
var. Gorh. l. c. p. 179, t. 9, f. 21. — „
mimica Gorh. Trans. Ent. Soc. Lond. 1877, p. 412. — Para, Amazon
mitella Gorh. l. c. p. 411. — Waterh. Aid Ins. II, 1883, t. 126, f. 5. — Amazon
var. *femoralis* Schklg. Deutsche Ent. Zeitschr. 1900, p. 401. — Goyaz
var. Gorh. Trans. Ent. Soc. Lond. 1877, p. 411. — Amazon
opaca Kl. Clerii 1842, p. 377. — Schklg. Deutsche Ent. Zeitschr. 1906, p. 310. — Surinam, Amazon
divisa Chevr. Ann. Soc. Ent. Fr. (2) I, 1843, p. 37; Mém. Clér. 1876, p. 7.
roseicollis Kuw. Ann. Soc. Ent. Belg. XXXVIII, 1894, p. 9.
panamensis Gorh. Biol. Centr.-Amer. Col. III, 2, 1883, p. 179, t. 10, f. 2. — Panama
plumbea Gorh. Trans. Ent. Soc. Lond. 1877, p. 413. — Amazon
praeusta Kl. Clerii 1842, p. 376, t. 1, f. 14. — Gorh. l. c. p. 180. — Brasilien
procera Schklg. Deutsche Ent. Zeitschr. 1900, p. 399. — Peru
religiosa Chevr. Rev. Mag. Zool. 1874, p. 323. — Gorh. l. c. p. 180, t. 9, f. 20. — Guatemala, Mexico

sericea Kl. Clerii 1842, p. 373, t. 2, f. 16. — Kuw. Ann. Soc. Ent. Belg. XXXVIII, 1894, p. 8. — Gahan, Ann. Mag. Nat. Hist. (8) V, 1910, p. 72. — Brasilien
striaticollis Kuw. Ann. Soc. Ent. Belg. XXXVIII, 1894, p. 11. — Amazon
subfasciata Gorh. Trans. Ent. Soc. Lond. 1877, p. 410. — „
suturaalba Chevr. Mém. Clér. 1876, p. 37. — Columbien
vitticollis Kuw. l. c. p. 11. — Mexico
Kuwerti Lohde, Ent. Nachr. XXV, 1899, p. 305.

Subgen. **Pseudichnea** Schklg.

Schklg. Deutsche Ent. Zeitschr. 1900, p. 400; Gen. Ins. Cler. 1903, p. **101.**

calceata Chevr. Ann. Soc. Ent. Fr. (2) I, 1843, p. 37. — Schklg. Deutsche Ent. Zeitschr. 1907, p. 313. — Brasilien
eliminata Schklg. Deutsche Ent. Zeitschr. 1900, p. 400. — Goyaz
obscura Gorh. Trans. Ent. Soc. Lond. 1877, p. 414. — Schklg. Deutsche Ent. Zeitschr. 1906, p. 310. — Amazon
varicollis Schklg. l. c. p. 310. — Goyaz
35

Myopocera Schklg.

Schklg. Ann. Mus. Genova (2) XX, 1899—1901 (1899), p. 166; Gen. Ins. Cler. 1903, p. 103.

basalis Schklg. l. c. p. 166. — Neu-Guinea
1

Platynoptera Chevr.

Chevr. in Silberm. Rev. II, 1834, nr. 18. — Spin. Rev. Zool. 1841, p. 75. — Kl. Clerii 1842, p. 374. — Spin. Clérites II, 1884, p. 62. — Lacord. Gen. Col. IV, 1857, p. 477. — Chenu, Encycl. d'Hist. Nat. Col. II, 1860, p. 269. — Gorh. Biol. Centr.-Amer. Col. III, 2, 1883, p. 183. — Schklg. Gen. Ins. Cler. 1903, p. 103; Deutsche Ent. Zeitschr. 1906, p. 311.

Tarandocerus Chevr. (pars) Mém. Clér. 1876, p. 7.

ampliata Kl. Clerii 1842, p. 375, t. 1, f. 13. — Brasilien
Duponti Spin. Clérites II, 1844, p. 64, t. 41, f. 4. — Chenu, Encycl. d'Hist. Nat. Col. II, 1860, t. 18, f. 2. — Mexico
Goryi Cast. in Silberm. Rev. II, 1836, p. 54. — Kl. Clerii 1842, p. 395. — Spin. l. c. p. 65, t. 41, f. 1. — Cayenne
lyciformis Chevr. in Silberm. Rev. II, 1834, nr. 18, t. 30. — Kl. Clerii 1842, p. 374. — Brasilien
lycoides Spin. Clérites II, 1844, p. 67, t. 41, f. 2. — Chenu, Encycl. d.Hist. Nat. Col. II, 1860, t. 18, f. 3. — Kirsch, Berl. Ent. Zeitschr. IX, 1865, p. 93. — Columbia
mexicana J. Thoms. Mus. scient. II, 1860, p. 65. — Gorh. Biol. Centr.-Amer. Col. III, 2, 1883, p. 183, t. 9, f. 11. — Guatemala, Mexico
pectoralis Schklg. Deutsche Ent. Zeitschr. 1900, p. 401. — Goyaz
var. *simplex* Schklg. l. c. p. 402. — „
suturalis Schklg. Deutsche Ent. Zeitschr. 1898, p. 367. — Bolivia
tucumanensis Schklg. Deutsche Ent. Zeitschr. 1908, p. 703. — Argentinien
9

Pyticera Spin.

Spin. Clérites II, 1844, p. 69. — Chenu, Encycl. d'Hist. Nat. Col. II, 1860, p. 270. — Gorh. Trans. Ent. Soc. Lond. 1877, p. 416; Biol. Centr.-Amer. Col. III, 2, 1883, p. 183. — Schklg. Gen. Ins. Cler. 1903, p. 103. — Wolcott, Publ. Field Mus. Chic. VII, 1910, p. 381; Bull. Ind. Dep. Geol. Nat. I, 1910, p. 860.

Pelonides Kuw. (pars) Ann. Soc. Ent. Belg. XXXVIII, 1894, p. 8.
Pyticara Spin. Rev. Zool. 1841, p. 75.

Championi Gorh. Biol. Centr.-Amer. Col. III, 2, 1883, p. 184, t. 9, f. 10. — Guatemala
coronata Gorh. Trans. Ent. Soc. Lond. 1877, p. 416. — Amazon
Duponti Spin. Clérites II, 1844, p. 71, t. 41, f. 3. — Chenu, Encycl. d'Hist. Nat. Col. II, 1860, t. 18, f. 1. — Brasilien
flavicollis Gorh. Trans. Ent. Soc. Lond. 1877, p. 416. — Schklg. Deutsche Ent. Zeitschr. 1906, p. 311. — Amazon
var. *suturalis* Schklg. l. c. p. 311. — Bolivia
humeralis Horn, Trans. Amer. Ent. Soc. II, 1867, p. 135; l. c. X, 1883, p. 289. — Gorh. Biol. Centr.-Amer. Col. III, 2, 1883, p. 184. — Wolcott, Publ. Field Mus. Chicago VII, 1910, p. 381. — Neu-Mexico, Mexico, Arizona
militaris Chevr. Rev. Mag. Zool. 1874, p. 324. — Horn, l. c. V, 1875, p. 149. — Gorh. Trans. Ent. Soc. Lond. 1877, p. 426.
quadripunctata Say, Journ. Acad. Philad. III, 1823, p. 188; Amer. Ent. III, 1828, t. 41. — Kl. Clerii 1842, p. 367. — Spin. Clérites I, 1844, p. 346, t. 34, f. 5. — J. Lec. Ann. Lyc. Nat. Hist. N. York V, 1852, p. 31. — Chenu, Encycl. d'Hist. Nat. Col. II, 1860, f. 181. — Kuw. Ann. Soc. Ent. Belg. XXXVIII, 1894, p. 8. — Wolcott, Publ. Field Mus. Chicago VII, 1910, p. 382; Bull. Ind. Dep. Geol. Nat. I, 1910, p. 860, f. 341. — Nord-Amerika
quadrinotata Hald. Proc. Acad. Philad. VI, 1853, p. 362. — Schaeffer, Journ. N. York Ent. Soc. XII, 1904, p. 221. — Schklg. Deutsche Ent. Zeitschr. 1906, p. 317. — Wolcott, Bull. Wisconsin Nat. Hist. Soc. VII, 1909, p. 102; Publ. Field Mus. Chicago VII, 1910, p. 382.

6

Chariessa Perty.

Perty, Del. Anim. Articul. 1830, p. 109. — Spin. Rev. Zool. 1841, p. 75; Clérites II, 1844, p. 83. — Lacord. Gen. Col. IV, 1857, p. 478. — Chenu, Encycl. d'Hist. Nat. Col. II, 1860, p. 273. — J. Lec. Classif. Col. N. Amer. I, 1862, p. 197. — Gorh. Trans. Ent. Soc. Lond. 1877, p. 417; Biol. Centr.-Amer. Col. III, 2, 1883, p. 187. — J. Lec. and Horn, Classif. Col. N. Amer. ed. II, 1883, p. 219. — Schklg. Gen. Ins. Cler. 1903, p. 104. — Wolcott, Ent. News XIX, 1908, p. 70; Bull. Ind. Dep. Geol. Nat. I, 1910, p. 859.

Brachymorphus Chevr. Col. Mex. cent. II, 1835, nr. 150. — Chenu, Encycl. d'Hist. Nat. Col. II, 1860, p. 273.

dichroa Lec. Entom. Report Ins. coll. Survey 1857, p. 48. — Wolcott, l. c. p. 71. — Californien
elegans Horn, Trans. Amer. Ent. Soc. III, 1870, p. 87. — Gorh. Biol. Centr.-Amer. Col. III, 2, 1883, t. 12, f. 23. — Wolcott, l. c. p. 71. — Californien, Texas, Mexico
Lemberti Rivers, Zoë VI, 1894, p. 396.

pilosa Forst. Nov. spec. Ins. 1781, p. 49. — Say, Amer. Ent. III, 1828, t. 41. — Kl. Clerii 1842, p. 360. — Spin. Clérites I, 1844, p. 356, t. 34, f. 5. — J. Lec. Ann. Lyc. Nat. Hist. N. York V, 1852, p. 32. — Gorh. Trans. Ent. Soc. Lond. 1877, p. 417. — Wickham, Canad. Entomol. XXVII, 1895, p. 252. — Schklg. Deutsche Ent. Zeitschr. 1908, p. 704. — Wolcott, Ent. News XIX, 1908, p. 72; Bull. Ind. Dep. Geol. Nat. I, 1810, p. 859, f. 339. — Nord-Amerika

Biologie: Chittenden, Ent. Amer. VI, 1890, p. 155.

var. *marginata* Say, Journ. Acad. Philad. III, 1823, p. 187. — Kl. Clerii 1842, p. 360. — J. Lec. l. c. p. 32. — „

cincta Spin. Clérites I, 1844, p. 358, t. 36, f. 4.

onusta Say, Amer. Ent. III, 1828, t. 41, f. 1. — Wickham, Canad. Ent. XXVII, 1895, p. 252, f. 20. — Wolcott, Bull. Ind. Dep. Geol. Nat. I, 1910, p. 859.

var. ♀ Chevr. Rev. Mag. Zool. 1874, p. 276. — „

ramicornis Perty, Del. Anim. Articul. 1830, p. 109, t. 22, f. 3. — Kl. Clerii 1842, p. 363. — Spin. Clérites II, 1844, p. 86, t. 45, f. 1. — Imhoff, Einführ. Stud. Col. 1856, t. 6, f. 34. — Chenu, Encycl. d'Hist. Nat. Col. II, 1860, f. 215. — Brasilien

texana Wolcott, Ent. News XIX, 1908, p. 70 und 72; Bull. Wisconsin Nat. Hist. Soc. VII, 1909, p. 100; Publ. Field Mus. Chicago VII, 1910, p. 382. — Texas

vestita Chevr. Col. Mex. cent. II, 1835, nr. 150. — Kl. Clerii 1842, p. 363, t. 1, f. 10. — Spin. Clérites II, 1844, p. 88, t. 45, f. 2. — Gorh. Biol. Centr.-Amer. Col. III, 2, 1883, p. 187. — Wolcott, l. c. p. 70. — Nord-Amerika, Central-Amerika, Brasilien

spectabilis Cast. in Silberm. Rev. IV, 1836, p. 50.

6

Apolopha Spin.

Spin. Rev. Mag. Zool. 1841, p. 75; Clérites I, 1844, p. 381. — Lacord. Gen. Col. IV, 1857, p. 481. — Chenu, Encycl. d'Hist. Nat. Col. II, 1860, p. 262. — Gorh. Trans. Ent. Soc. Lond. 1877, p. 425; Biol. Centr.-Amer. Col. III, 2, 1883, p. 181. — Schklg. Gen. Ins. Cler. 1903, p. 111. — Gahan, Ann. Mag. Nat. Hist. (8) V, 1910, p. 73.

apicicornis Chevr. Mém. Clér. 1876, p. 38. — Schklg. Gen. Ins. Cler. 1903, p. 102. — Brasilien

vitticollis Gorh. Trans. Ent. Soc. Lond. 1877, p. 415; Biol. Centr.-Amer. Col. III, 2, Suppl. 1886, p. 345, t. 12, f. 24. — Schklg. Deutsche Ent. Zeitschr. 1906, p. 310. — Gahan, Ann. Mag. Nat. Hist. (8) V, 1910, p. 74.

fronticosta Kuw. Ann. Soc. Ent. Belg. XXXVIII, 1894, p. 10. — Gahan, Ann. Mag. Nat. Hist. (8) V, 1910, p. 74. — Amazon

fryana Gorh. Trans. Ent. Soc. Lond. 1877, p. 415. — Gahan, l. c. p. 74. — Parana, Rio Janeiro

nitida Gorh. l. c. p. 415. — Gahan, l. c. p. 74. — Amazon

Reichei Spin. Clérites I, 1844, p. 383, t. 36, f. 1. — Chenu, Encycl. d'Hist. Nat. Col. II, 1860, t. 17, f. 5. — Columbien
suturalis Kl. Clerii 1842, p. 378, t. 1, f. 15. — Brasilien
6

Lasiodera Gray *).

Gray in Griffith, Anim. Kingd. Ins. I, 1832, t. 48. — Gahan, Ann. Mag. Nat. Hist. (8) V, 1910, p. 74.

Kirbyi Gray in Griffith, Anim. Kingd. Ins. I, 1832, p. 376, t. 48, f. 3. — Kl. Clerii 1842, p. 362. — Gahan, Ann. Mag. Nat. Hist. (8) V, 1910, p. 75. — Brasilien
superba Luc. Cast. Voy. 1857, p. 94. t. 5, f. 3 a.
ruficollis Gorh. Trans. Ent. Soc. Lond. 1877, p. 419. — Waterh. Aid identif. Ins. II, 1883, t. 126, f. 2 — Gahan, l. c. p. 75. — Parana, Rio Janeiro
rufipes Kl. Clerii 1842, p. 362. — Gorh. l. c. p. 419. — Schklg. Deutsche Ent. Zeitschr. 1906, p. 312. — Gahan, l. c. p. 75. — Brasilien
stenochioides Chevr. Rev. Mag. Zool. 1874, p. 325. — Mexico
trifasciata Cast. in Silberm. Rev. Ent. IV, 1836, p. 47. — Kl. Clerii 1842, p. 362. — Lacord. Gen. Col. Atlas, t. 46, f. 5. — Chenu, Encycl. d'Hist. Nat. Col. II, 1860, f. 183. — Gahan, l. c. p. 75. — Brasilien
cleroides Spin. Clérites I, 1844, p. 374, t. 34, f. 3.
5

Galeruclerus Gahan **).

Gahan, Ann. Mag. Nat. Hist. (8) V, 1910, p. 75.

apicalis Spin. Clérites II, 1844, p. 155, t. 47, f. 4. — Chevr. Mém. Clér. 1876, p. 37, 38. — Brasilien
Bruchi Schklg. Deutsche Ent. Zeitschr. 1908, p. 705. — Argentinien
carinatus Schklg. l. c. p. 704. — Goyaz
circumcinctus Chevr. Rev. Mag. Zool. 1874, p. 328. — Brasilien
confluens Gorh. Trans. Ent. Soc. Lond. 1877, p. 423. — Amazon
conformis Chevr. Mém. Clér. 1876, p. 40. — Schklg. Deutsche Ent. Zeitschr. 1902, p. 48. — Brasilien
var. *centromaculatus* Chevr. l. c. p. 40. — Gorh. Trans. Ent. Soc. Lond. 1877, p. 418. — Schklg. l. c. p. 48. — „
var. *marginipennis* Chevr. l. c. p. 40. — Gorh. l. c. p. 418. — Schklg. l. c. p. 48. — „
contaminatus Kl. Clerii 1842, p. 368. — Columbien
obsoletus Blanch. Voy. d'Orb. 1843, p. 95.
crinitus Kl. l. c. p. 369. — Gorh. Biol. Centr.-Amer. Col. III, 2, 1883, p. 190. — St. Jean, Panama, Carthagena
collaris Spin. Clérites I, 1844, p. 364, t. 33, f. 7.
var. *flavus* Spin. l. c. p. 365. — „
decempunctatus Chevr. Mém. Clér. 1876, p. 39. — Brasilien
dilatatus Chevr. l. c. p. 39. — Schklg. Deutsche Ent. Zeitschr. 1900, p. 404; l. c. 1902, p. 47. — „

---

*) Hierher gehören nach Gahan (l. c.) alle Arten des Genus *Pelonium*, bei denen die Augen fein gekörnt und weit von einander entfernt sind.
**) Hierher nach Gahan (l. c.) alle Arten des Genus *Pelonium*, bei denen die Klauen an der Basis erweitert sind.

duodecimpunctatus Kl. Clerii 1842, p. 368, t. 2, f. 14.	Brasilien
flavolimbatus Spin. Clérites I, 1844, p. 354, t. 35, f. 5.	„
flavomarginatus Chevr. Rev. Mag. Zool. 1874, p. 327; Mém. Clér. 1876, p. 7. — Schklg. Deutsche Ent. Zeitschr. 1906, p. 315.	„
galerucoides Spin. Clérites I, 1844, p. 372; II, 1844, p. 154, t. 34, f. 2.	Cayenne
geminus Schklg. Deutsche Ent. Zeitschr. 1900, p. 409.	Peru
hirtulus Kl. Clerii 1842, p. 367.	Brasilien
cribripennis Spin. Clérites I, 1844, p. 379, t. 33, f. 5.	
inscriptus Gorh. Biol. Centr.-Amer. Col. III, 2, 1883, p. 191.	Panama
insignis Chevr. Rev. Mag. Zool. 1874, p. 326. — Gorh. Trans. Ent. Soc. Lond. 1877, p. 419.	Brasilien
insularis Gorh. Proc. Zool. Soc. Lond. 1898, p. 322.	St. Vincent
irroratus Gorh. Trans. Ent. Soc. Lond. 1877, p. 422.	Amazon
Kraatzi Schklg. Deutsche Ent. Zeitschr. 1900, p. 408; l. c. 1906, p. 315.	Goyaz
var. *Ohausi* Schklg. l. c. 1906, p. 315.	Brasilien, Parana
lateripunctatus Schklg. l. c. p. 314.	Columbien
var. *unicolor* Schklg. l. c. p. 315.	„
lineolatus Gorh. Biol. Centr.-Amer. Col. III, 2, 1883, p. 191, t. 9, f. 14.	Guatemala
maculosus Gorh. Trans. Ent. Soc. Lond. 1877, p. 424.	Brasilien
Meieri Schklg. Deutsche Ent. Zeitschr. 1900, p. 408.	Süd-Amerika ? (Hamburg eingeschleppt)
metallescens Gorh. Biol. Centr.-Amer. Col. III, 2, 1883, p. 189, t. 9, f. 16.	Guatemala
nigropunctatus Chevr. Mém. Clér. 1876, p. 38.	Brasilien
nigrosignatus Spin. Clérites I, 1844, p. 371, t. 34, f. 6. — Schklg. Deutsche Ent. Zeitschr. 1906, p. 314.	Columbien, Caracas
octonotatus Gorh. Biol. Centr.-Amer. Col. III, 2, 1883, p. 191, t. 9, f. 13.	Panama
piciventris Chevr. Rev. Mag. Zool. 1874, p. 325.	Cuba
pulchellus White, Cat. Clerid. 1849, p. 50. — Gorh. Cist. Ent. II, 1875—82 (1876), p. 64.	Columbien
quadrifoveolatus Schklg. Deutsche Ent. Zeitschr. 1906, p. 313.	Goyaz
quadrisignatus Spin. Clérites I, 1844, p. 365, t. 33, f. 3. — Gorh. Biol. Centr.-Amer. Col. III, 2, 1883, p. 190. — Schklg. Deutsche Ent. Zeitschr. 1900, p. 408.	Central-Amerika, Texas, Columbien
bilineicollis Chevr. Rev. Mag. Zool. 1874, p. 327. — Gorh. Biol. Centr.-Amer. Col. III, 2, 1883, p. 190, t. 9, f. 12. — Wolcott, Publ. Field Mus. Chicago VII, 1910, p. 392.	
quadrinotatus Chevr. l. c. p. 328. — Wolcott, l. c. p. 392.	
uncinatus Chevr. l. c. p. 278.	
ridens Gorh. Trans. Ent. Soc. Lond. 1877, p. 422.	Rio Janeiro
ruficeps Schklg. Deutsche Ent. Zeitschr. 1900, p. 404.	Goyaz
scutellatus Spin. Clérites II, 1844, p. 156.	Brasilien
sexnotatus Kl. Clerii 1842, p. 368.	„
var. *conjunctus* Schklg. Deutsche Ent. Zeitschr. 1907, p. 313.	

var. *octoplagiatus* Schklg. Stett. Ent. Zeit. LXIV, 1903, p. 20. — Paraguay
var. *quadrinotatus* Schklg. l. c. p. 20. — Peru
testaceus Kl. Clerii 1882, p. 367. — Spin. Clérites II, 1844, p. 154. — Schklg. Deutsche Ent. Zeitschr. 1906, p. 314. — Brasilien, Columbien
variabilis Spin. Clérites I, 1844, p. 367, t. 36, f. 5. — Schklg. l. c. p. 314.
thoracicus Gorh. Deutsche Ent. Zeitschr. 1903, p. 170. — Goyaz
togatus Chevr. Mém. Clér. 1876, p. 39. — Schklg. Deutsche Ent. Zeitschr. 1900, p. 404; l. c. 1902, p. 47. — Brasilien
vittatus Spin. Clérites II, 1844, p. 159, t. 47, f. 3. — Gorh. Trans. Ent. Soc. Lond. 1877, p. 422.
vitticeps Blanch. Voy. d'Orb. 1843, p. 95. — Brasilien
humeralis Spin. Clérites I, 1844, p. 366, t. 35, f. 3. — Chevr. Mém. Clér. 1876, p. 41. — Gorh. Trans. Ent. Soc. Lond. 1877, p. 418.
vittipennis Schklg. Deutsche Ent. Zeitschr. 1906, p. 316. — Argentinien, Paraguay
xanthurus Chevr. Mém. Clér. 1876, p. 40. — Brasilien
44

Pelonium Spin.*).

Spin. Clérites I, 1844, p. 347. — J. Lec. Ann. Lyc. Nat. Hist. N. York V, 1852, p. 32. — Lacord. Gen. Col. IV, 1857, p. 479. — Chenu, Encycl. d'Hist. Nat. Col. II, 1860, p. 260. — J. Lec. Classif. Col. N. Amer. I, 1862, p. 198. — Gorh. Trans. Ent. Soc. Lond. 1877, p. 417; Biol. Centr.-Amer. Col. III, 2, 1883, p. 187. — J. Lec. and Horn, Classif. Col. N. Amer. ed. II, 1883, p. 220. — Schklg. Deutsche Ent. Zeitschr. 1900, p. 407; l. c. 1903, p. 16; Gen. Ins. Cler. 1903, p. 105. — Gahan, Ann. Mag. Nat. Hist. (8) V, 1910, p. 67, 74 und 75.

Corinthiscus Fairm. et Germ. Col. Chil. II, 1861, p. 4.
Cregya J. Lec. Classif. Col. N. Amer. 1862, p. 197; New spec. Col. 1865, p. 98. — Gorh. Trans. Ent. Soc. Lond. 1877, p. 417. — J. Lec. and Horn, Classif. Col. N. Amer. ed. II, 1883, p. 219. — Schklg. Gen. Ins. Cler. 1903, p. 108. — Schaeff. Journ. N. York Ent. Soc. XII, 1904, p. 220. — Wolcott, Publ. Field Mus. Chicago VII, 1910, p. 383; Bull. Ind. Dep. Geol. Nat. I, 1910, p. 859.
Philyra Cast. in Silberm. Rev. IV, 1836, p. 53. — Chenu, Encycl. d'Hist. Nat. Col. II, 1860, p. 277.
Tarandocerus Chevr. (pars) Mém. Clér. 1876, p. 7.

alcicorne Kl. Clerii 1842, p. 361, t. 1, f. 9. — Imhoff, Einführ. Stud. Col. 1856, t. 6, f. 27. — Brasilien
amabile Spin. Clérites I, 1844, p. 362, t. 33, f. 1. — Chenu, Encycl. d'Hist. Nat. Col. II, 1860, f. 182. — Gorh. Biol. Centr.-Amer. Col. III, 2, 1883, p. 189, t. 9, f. 15. — Brasilien, Panama, Columbien
amoenum Guér. Ic. Règne anim. 1829—38, p. 55. — Spin. l. c. p. 538. — Gorh. l. c. p. 188. — Panama, Brasilien, Argentinien, Chile
fasciculatum Kl. Clerii 1842, p. 364, t. 1, f. 12. — Spin. Clérites II, 1844, t. 36, f. 3.
var. *cyaneomaculatum* Blanch. Voy. d'Orb. 1843, p. 94, t. 6, f. 9. — Argentinien

*) Siehe die Bemerkungen bei *Lasiodera* und bei *Galeruclerus* p. 127.

ampliatum Chevr. Mém. Clér. 1876, p. 41. Columbien
angulicolle Chevr. l. c. p. 41. „
auripenne Hope, Trans. Zool. Soc. Lond. I, 1835, p. 95, t. 13, f. 5. — Kl. Clerii 1842, p. 395. — Schklg. Deutsche Ent. Zeitschr. 1906, p. 313. Brasilien
australicum Lea, Proc. Linn. Soc. N. S. Wales XXXI, 1906, p. 223, t. 18, f. 7. Sydney
Badeni Gorh. Trans. Ent. Soc. Lond. 1877, p. 420. — Waterh. Aid identif. Ins. II, 1883, t. 126, f. 3. — Schklg. Deutsche Ent. Zeitschr. 1906, p. 313. Brasilien
bicolor Cast. in Silberm. Rev. IV, 1836, p. 52. — Kl. Clerii 1842, p. 395. Columbien
bipunctatum Gorh. Trans. Ent. Soc. Lond. 1877, p. 421. Brasilien
Buqueti Spin. Clérites II, 1844, p. 152, t. 46, f. 3. Columbien
cyaneum Gorh. Deutsche Ent. Zeitschr. 1903, p. 170. Parana
decorum Kl. Clerii 1842, p. 364, t. 1, f. 11. Brasilien
defletum Schklg. Notes Leyden Mus. XXIII, 1902, p. 129. Sumatra
difforme Gorh. Trans. Ent. Soc. Lond. 1877, p. 420. Brasilien
discrepans Gorh. Ann. Mus. Genova (2) XII, 1892, p. 745. Birma
divisum Gorh. Deutsche Ent. Zeitschr. 1903, p. 169. Goyaz
erymanthoides Schklg. Deutsche Ent. Zeitschr. 1906, p. 313. „
extraneum Gorh. Trans. Ent. Soc. Lond. 1877, p. 424. — Waterh. Aid identif. Ins. II, 1883, t. 126, f. 4. Laos
fasciatum J. Lec. Ann. Lyc. Nat. Hist. N. York V, 1852, p. 214. — Wolcott, Bull. Wisc. Nat. Hist. Soc. VII, 1909, p. 25; Publ. Field Mus. Chicago VII, 1910, p. 368. Californien, Washington, Texas
fimbriolatum Chevr. Ann. Soc. Ent. Fr. (2) I, 1843, p. 35. Brasilien
frontale Kuw. Ann. Soc. Ent. Belg. XXXVIII, 1894, p. 12. Amazon
fugax Kl. Clerii 1842, p. 365. — Chevr. Mém. Clér. 1876, p. 7. Brasilien
fulvicolle Chevr. l. c. p. 7.
fulvicorne Luc. Cast. Voy. 1857, p. 95, t. 5, f. 2.
geniculatum Kl. l. c. p. 360. — Schklg. Deutsche Ent. Zeitschr. 1900, p. 408. Columbien, Brasilien, Uruguay, Argentinien
praeustum Spin. Clérites I, 1844, p. 368, t. 36, f. 2. — Chevr. Mém. Clér. 1876, p. 7.
seminigrum Chevr. Ann. Soc. Ent. Fr. (2) I, 1843, p. 34. — Lacord. Gen. Col. Atlas, t. 46, f. 4.
Gorhami Lohde, Stett. Ent. Zeit. LXI, 1900, p. 106. Birma
lividum Gorh. Ann. Mus. Genova (2) XII, 1892, p. 744.
granulosum Wolcott, Bull. Wisconsin Nat. Hist. Soc. VII, 1909, p. 100; Publ. Field Mus. Chicago VII, 1910, p. 386. Texas
guyanense Chevr. Mém. Clér. 1876, p. 38. — Schklg. Deutsche Ent. Zeitschr. 1900, p. 407. Cayenne
helopioides Cast. in Silberm. Rev. IV, 1836, p. 54. Brasilien
pulchellum Spin. Clérites I, 1844, p. 377, t. 34, f. 4.
semivittatum Chevr. Mém. Clér. 1876, p. 37. — Gorh. Trans. Ent. Soc. Lond. 1877, p. 418.
helvolum Dalman, Analecta Ent. 1823, p. 56. — Lacord. Gen. Col. IV, 1857, p. 439 nota. „
inaequalicolle Schklg. Bull. Mus. Paris VIII, 1902, p. 331. Süd-Amerika
insignicorne Fairm. et Germ. Col. Chil. II, 1861, p. 4. Chile
tuberculipenne Schklg. Deutsche Ent. Zeitschr. 1900, p. 406.
var. *dimidiatum* Schklg. l. c. p. 406. „

jocosum Schklg. Deutsche Ent. Zeitschr. 1908, p. 705. — N. O.-Australien

jucundum Schklg. Deutsche Ent. Zeitschr. 1900, p. 404. — Goyaz

lampyroides Spin. Clérites I, 1844, p. 349, t. 33, f. 6. — Schklg. Deutsche Ent. Zeitschr. 1900, p. 404. — Columbien, Brasilien

leucophaeum Kl. Clerii 1842, p. 366. — Chevr. Mém. Clér. 1876, p. 7. — Schklg. Deutsche Ent. Zeitschr. 1903, p. 16; Gen. Ins. Cler. 1903, p. 108; Deutsche Ent. Zeitschr. 1906, p. 316. — Wolcott, Publ. Field Mus. Chicago VII, 1910, p. 384; Bull. Ind. Dep. Geol. Nat. I, 1910, p. 860, f. 340. — Nord-Amerika

albomaculatum Ziegl. Proc. Acad. Philad. II, 1844, p. 268.

venustum Haldem. l. c. III, 1845, p. 126.

vetustum Spin. Clérites I, 1844, p. 360, t. 35, f. 4. — J. Lec. Ann. Lyc. Nat. Hist. N. York V, 1852, p. 32.

lituratum Kirby, Trans. Linn. Soc. Lond. XII, 1818, p. 393. — Kl. Clerii 1842, p. 394. — Spin. Clérites I, 1844, p. 376, t. 34, f. 1. — Brasilien

liberatum Cast. Hist. Nat. I, 1840, p. 289.

lividum Er. Archiv Naturgesch. XIII, 1847, I, p. 85. — Schklg. Deutsche Ent. Zeitschr. 1906, p. 312. — Peru, Bolivien, Guayaquil

lobaticolle Lesne, Bull. Mus. Paris 1909, p. 521. — Peru, Ecuador

luctuosum Spin. Clérites I, 1844, p. 351, t. 28, f. 6. — Cayenne

luridum Gorh. Biol. Centr.-Amer. Col. III, 2, Suppl. 1886, p. 346, t. 12, f. 20. — Panama

maculicolle Schaeff. Journ. N. York Ent. Soc. XII, 1904, p. 219. — Wolcott, Publ. Field Mus. Chicago VII, 1910, p. 388. — Texas

micans Gorh. Trans. Ent. Soc. Lond. 1877, p. 421. — Brasilien

mixtum Lec. New spec. Col. 1865, p. 98. — Gorh. Trans. Ent. Soc. Lond. 1877, p. 417. — Wolcott, Publ. Field Mus. Chicago VII, 1910, p. 391; Bull. Ind. Dep. Geol. Nat. I, 1910, p. 860. — Maryland, Louisiana, Kentucky, Ohio, Texas

murinum Kl. Clerii 1842, p. 358. — Haiti

nigroaeneum Gorh. Proc. Zool. Soc. Lond. 1893, p. 580. — Assam

nigroclavatum Chevr. Rev. Mag. Zool. 1874, p. 326. — Mexico

nigrum Chevr. Mém. Clér. 1876, p. 38. — Brasilien

niveum Chevr. Ann. Soc. Ent. Fr. (2) I, 1843, p. 35. — „

notabile Gorh. Biol. Centr.-Amer. Col. III, 2, 1883, p. 188. — Panama

oculatum Say, Boston Journ. I, 1835, p. 163. — Kl. Clerii 1842, p. 387. — J. Lec. Ann. Lyc. Nat. Hist. N. York V, 1852, p. 32. — Schklg. Deutsche Ent. Zeitschr. 1906, p. 317. — Wolcott, Publ. Field Mus. Chicago VII, 1910, p. 389; Bull. Ind. Dep. Geol. Nat. I, 1910, p. 860. — Nord-Amerika

marginipenne Spin. Clériites I, 1844, p. 363, t. 35, f. 6.

optabile Gorh. Trans. Ent. Soc. Lond. 1877, p. 419. — Brasilien

ornatum Kl. Clerii 1842, p. 363, t. 2, f. 11. — „

percomptum Gorh. Biol. Centr.-Amer. Col. III, 2, 1883, p. 189. — Panama

photinoides Chevr. Mém. Clér. 1876, p. 42. — Schklg. Deutsche Ent. Zeitschr. 1902, p. 47. — Brasilien

pictipenne Gorh. Trans. Ent. Soc. Lond. 1877, p. 423. — „

pilosum Kl. Clerii 1842, p. 369. — Gorh. Trans. Ent. Soc. Lond. 1877, p. 417. — Columbien, Peru
Klugi Gorh. l. c. p. 418.
testaceum Spin. Clérites II, 1844, p. 158, t. 47, f. 6.
placidum Schklg. Deutsche Ent. Zeitschr. 1900, p. 405. — Goyaz
posticum Kl. Clerii 1842, p. 361. — Schklg. l. c. p. 407. — Brasilien
quadriplagiatum Kuw. Ann. Soc. Ent. Belg. XXXVIII, 1894, p. 13. — Brasilien
ramosum Schklg. Deutsche Ent. Zeitschr. 1900, p. 402. — Bahia
Riveti Lesne, Bull. Mus. Paris 1909, p. 520. — Peru
Schenklingi Gorh. Deutsche Ent. Zeitschr. 1903, p. 169. — Goyaz
scoparium Kl. Clerii 1842, p. 365. — Brasilien
semirufum Gorh. Trans. Ent. Soc. Lond. 1877, p. 420. — Rio Janeiro
sexpunctatum Kirsch, Berl. Ent. Zeitschr. XVII, 1873, p. 398. — Peru
subapicale Schklg. Deutsche Ent. Zeitschr. 1900, p. 403. — Amazon
subfasciatum Chevr. Rev. Mag. Zool. 1874, p. 327. — Guadeloupe
suturale Spin. Clérites I, 1844, p. 352, t. 35, f. 2. — Brasilien
tarsale Schklg. Deutsche Ent. Zeitschr. 1900, p. 407. — Goyaz
terminatum Blanch. Voy. d'Orb. 1843, p. 94. — Rio Janeiro
tetraspilotum Chevr. Mém. Clér. 1876, p. 47. — Columbien
varipenne Spin. in Gay, Hist. Chile IV, 1849, t. 9, f. 10. — Schklg. Deutsche Ent. Zeitschr. 1903, p. 16. — Chile
velutinum Kl. Clerii 1842, p. 358. — Brasilien
viridipenne Kirby, Trans. Linn. Soc. Lond. XII, 1818, p. 393. — Kl. Clerii 1842, p. 362. — Spin. Clérites I, 1844, p. 370, t. 35, f. 1. — Schklg. Deutsche Ent. Zeitschr. 1900, p. 407; l. c. 1906, p. 313. — „
voluptuosum J. Thoms. Mus. scient. II, 1860, p. 66. — Brasilien
xanthochile Chevr. Mém. Clér. 1876, p. 41. — Columbien
zonatum J. Thoms. Mus. scient. II, 1860, p. 66. — Brasilien

77

Enoplium Latr.

Latr. Hist. Nat. Crust. et Ins. III, 1802, p. 111; Gen. Crust. et Ins. I, 1806, p. 271. — Spin. Rev. Zool. 1841, p. 75. — Kl. Clerii 1842, p. 356. — Spin. Clérites I, 1844, p. 341. — J. Lec. Ann. Lyc. Nat. Hist. N. York V, 1852, p. 31. — Lacord. Gen. Col. IV, 1857, p. 483. — Chenu, Encycl. d'Hist. Nat. Col. II, 1860, p. 259. — Jacq. du Val, Gen. Col. d'Eur. III, 1861, p. 199. — J. Lec. Classif. Col. N.Amer. I, 1862, p. 197. — Kiesw. Naturgesch. Ins. Deutschl. IV, 1863, p. 696. — Muls. Col. Fr. Angusticolles 1863, p. 104. — J. Lec. and Horn, Classif. Col. N. Amer. ed. II, 1883, p. 219. — Reitt. Verh. Nat. Ver. Brünn XXXII, 1893 (1894), p. 81; Best.-Tab. 1894, p. 48. — Schklg. Gen. Ins. Cler. 1903, p. 110. — Houlbert et Bétis, Trav. scient. Univ. Rennes IV, 1905, Suppl. p. 124.

Pelonides Kuw. (pars) Ann. Soc. Ent. Belg. XXXVIII, 1894, p. 8.

balteatum Fairm. Ann. Soc. Ent. Fr. (6) VIII, 1888, p. 354. — Süd-China
coerulans Fairm. Ann. Soc. Ent. Belg. XXXVII, 1893, p. 398. — Madagascar
granulatipenne Schaeff. Journ. N. York Ent. Soc. XII, 1904, p. 220. — Texas
nigrescens Schaeff. l. c. p. 221. — „
scabripenne J. Lec. New spec. Col. 1865, p. 98. — Cap S. Lucas
serraticorne Villers, Ent. I, 1789, p. 222. — Ol. Ent. II, 22, 1790, p. 4, t. 1, f. 2 a—d. — F. Ent. Syst. I, 2, 1793, p. 78. — Kl. Clerii 1842, p. 103. — Spin. — Süd-Europa, Nord-Afrika

Clérites I, 1844, p. 345, t. 33, f. 4. — Jacq. du Val, Gen. Col. d'Eur. III, 1861, t. 49, f. 245. — Kiesw. Nat. Ins. Deutschl. IV, 1863, p. 697. — Muls. Col. Fr. Angusticolles 1863, p. 105. — Gorh. Trans. Ent. Soc. Lond. 1877, p. 426. — Reitt. Verh. Nat.Ver. Brünn XXXII, 1893 (1894), p. 81; Best.-Tab. 1894, p. 48. — Houlbert et Bétis, Trav. scient. Univ. Rennes IV, 1905, Suppl. f. 15.

Biologie: Muls. Col. Fr. Angusticolles 1863, p. 106. — Xambeu, Naturaliste XXX, 1908, p. 153.

dentatum Rossi, Fauna Etr. I, 1790, p. 34, t. 3, f. 2.

var. *praeustum* Bigliani, Riv. Col. Ital. V, 1908, p. 156. — Piemont

terminale Schklg. Deutsche Ent. Zeitschr. 1908, p. 706. — Vorder-Indien

7

Enoplioides Fairm.

Fairm. Ann. Soc. Ent. Fr. (6) VI, 1886, p. 44. — Schklg. Gen. Ins. Cler. 1903, p. 108.

Oberthüri Fairm. l. c. p. 44. — Madagascar

1

Salarium Fairm.

Fairm. Ann. Soc. Ent. Fr. LXXI, 1902, p. 532.

mirum Fairm. l. c. p. 532. — Madagascar

1

Tricladus Fairm.

Fairm. Ann. Soc. Ent. Fr. LXXI, 1902, p. 563.

Alluaudi Fairm. l. c. p. 564. — Madagascar

1

Patuleius Fairm.

Fairm. Ann. Soc. Ent. Fr. LXXI, 1902, p. 567.

ovulum Fairm. l. c. p. 568. — Madagascar
rufonitens Fairm. l. c. p. 567. — „
terminatus Fairm. l. c. p. 568. — „
ustulatus Fairm. l. c. p. 568. — „

4

Stenoplium Fairm.

Fairm. Ann. Soc. Ent. Fr. LXXI, 1902, p. 564.

Perrieri Fairm. l. c. p. 565. — Madagascar

1

Phymatophaea Pascoe.

Pascoe, Ann. Mag. Nat. Hist. (4) XVII, 1876, p. 50. — Gorh. Trans. Ent. Soc. Lond. 1877, p. 425. — Sharp, Entom. Monthly Mag. XIV, 1877, p. 8. — Broun, Man. New Zealand Col. I, 1880, p. 335. — Schklg. Gen. Ins. Cler. 1903, p. 109.

Mathesis Waterh. Trans. Ent. Soc. Lond. 1877, p. 7. — Schklg. Gen. Ins. Cler. 1903, p. 63. — Gahan, Ann. Mag. Nat. Hist. (8) V, 1910, p. 60.

atrata Broun, Man. New Zealand Col. II, 1881, p. 685. Neu-Seeland
dorsalis Broun, l. c. p. 685. „
fulvipalpis Broun, l. c. I, 1880, p. 336. „
guttigera Waterh. Trans. Ent. Soc. Lond. 1877, p. 8. „
hilaris Sharp, Ent. Monthly Mag. XIV, 1877, p. 7 und 39. — Broun, Man. N. Zeal. Col. I, 1880, p. 335.
ignea Broun, New Zealand Journ. I, 1883, p. 375. — Waterh. Aid identif. Ins. II, 1887, t. 174, f. 3. „
longula Sharp, Entom. Monthly Mag. XIV, 1877, p. 8. — Broun, Man. New Zealand Col. I, 1880, p. 336. „
'**opacula** Broun, l. c. VI, 1893, p. 1352. „
opiloides Pascoe, Ann. Mag. Nat. Hist. (4) XVII, 1876, p. 51. — Gorh. Cist. Ent. II, 1875—82 (1876), p. 89. — Sharp, Entom. Monthly Mag. XIV, 1877, p. 8. — Broun, l. c. p. 336. — Schklg. Deutsche Ent. Zeitschr. 1906, p. 318. „
picta Broun, l. c. VI, 1893, p. 1352. „
pustulifera Westw. Proc. Zool. Soc. Lond. 1852, p. 52, t. 24, f. 8. — Gorh. Trans. Ent. Soc. Lond. 1877, p. 425. „
electa Pascoe, Ann. Mag. Nat. Hist. (4) XVII, 1876, p. 50. — Gorh. l. c. p. 418. — Broun, Man. New Zealand Col. I, 1880, p. 334.
testacea Broun, l. c. II, 1881, p. 686. — Waterh. Aid identif. Ins. II, 1887, t. 174, f. 2. „
violacea F. Mant. Ins. I, 1787, p. 127; Ent. Syst. I, 1792, p. 210. — Ol. Ent. IV, 1795, nr. 76, p. 15, t. 2, f. 18. — Kl. Clerii 1842, p. 391. — White and Butler, Voy. Ereb. and Terror, Ins. 1846—74, p. 8. — Broun, l. c. I, 1880. p. 334. „
viridans Broun, l. c. p. 686. „
13

6. Corynetini.

Clairones Notoxoides (pars) Spin. Rev. Zool. 1841, p. 71.
Clérites Corynétoides Spin. Clérites I, 1844, p. 48.
Corynétides Lacord. Gen. Col. IV, 1857, p. 475 und 484.
Corynetidae (pars) Chenu, Encycl. d'Hist. Nat. Col. II, 1860, p. 270.
Corynetides Gorh. Cist. Ent. II, 1875—82 (1876), p. 59.
Corynetina Reitt. Verh. Nat. Ver. Brünn XXXII, 1893 (1894), p. 38 und 82; Best.-Tab. 1894, p. 5 und 49.
Corynetini Lohde, Stett. Ent. Zeit. LXI, 1900, p. 111. — Schklg. Gen. Ins. Cler. 1903, p. 3 und 112. — Gahan, Ann. Mag. Nat. Hist. (8) V, 1910, p. 75.
Corynetinae Schklg. Deutsche Ent. Zeitschr. 1906, p. 318.

Pylus Newm.

Newm. Entomol. 1842, p. 364. — Lacord. Gen. Col. IV, 1857, p. 485. — Gorh. Trans. Ent. Soc. Lond. 1878, p. 153. — Schklg. Gen. Ins. Cler. 1903, p. 113.

Yliotis Spin. Rev. Zool. 1841, p. 74; Clérites I, 1844, p. 282.
Ylotis Chenu, Encycl. d'Hist. Nat. Col. II, 1860, p. 253.

fatuus Newm. Entomol. 1841, p. 35; l. c. 1842, p. 364. — Kl. Clerii 1842, p. 389. — Blanch. Voy. Pole Sud IV, 1853, p. 61, t. 4, f. 16. — Tasmanien, Australien
ochropus Kl. Clerii 1842, p. 341, t. 2, f. 10. — Spin. Clérites 1844, t. 28, f. 3. — Chenu, Encycl. d'Hist. Nat. Col. II, 1860, f. 175.
Passerinii Spin. Clérites I, 1844, p. 283. — Chenu, l. c. p. 253.
planatus (Platyclerus) Chenu, l. c. t. 18, f. 5.
pallipes M'Leay, Trans. Ent. Soc. N. S. Wales II, 1869—73 (1872), p. 275. — Queensland
pygmaeus Blackb. Trans. Roy. Soc. South Austral. XIV, 1891, p. 306. — S.-Australien
3

Parapylus Blackb.

Blackb. Trans. Roy. Soc. South Austral. XIV, 1891, p. 305. — Schklg. Gen. Ins. Cler. 1903, p. 113.

bicinctus Newm. Entomol. 1842, p. 364. — Blackb. l. c. p. 305. — Australien
pinguis Westw. in White, Cat. Clerid. 1849, p. 63; Proc. Zool. Soc. Lond. 1852, p. 52, t. 27, f. 10. — Gorh. Trans. Ent. Soc. Lond. 1878, p. 154. — Blackb. Trans. Roy. Soc. South Austral. XIV, 1891, p. 305.
1

Paratillus Gorh.

Gorh. Cist. Ent. II, 1875—82 (1876), p. 62; Trans. Ent. Soc. Lond. 1878, p. 157. — Kraatz, Ann. Soc. Ent. Belg. XLIII, 1899, p. 217. — Schklg. Gen. Ins. Cler. 1903, p. 116.

carus Newm. Entomol. 1840, p. 15. — Gorh. Trans. Ent. Soc. Lond. 1878, p. 158. — Schklg. Deutsche Ent. Zeitschr. 1898, p. 368. — Fauv. Rev. d'Ent. XXIII, 1904, p. 143. — Australien, Tasmanien, Neu-Caledonien
zonatus Blanch. Voy. Pole Sud IV, 1853, p. 62, t. 4, f. 14. — Chevr. Mém. Clér. 1876, p. 5. — Blackb. Trans. Roy. Soc. South Austral. XXIV, 1900, p. 138.
var. *analis* Gorh. l. c. p. 158. — Schklg. l. c. p. 368. — Kraatz, Ann. Soc. Ent. Belg. XLIII, 1899, p. 217. — Schklg. Deutsche Ent. Zeitschr. 1906, p. 318. — Australien
var. *basalis* Gorh. l. c. p. 158. — Waterh. Aid identif. Ins. II, 1883, t. 129, f. 2. — Schklg. — „

Deutsche Ent. Zeitschr. 1898, p. 368; l. c. 1906, p. 318. — Kraatz, l. c. p. 217.

var. *sumatranus* Kr. l. c. p. 217. — Sumatra

1

Prosymnus Cast.

Cast. in Silberm. Rev. IV, 1836, p. 51. — Kl. Clerii 1842, p. 394. — Lacord. Gen. Col. IV, 1857, p. 468. — Chenu, Encycl. d'Hist. Nat. Col. II, 1860, p. 271. — Schklg. Gen. Ins. (Wytsman) Cler. 1903, p. 114.

Ryparus Spin. Clérites II, 1844, p. 73. — Chenu, l. c. p. 271.

caffer Boh. Ins. Caffr. I, 1851, p. 516. — Schklg. Deutsche Ent. Zeitschr. 1909, p. 796. — Caffraria, Usambara

cribripennis Cast. in Silberm. Rev. IV, 1836, p. 52. — Kl. Clerii 1842, p. 394. — Senegal, Meru

livens Boh. Ins. Caffr. I, 1851, p. 518. — Schklg. Deutsche Ent. Zeitschr. 1909, p. 796. — Limpopo

rudis Boh. l. c. p. 517. — Schklg. l. c. p. 796. — „

tomentosus Spin. Clérites II, 1844, p. 76, t. 41, f. 6. — Chenu, Encycl. d'Hist. Nat. Col. II, 1860, f. 271. — Gorh. Ann. Mag. Nat. Hist. (7) VII, 1901, p. 354. — Senegal

villosus Gorh. l. c. p. 354. — Mashonaland

6

Notostenus Spin.

Spin. Clérites II, 1844, p. 89. — Lacord. Gen. Col. IV, 1857, p. 487. — Chenu, Encycl. d'Hist. Nat. Col. II, 1860, p. 274. — Gorh. Trans. Ent. Soc. Lond. 1878, p. 154. — Schklg. Gen. Ins. (Wytsman) Cler. 1903, p. 114.

Stenonotum Gorh. l. c. p. 154.

coeruleus Thunb. Diss. Ent. I, 1781, p. 10; ed. Persoon, Diss. Acad. Upsal. III, 1801, p. 132. — Cap

Thunbergi Kl. Clerii 1842, p. 354. — Gemm. et Har. Cat. Col. VI, 1869, p. 1756.

viridis Thunb. Diss. Ent. I, 1781, p. 10; ed. Persoon, Diss. Acad. Upsal. III, 1801, p. 131. — Sturm, Cat. I, 1826, p. 79, t. 4, f. 23. — Spin. Clérites II, 1844, p. 91, t. 42, f. 3. — Chenu, Encycl. d'Hist. Nat. Col. II, 1860, f. 196. — „

rufipes Web. Obs. Ent. 1801, p. 46.

2

Dolichopsis Gorh.

Gorh. Trans. Ent. Soc. Lond. 1878, p. 154; Ann. Mag. Nat. Hist. (7) V, 1900, p. 74. — Schklg. Gen. Ins. Cler. 1903, p. 114.

auronitens Gorh. Ann. Mag. Nat. Hist. (7) V, 1900, p. 74. — Natal, Mashonaland

cyanella Gorh. Trans. Ent. Soc. Lond. 1878, p. 155. — Cap

haplocnemodes Gorh. l. c. p. 155. — „

3

Prionodera Wolcott.

Wolcott, Publ. Field Mus. Chicago VII, 1910, p. 396.

tantilla J. Lec. New spec. Col. 1865, p. 96. — Wolcott, l. c. p. 396. — Washington, Alabama, Massachusetts

1

Thriocera Gorh.

Gorh. Trans. Ent. Soc. Lond. 1878, p. 156. — Schklg. Gen. Ins. Cler. 1903, p. 117.

anthicoides Newm. Entomol. 1842, p. 402. — Gorh. l. c. p. 153, 156 und 157. — Schklg. Gen. Ins. Cler. 1903, p. 117. — Süd-Afrika?
quadrimaculata Chevr. Mém. Clér. 1876, p. 42. — Gorh. l. c. p. 154.
bifasciata Hintz, Deutsche Ent. Zeitschr. 1902, p. 403. — Natal
bicinctella Gorh. Proc. Zool. Soc. Lond. 1905, p. 274.
var. *tricolor* Hintz, l. c. p. 403. — Schklg. Deutsche Ent. Zeitschr. 1906, p. 319. — „
bituberculata Boh. Ins. Caffr. I, 1851, p. 514. — Schklg. Gen. Ins. Cler. 1903, p. 117; Deutsche Ent. Zeitschr. 1909, p. 796. — „
pectoralis Kl. Clerii 1842, p. 348, t. 1, f. 7. — Chevr. Mém. Clér. 1876, p. 5. — Gorh. Trans. Ent. Soc. Lond. 1878, p. 157. — Schklg. l. c. p. 319. — Caffraria, Natal, Cap
var. *Bohemani* Hintz, Deutsche Ent. Zeitschr. 1902, p. 402. — Schklg. l. c. p. 319. — Natal
var. *mystica* Boh. Ins. Caffr. I, 1851, p. 513. — Schklg. l. c. p. 319; l. c. 1909, p. 796. — „ Oranjefluss
var. *scapularis* Chevr. Rev. Mag. Zool. 1874, p. 298; Mém. Clér. 1876, p. 5. — Gorh. Trans. Ent. Soc. Lond. 1878, p. 157. — Schklg. l. c. p. 319. — Natal
var. *varicolor* Boh. Ins. Caffr. I, 1851, p. 514. — Schklg. Deutsche Ent. Zeitschr. 1909, p. 796. — Limpopo

4

Thanasimorpha Blackb.

Blackb. Trans. Roy. Soc. South Austral. XIV, 1891, p. 304. — Schklg. Gen. Ins. Cler. 1903, p. 44. — Gahan, Ann. Mag. Nat. Hist. (8) V, 1910, p. 60.

hilaris Westw. in White, Cat. Clerid. 1849, p. 48; Proc. Zool. Soc. Lond. 1852, p. 50, t. 26, f. 12. — Gorh. Cist. Ent. II, 1875—82 (1876), p. 62. — Blackb. Trans. Roy. Soc. South Austral. XXIV, 1900, p. 118. — Tasmania
intricata Blackb. Trans. Roy. Soc. South Austral. XIV, 1891, p. 304. — Australien

2

Tarsostenodes Blackb.

Blackb. Trans. Roy. Soc. South Austral. XXIV, 1900, p. 139. — Schklg. Gen. Ins. Cler. 1903, p. 58. — Gahan, Ann. Mag. Nat. Hist. (8) V, 1910, p. 60.

guttulus White, Cat. Clerid. 1849, p. 59. — Blackb. l. c. p. 139. — Schklg. Deutsche Ent. Zeitschr. 1906, p. 281. — Australien

simulator Blackb. l. c. p. 139. — Schklg. l. c. p. 281.

pulcher M'Leay, Trans. Ent. Soc. N. S. Wales II, 1869—73 (1872), p. 272. — Blackb. l. c. p. 138. — Queensland

2

Tarsostenus Spin.

Spin. Clérites I, 1844, p. 287. — J. Lec. Ann. Lyc. Nat. Hist. N. York V, 1852, p. 17. — Lacord. Gen. Col. IV, 1857, p. 452. — Chenu, Encycl. d'Hist. Nat. Col. II, 1860, p. 254. — Jacq. du Val, Gen. Col. d'Eur. III, 1861, p. 198. — J. Lec. and Horn, Classif. Col. N. Amer. ed. II, 1883, p. 218. — Muls. Angusticolles 1863, p. 102. — Reitt. Verh. Nat. Ver. Brünn XXXII, 1893 (1894), p. 41; Best.-Tab. 1894, p. 8. — Blackb. Trans. Roy. Soc. South Austral. XXIV, 1900, p. 138. — Schklg. Gen. Ins. Cler. 1903, p. 58. — Gahan, Ann. Mag. Nat. Hist. (8) V, 1910, p. 59.

? **Mastersi** M'Leay, Trans. Ent. Soc. N. S. Wales II, 1872, p. 273. — Queensland

univittatus Rossi, Fauna Etr. I, 1792, p. 44. — Kl. Clerii 1842, p. 321. — Spin. Clérites I, 1844, p. 288, t. 32, f. 3. — J. Lec. Ann. Lyc. Nat. Hist. N. York V, 1852, p. 17. — Chenu, Encycl. d'Hist. Nat. Col. II, 1860, f. 177. — Jacq. du Val, Gen. Col. d'Eur. III, 1861, p. 198. — Muls. Angusticolles 1863, p. 103. — Leder, Verh. Nat. Ver. Brünn XVI, 1877, p. 216. — Seidlitz, Fauna Balt. ed. II, 1891, p. 493; Fauna Transsylv. 1891, p. 527. — Lewis, Ann. Mag. Nat. Hist. (6) X, 1892, p. 188. — Reitt. Verh. Nat. Ver. Brünn XXXII, 1893 (1894), p. 42; Best.-Tab. 1894, p. 9. — Houlbert et Bétis, Trav. scient. Univ. Rennes IV, 1905, p. 131, f. 34. — Kosmopolit

Biologie: Perris, Mém. Soc. Sc. Liège X, 1855, p. 238, t. 5, f. 20—28. — Desbr. Notice Entomol. de Bourbonnais 1867, p. 31. — Luc. Bull. Soc. Ent. Fr. (6) VI, 1886, p. 174.

albofasciatus Melsh. Proc. Acad. Philad. II, 1846, p. 306. — J. Lec. Ann. Lyc. Nat. Hist. N. York V, 1852, p. 17.

biguttatus Montrz. Ann. Soc. Ent. Fr. (3) VIII, 1860, p. 260. — Fauv. Bull. Soc. Ent. Fr. (5) V, 1875, p. 88.

fasciatellus Spin. Clérites II, 1844, p. 172, t. 8, f. 5. — Chevr. Rev. Mag. Zool. 1874, p. 283. — Gorh. Cist. Ent. II, 1875—82 (1876), p. 64.

fasciatus Curt. Brit. Ent. VI, 1832, t. 270. — Steph. Ill. Brit. Ent. III, 1830, p. 324.

moerens Westw. in White, Cat. Clerid. 1849, p. 57; Proc. Zool. Soc. Lond. 1852, p. 50, t. 26, f. 10. — Chevr. Rev. Mag. Zool. 1874, p. 285. —

Blackb. Trans. Roy. Soc. South Austral. XXIV, 1900, p. 136.
picipennis Westw. in White, Cat. Clerid. 1849, p. 48. — J. Lec. Proc. Acad. Philad. 1873, p. 334.
succinctus Chevr. Rev. Mag. Zool. 1842, p. 277. — Lacord. Gen. Col. IV, 1857, p. 452 nota.
2

Lebasiella Spin.

Spin. Clérites II, 1844, p. 77. — Lacord. Gen. Col. IV, 1857, p. 488. — Chenu, Encycl. d'Hist. Nat. Col. II, 1860, p. 272. — J. Lec. and Horn, Classif. Col. N. Amer. ed. II, 1883, p. 220. — Gorh. Biol. Centr.-Amer. Col. III, 2, 1883, p. 192. — Schklg. Gen. Ins. Cler. 1903, p. 116.

bisbinotata Gorh. Biol. Centr.-Amer. Col. III, 2, 1883, p. 192, t. 9, f. 26.	Honduras
discoidea J. Lec. Trans. Kansas Acad. VII, 1883, p. 77.	Nord-Amerika
discolor Kl. Clerii 1842, p. 353.	Mexico
var. *tibialis* Schklg. Deutsche Ent. Zeitschr. 1898, p. 368.	„ Californien
erythrodera Spin. Clérites II, 1844, p. 79, t. 43, f. 1. — Chevr. Mém. Clér. 1876, p. 7.	Columbien
janthina J. Lec. New spec. Col. 1865, p. 99.	Cap St. Lucas
limbipennis Chevr. Mém. Clér. 1876, p. 43.	Chile
maculicollis J. Lec. Trans. Amer. Ent. Soc. V, 1874, p. 63.	Californien
filiola Chevr. Rev. Mag. Zool. 1874, p. 326. — Horn, Trans. Amer. Ent. Soc. V, 1875, p. 149.	
lineatocollis Chevr. l. c. p. 326. — Horn, l. c. p. 149.	
marginella Chevr. Ann. Soc. Ent. Fr. (2) I, 1843, p. 42. — J. Lec. Ann. Lyc. Nat. Hist. N. York V, 1852, p. 34. — Wolcott, Publ. Field Mus. Chicago VII, 1910, p. 397.	„ Mexico
mesosternalis Schaeff. Journ. N. York Ent. Soc. XVI, 1908, p. 135.	Arizona
pallipes Kl. Clerii 1842, p. 353. — Gorh. Biol. Centr.-Amer. Col. III, 2, 1883, p. 192, t. 9, f. 25. — Wolcott, Publ. Field Mus. Chicago VII, 1910, p. 397.	Mexico, Pennsylvanien, Texas
nigripennis J. Lec. New spec. Col. 1865, p. 99; Proc. Acad. Philad. 1873, p. 334.	
subanchoralis Chevr. Mém. Clér. 1876, p. 43.	Chile

11

Corynetes Hbst.

Hbst. Käfer IV, 1792, p. 148 (*Korynetes*). — F. Syst. Eleuth. I, 1801, p. 286. — Spin. Rev. Zool. 1841, p. 74. — Kl. Clerii 1842, p. 341. — Spin. Clérites II, 1844, p. 92. — Lacord. Gen. Col. IV, 1857, p. 489. — Chenu, Encycl. d'Hist. Nat. Col. II, 1860, p. 274. — Jacq. du Val, Gen. Col. d'Eur. III, 1861, p. 200 und 201, — Kiesw. Naturgesch. Ins. Deutschl. IV, 1863, p. 690. — Muls. Col. Fr. Angusticolles 1863, p. 109. — Gorh. Trans. Ent. Soc. Lond. 1878, p. 158. — Reitt. Verh. Nat. Ver. Brünn XXXII, 1893 (1894), p. 83; Best.-Tab. 1894, p. 50. — Schklg. Gen. Ins. Cler. 1903, p. 117.

Corynetops Jacq. du Val, Gen. Col. d'Eur. III, 1861, p. 201.

abdominalis F. Syst. Eleuth. I, 1801, p. 286. — Kl. Clerii 1842, p. 394. — Gorh. Trans. Ent. Soc. Lond. 1878, p. 159. — Indien, Australien

aeneus Phil. Stett. Ent. Zeit. XXV, 1864, p. 270. — Chile

analis Kl. Clerii 1842, p. 348. — Kraatz, Deutsche Ent. Zeitschr. 1899, p. 107. — Gorh. Ann. Mag. Nat. Hist. (7) V, 1900, p. 74. — Gabun, Togo, Kamerun, Abessinien, Süd-Afrika

pallicornis Spin. Clérites II, 1844, p. 95, t. 43, f. 3. — Gorh. Trans. Ent. Soc. Lond. 1878, p. 159.

var. *insularis* Schklg. Deutsche Ent. Zeitschr. 1908, p. 707. — Capverden

coeruleus Geer, Mém. V, 1775, p. 163, t. 5, f. 13—14. — Kl. Clerii 1842, p. 343. — Bach, Käferfauna Nord- und Mitteldeutschl. II, 1854, p. 93. — Kiesw. Naturgesch. Ins. Deutschl. IV, 1863, p. 691. — Muls. Col. Fr. Angusticolles 1863, p. 110. — Baudi, Ann. Mus. Genova IV, 1873, p. 255. — Seidlitz, Fauna Balt. ed. II, 1891, p. 494; Fauna Transsylv. 1891, p. 528. — Rousseau, Compt. rend. Soc. Ent. Belg. XXXV, 1891, p. 424. — Reitt. Verh. Nat. Ver. Brünn XXXII, 1893 (1894), p. 83; Best.-Tab. 1894, p. 50. — Houlbert et Bétis, Trav. scient. Univ. Rennes IV, 1905, Suppl. p. 133, f. 39. — Kosmopolit

Biologie: Curtis, Brit. Ent. I, 1823, p. 351. — Xambeu, Naturaliste XXX, 1908, p. 152.

Anatomie: Kempers, Tijdschr. voor Ent. XLIV, 1901, p. 29, t. 3, f. 16.

Geoffroyanus Laich. Verz. Tyrol. Ins. I, 1783, p. 247.

ruficornis Sturm, Deutschl. Fauna, Käf. XI, 1837, p. 42, t. 232, f. P. — Kl. Clerii 1842, p. 347. — Bach, l. c. p. 93. — Kiesw. Naturgesch. Ins. Deutschl. IV, 1863, p. 692. — Muls. Col. Fr. Angusticolles 1863, p. 113. — Seidl. Fauna Balt. ed. II, 1891, p. 494; Fauna Transsylv. 1891, p. 528. — Reitt. Verh. Nat. Ver. Brünn XXXII, 1893 (1894), p. 83; Best.-Tab. 1894, p. 50. — Houlbert et Bétis, l. c. p. 133.

Biologie: Perris, Ann. Soc. Ent. Fr. (5) VI, 1876, p. 188; Ann. Soc. Linn. Lyon (n. s.) XXIII, 1876 (1877), p. 44, f. 242. — Xambeu, Naturaliste XXX, 1908, p. 152. — Houlbert et Bétis, l. c. p. 134, f. 40.

unicolor Chevr. Mém. Clér. 1876, p. 43.

violaceus Schrank, Enum. Ins. 1781, p. 26. — Harrer, Beschr. Ins. Schaeff. 1784, p. 236. — Curtis, Brit. Ent. VIII, t. 351. — Spin. Clérites II, 1844, p. 96, t. 43, f. 4. — Sturm, Deutschl. Fauna, Käf. XI, 1837, p. 40. — Chenu, Encycl. d'Hist. Nat. Col. II, 1860, p. 275.

compactus Westw. Proc. Zool. Soc. Lond. 1852, p. 54, t. 27, f. 7. — Patria?

concolor Gorh. Ann. Mag. Nat. Hist. (7) V, 1900, p. 75. — Natal, Sambesi

coxalis Reitt. Verh. Nat. Ver. Brünn XXXII, 1893 (1894), p. 84; Best.-Tab. 1894, p. 51. — Syrien

geniculatus Kl. Clerii 1842, p. 347. — Muls. Col. Fr. Angusticolles 1863, p. 115. — Reitt. l. c. p. 84; p. 51. — Süd-Europa, Nord-Afrika *pexicollis* Fairm. Ann. Soc. Ent. Fr. (4) VIII, 1868, p. 484. — Desbr. Mitteil. Schweiz. Ent. Ges. IV, 1873, p. 196. — Reitt. l. c. p. 84; p. 51.

ovatus Spin. in Gay, Hist. Chile IV, 1849, p. 411, t. 9, f. 11. — Gorh. Trans. Ent. Soc. Lond. 1878, p. 159. — Chile

pusillus Kl. Clerii 1842, p. 347. — Reitt. Verh. Nat. Ver. Brünn XXXII, 1893 (1894), p. 84; Best.-Tab. 1894, p. 51. — Muls. Col. Fr. Angusticolles 1863, p. 114. — Fiori, Riv. Col. Ital. V, 1908, p. 296. — Mittl. Süd-Europa

rufus Kraatz, Deutsche Ent. Zeitschr. 1899, p. 107. — Kamerun

rugipennis Ball. Bull. Moscou XLIII, 1870, p. 353. — Reitt. Verh. Nat. Ver. Brünn XXXII, 1893 (1894), p. 84; Best.-Tab. 1894, p. 51. — Turkestan

scabripennis Spin. Clérites II, 1844, p. 94, t. 43, f. 2. — Senegal

semistriatus Spin. l. c. p. 98, t. 43, f. 5. — Chenu, Encycl. d'Hist. Nat. Col. II, 1860, f. 197. — Cap

14

Corynetinus Reitt.

Reitt. Verh. Nat. Ver. Brünn XXXII, 1893 (1894), p. 82 und 84; Best.-Tab. 1894, p. 49 und 51. — Schklg. Gen. Ins. Cler. 1903, p. 118.

fimetarius Woll. Ann. Mag. Nat. Hist. (3) IX, 1862, p. 440; Cat. Canar. Col. 1864, p. 236. — Reitt. l. c. p. 85; p. 52. — Canar. Ins., Nord-Afrika

Desbrochersi Reitt. Wien. Ent. Zeit. XVI, 1897, p. 79. — Pic, Bull. Soc. Ent. Fr. 1897, p. 123. — Cap

fulgidicollis Desbr. Frelon V, 1896, p. 166 und 183. — Pic, l. c. p. 123. — Reitt. Wien. Ent. Zeit. XVI, 1897, p. 217.

1

Necrobia Ol.

Ol. Ent. IV, 76 bis, 1795. — Latr. Préc. car. gen. Ins. 1796, p. 35. — Spin. Rev. Zool. 1841, p. 75. — Kl. Clerii 1842, p. 349. — Spin. Clérites II, 1844, p. 98. — J. Lec. Ann. Lyc. Nat. Hist. N. York V, 1852, p. 34. — Lacord. Gen. Col. IV, 1857, p. 490. — Chenu, Encycl. d'Hist. Nat. Col. II, 1860, p. 275. — J. Lec. Classif. Col. N. Amer. I, 1862, p. 198. — Kiesw. Naturgesch. Ins. Deutschl. IV, 1863, p. 692. — Muls. Col. Fr. Angusticolles 1863, p. 117. — Gorh. Trans. Ent. Soc. Lond. 1878, p. 159. — J. Lec. and Horn, Classif. Col. N. Amer. ed. II, 1883, p. 220. — Reitt. Verh. Nat. Ver. Brünn XXXII, 1893 (1894), p. 85; Best.-Tab. 1894, p. 52. — Wickham, Canad. Entomol. XXVII, 1895, p. 252. — Schklg. Gen. Ins. Cler. 1903, p. 119. — Wolcott, Bull. Ind. Dep. Geol. Nat. I, 1910, p. 861.

Agonolia Muls. Col. Fr. Angusticolles 1863, p. 122. — Seidlitz, Fauna Balt. ed. II, 1891, p. 494; Fauna Transsylv. 1891, p. 528. — Reitt. Verh. Nat. Ver. Brünn XXXII, 1893 (1894), p. 85; Best.-Tab. 1894, p. 52.

aspera Walk. Ann. Mag. Nat. Hist. (3) II, 1858, p. 283. — Ceylon

atra Kl. Clerii 1842, p. 353. — Süd-Afrika

fusca Steinh. Atti Soc. Ital. Sc. Nat. XV, 1873, p. 573. — Argentinien

Keleesenyi Gebien, Ent. Nachr. XXV, 1899, p. 96. — Hamburg (eingeschleppt ?)

Konowi Hoffmann, Deutsche Ent. Zeitschr. XXXI, 1887, p. 96. — Reitt. Verh. Nat. Ver. Brünn XXXII, 1893 (1894), p. 86; Best.-Tab. 1894, p. 53. — Abeille, Bull. Soc. Ent. Fr. 1895, p. 208. — Fiume (eingeschleppt ?)

ruficollis F. Syst. Ent. 1775, p. 57. — Sturm, Deutschl. Fauna, Käf. XI, 1837, p. 45. — Kl. Clerii 1842, p. 350. — Spin. Clérites II, 1844, p. 103, t. 43, f. 6. — J. Lec. Ann. Lyc. Nat. Hist. N. York V, 1852, p. 34. — Bach, Käferfauna Nord- und Mitteldeutschl. II, 1854, p. 93. — Chenu, Encycl. d'Hist. Nat. Col. II, 1860, f. 198. — Spry and Shuckard, Brit. Ent. 1861, p. 44, t. 52, f. 6. — Kiesw. Naturgesch. Ins. Deutschl. IV, 1863, p. 694. — Muls. Col. Fr. Angusticolles 1863, p. 117. — Seidlitz, Fauna Balt. ed. II, 1891, p. 494; Fauna Transsylv. 1891, p. 528. — Reitt. Verh. Nat. Ver. Brünn XXXII, 1893 (1894), p. 85; Best.-Tab. 1894, p. 52. — Wickham, Canad. Entomol. XXVII, 1895, p. 253. — Houlbert et Bétis, Trav. scient. Univ. Rennes IV, 1905, p. 134, f. 41. — Wolcott, Bull. Ind. Dep. Geol. Nat. I, 1910, p. 861, f. 343. — Kosmopolit

Biologie: Westw. Introd. Classif. Ins. I, 1839, p. 266, f. 29, nr. 17. — Heeger, Isis 1848, p. 974, t. 8. — Muls. Col. Fr. Angusticolles 1863, p. 119. — Gallois, Mél. Ent. 1876, p. 30. — Perris, Ann. Soc. Linn. Lyon (n. s.) XXIII, 1876 (1877), p. 48, f. 243—244. — Houlbert et Bétis, l. c. p. 134, f. 42. — Taschenbg. Zeitschr. wissensch. Insektenbiol. II, 1906, p. 13. — Xambeu, Naturaliste XXX, 1908, p. 152.

rufipes Geer, Mém. V, 1775, p. 165, t. 15, f. 4. — F. Spec. Ins. I, 1781, p. 65. — Kl. Clerii 1842, p. 350. — Spin. Clérites II, 1844, p. 101, t. 42, f. 6. — J. Lec. Ann. Lyc. Nat. Hist. N. York V, 1852, p. 34. — Bach, Käferfauna Nord- und Mitteldeutschl. II, 1854, p. 93. — Kiesw. Naturgesch. Ins. Deutschl. IV, 1863, p. 693. — Muls. Col. Fr. Angusticolles 1863, p. 122. — Gerst. Arch. für Naturgesch. XXXVII, 1871, p. 57. — Baudi, Ann. Mus. Genova IV, 1873, p. 255. — Kiesw. Deutsche Ent. Zeitschr. XXI, 1877, p. 156. — Seidlitz, Fauna Balt. ed. II, 1891, p. 495; Fauna Transsylv. 1891, p. 528. — Reitt. Verh. Nat. Ver. Brünn XXXII, 1893 (1894), p. 85; Best.-Tab. 1894, p. 52. — Wickham, Canad. Entomol. XXVII, 1895, p. 253. — Houlbert et Bétis, Trav. scient. Univ. Rennes IV, 1905, Suppl. p. 135, f. 44. — Wolcott, Bull. Ind. Dep. Geol. Nat. I, 1910, p. 861. — Kosmopolit

Biologie: Riley, Sixth Rep. Miss. 1874, p. 96, f. 26. — Escher-Kündig, Mitteil. Schweiz. Ent. Ges. XI, 1907, p. 238.

amethystina Steph. Ill. Brit. V, 1832, p. 417. — Kl. Clerii 1842, p. 394.

dermestoides Pill. et Mitterb. It. Poseg. 1783, p. 68, t. 7, f. 8.

foveicollis Schklg. Mitteil. Mus. Hamburg XVII, 1900, p. 20 (Monstr.).

glabra Champollion, Mag. Encycl. Millin III, 1814, p. 41. — Lacord. Gen. Col. IV, 1857, p. 491 nota. — Gorh. Trans. Ent. Soc. Lond. 1878, p. 159. — Schklg. Bull. Mus. Paris VIII, 1902, p. 332. — Alluaud, Bull. Soc. Ent. Égypte I, 1908, p. 3 (Sep.).
mumiarum Hope, Hist. Egypt. Mum. Pettigr. 1834, p. 54, t. 5, f. 1—3. — Lacord. l. c. p. 491 nota. — Schklg. l. c. p. 332. — Alluaud, l. c. p. 4.
pilifera Reitt. Verh. Nat. Ver. Brünn XXXII, 1893 (1894), p. 85; Best.-Tab. 1894, p. 52. — Abeille, Bull. Soc. Ent. Fr. 1895, p. 208.
var. *aeneipennis* Csiki, Rovart. Lapok VII, 1900, p. 124. — Gorh. Biol. Centr.-Amer. Col. III, 2, 1883, p. 193. — Schklg. Deutsche Ent. Zeitschr. 1906, p. 319. Kosmopolit

tibialis Spin. Clérites II, 1844, p. 107, t. 44, f. 2. Cap

violacea L. Syst. Nat. ed. X, 1758, p. 356. — Kl. Clerii 1842, p. 349. — Spin. Clérites II, 1844, p. 105, t. 44, f. 1. — J. Lec. Ann. Lyc. Nat. Hist. N. York V, 1852, p. 34. — Spry and Shuckard, Brit. Ent. 1861, p. 44, t. 52, f. 7. — Kiesw. Naturgesch. Ins. Deutschl. IV, 1863, p. 693. — Muls. Col. Fr. Angusticolles 1863, p. 115. — Baudi, Berl. Ent. Zeitschr. XVII, 1873, p. 324; Ann. Mus. Genova IV, 1873, p. 255. — Seidlitz, Fauna Balt. ed. II, 1891, p. 494; Fauna Transsylv. 1891, p. 528. — Rousseau, Compt. rend. Soc. Ent. Belg. XXXV, 1891, p. 424. — Reitt. Verh. Nat. Ver. Brünn XXXII, 1893 (1894), p. 85; Best.-Tab. 1894, p. 52. — Wickham, Canad. Entomol. XXVII, 1895, p. 253. — Houlbert et Bétis, Trav. scient. Univ. Rennes IV, 1905, p. 135, f. 43. — Wolcott, Bull. Ind. Dep. Geol. Nat. I, 1910, p. 862. Kosmopolit
Biologie: J. Lec. Ann. Lyc. Nat. Hist. N. York IV, 1848, p. 162. — West, Entomologist II, 1865, p. 345. — Houlbert, Arch. Parasit. XIII, 1910, p. 551, f. 1—3.
Anatomie: Roger, Flügelgeäder der Käfer 1875, p. 60.
angustata Fald. Faun. Transcauc. I, 1835, p. 210.
chalybea Sturm, Deutschl. Fauna, Käf. XI, 1837, p. 43, t. 232, f. A—O.
errans Melsh. Proc. Acad. Philad. II, 1846, p. 307.
quadra Marsh. Ent. Brit. 1802, p. 323.
9

Necrobioides Gahan.

Gahan, Ann. Mag. Nat. Hist. (8) V, 1910, p. 76.

mexicana Gahan, Ann. Mag. Nat. Hist. (8) V, 1910, p. 76. Mexico
1

Necrobinus Reitt.

Reitt. Verh. Nat. Ver. Brünn XXXII, 1893 (1894), p. 83 und 86; Best.-Tab. 1894, p. 50 und 53. — Schklg. Gen. Ins. Cler. 1903, p. 119.

defunctorum Waltl, Reise Span. II, 1835, p. 63. — Kl. Clerii 1842, p. 352. — Spin. Clérites II, 1844, Spanien, Portugal,

p. 108, t. 44, f. 3. — Muls. Col. Fr. Angusticolles 1863, p. 124. — Marocco
frater Reitt. Verh. Nat. Ver. Brünn XXXII, 1893 (1894), p. 86; Best.-Tab. 1894, p. 53. — Bedel, Bull. Soc. Ent. Fr. 1899, p. 115.
var. *obscuripes* Pic, Miscell. Entomol. VI, 1898, p. 98; Frelon VIII, 1900, p. 2. — Spanien
anthracinus Bedel, Bull. Soc. Ent. Fr. 1899, p. 115. — Pic, l. c. p. 1.
defunctorum Reitt. Verh. Nat. Ver. Brünn XXXII, 1893 (1894), p. 86; Best.-Tab. 1894, p. 53. — Bedel, l. c. p. 115.

Laufferi Reitt. Wien. Ent. Zeit. XXI, 1902, p. 213. — Spanien
subterraneus Chevr. Mém. Clér. 1876, p. 43. — Reitt. l. c. p. 86. — Bedel, l. c. p. 115. — Syrien

3

Crobenia Blackb.

Blackb. Trans. Roy. Soc. South Austral. XIV, 1891, p. 305. — Schklg. Gen. Ins. Cler. 1903, p. 119.

eyrensis Blackb. l. c. p. 305. — S.-Australien

1

Opetiopalpus Spin.

Spin. Clérites II, 1844, p. 110. — Lacord. Gen. Col. IV, 1857, p. 492. — Chenu, Encycl. d'Hist. Nat. Col. II, 1860, p. 278. — Jacq. du Val, Gen. Col. d'Eur. III, 1861, p. 201. — J. Lec. Classif. Col. N. Amer. I, 1862, p. 198. — Kiesw. Naturgesch. Ins. Deutschl. IV, 1863, p. 694. — Muls. Col. Fr. Angusticolles 1863, p. 125. — Gorh. Trans. Ent. Soc. Lond. 1878, p. 160. — J. Lec. and Horn, Classif. Col. N. Amer. ed. II, 1883, p. 220. — Reitt. Verh. Nat. Ver. Brünn XXXII, 1893 (1894), p. 87; Best.-Tab. 1894, p. 54. — Schklg. Gen. Ins. Cler. 1903, p. 120.

Opetiopselaphus Gemm. et Har. Cat. Col. VI, 1869, p. 1759.

affinis Fairm. Ann. Soc. Ent. Fr. (6) VIII, 1888, p. 354. — Tonkin
auricollis Spin. Clérites II, 1844, p. 111, t. 45, f. 3. — Cap
bicolor Cast. in Silberm. Rev. IV, 1836, p. 52. — Spin. Clérites II, 1844, p. 109, t. 44, f. 4. — Muls. Col. Fr. Angusticolles 1863, p. 124. — Reitt. Verh. Nat. Ver. Brünn XXXII, 1893 (1894), p. 87; Best.-Tab. 1894, p. 54. — Spanien, San Thomé
caffrarius Gorh. Ann. Mag. Nat. Hist. (7) VII, 1901, p. 355. — Mashonaland
collaris Schönh. Syn. Ins. I, 2, 1834, p. 51 nota. — Kl. Clerii 1842, p. 352. — Spin. Clérites II, 1844, p. 114, t. 45, f. 6. — Chenu, Encycl. d'Hist. Nat. Col. II, 1860, f. 199. — Cap
fuscipennis Fairm. Ann. Soc. Ent. Belg. XLII, 1898, p. 477. — Madagascar
humeralis Hintz, Deutsche Ent. Zeitschr. 1902, p. 192. — Usambara
var. *rufipes* Hintz, l. c. p. 192. — „
hybridus Baudi, Berl. Ent. Zeitschr. XVII, 1873, p. 324. — Reitt. Verh. Nat. Ver. Brünn XXXII, 1893 (1894), p. 87; Best.-Tab. 1894, p. 54. — Spanien
karenicus Gorh. Ann. Mus. Genova (2) XII, 1892, p. 745. — Birma

luridus Spin. Clérites II, 1844, p. 113, t. 45, f. 5. — J. Lec. Ann. Lyc. Nat. Hist. N. York V, 1852, p. 35.	Nord-Amerika
nigriceps Schklg. Ann. Mus. Genova (2) XIX, 1899, p. 549.	Somali
obesus Westw. in White, Cat. Clerid. 1849, p. 63; Proc. Zool. Soc. Lond. 1852, p. 46, t. 27, f. 11. — Gorh. Ann. Soc. Ent. Belg. XXXIX, 1895, p. 228.	Ost-Indien, Japan
morulus Kiesw. Berl. Ent. Zeitschr. XXIII, 1879, p. 314. — Lewis, Ann. Mag. Nat. Hist. (6) X, 1892, p. 188. — Gorh. Trans. Ent. Soc. Lond. 1878, p. 160.	
quadriimpressus Fairm. Ann. Soc. Ent. Belg. XLII, 1898, p. 407.	Madagascar
rubricollis Kl. Clerii 1842, p. 352. — Gorh. Ann. Mag. Nat. Hist. (7) V, 1900, p. 75.	Süd-Afrika
sabulosus Motsch. Bull. Moscou XIII, 1840, p. 178, t. 4, f. i. — Muls. Col. Fr. Angusticolles 1863, p. 125. — Reitt. Verh. Nat. Ver. Brünn XXXII, 1893 (1894), p. 87; Best.-Tab. 1894, p. 54.	Nord-Afrika, West-Asien
var. *obscuricollis* Schklg. Deutsche Ent. Zeitschr. 1898, p. 368.	Krim
scutellaris Panz. Faun. Germ. XXXVIII, 1797, 19. — Ill. Käf. Preuss. 1798, p. 282. — Sturm, Deutschl. Fauna, Käf. XI, 1837, p. 47. — Spin. Clérites II, 1844, p. 112, t. 45, f. 4. — Bach, Käferfauna Nord- und Mitteldeutschl. II, 1854, p. 94. — Jacq. du Val, Gen. Col. d'Eur. III, 1861, t. 50, f. 249. — Kiesw. Naturgesch. Ins. Deutschl. IV, 1863, p. 694. — Muls. Col. Fr. Angusticolles 1863, p. 125. — Seidlitz, Fauna Balt. ed. II, 1891, p. 495; Fauna Transsylv. 1891, p. 529. — Reitt. Verh. Nat. Ver. Brünn XXXII, 1893 (1894), p. 87; Best.-Tab. 1894, p. 54.	Mittel-Europa, Süd-Europa, West-Asien, Nord-Afrika, Süd-Afrika
semiruber Bedel, Bull. Soc. Ent. Fr. 1899, p. 115.	Algier
thoracicus Hintz, Deutsche Ent. Zeitschr. 1902, p. 192.	Usambara
tuniseus Pic, Échange XXII, 1906, p. 26.	Tunis

19
———
2285

Index.

Subfamiliae, Tribus, Genera, Subgenera.

Species, Varietates.

GPSR Compliance

The European Union's (EU) General Product Safety Regulation (GPSR) is a set of rules that requires consumer products to be safe and our obligations to ensure this.

If you have any concerns about our products, you can contact us on ProductSafety@springernature.com

In case Publisher is established outside the EU, the EU authorized representative is:

Springer Nature Customer Service Center GmbH
Europaplatz 3
69115 Heidelberg, Germany

Batch number: 10585060

Printed by Printforce, the Netherlands